共生微生物からみた新しい進化学

共生微生物からみた
新しい進化学

長谷川 政美

海鳴社

目次

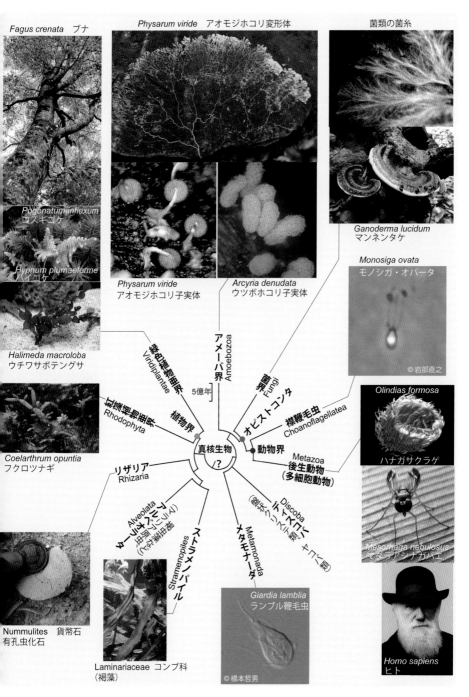

Fagus crenata　ブナ

Physarum viride　アオモジホコリ変形体

菌類の菌糸

Pogonatum inflexum
コスギゴケ

Hypnum plumaeforme
ハイゴケ

Halimeda macroloba
ウチワサボテングサ

Physarum viride
アオモジホコリ子実体

Arcyria denudata
ウツボホコリ子実体

Ganoderma lucidum
マンネンタケ

Monosiga ovata
モノシガ・オバータ

©岩部直之

Coelarthrum opuntia
フクロツナギ

Olindias formosa
ハナガサクラゲ

緑色植物界
Viridiplantae

5億年

アメーバ界
Amoebozoa

菌界
Fungi

オピストコンタ

襟鞭毛虫
Choanoflagellatea

紅藻植物界
Rhodophyta

植物界

真核生物
?

動物界

Metazoa
後生動物
(多細胞動物)

リザリア
Rhizaria

Alveolata
アルベオラータ
(繊毛虫・渦鞭毛虫)

ストラメノパイル
Stramenopiles

Discoba
ディスコバ
(ユーグレナ類・キネトプラスト類)

Metamonada
メタモナーダ

Mesorhaga nebulosus
マダラアシナガバエ

Nummulites　貨幣石
有孔虫化石

Laminariaceae　コンブ科
(褐藻)

Giardia lamblia
ランブル鞭毛虫

©橋本哲男

Homo sapiens
ヒト

絵1　真核生物系統樹マンダラ　図の中心部の "?" は，系統樹の根元の位置がまだ不確定であること示す．文献 (71) の図を改変．

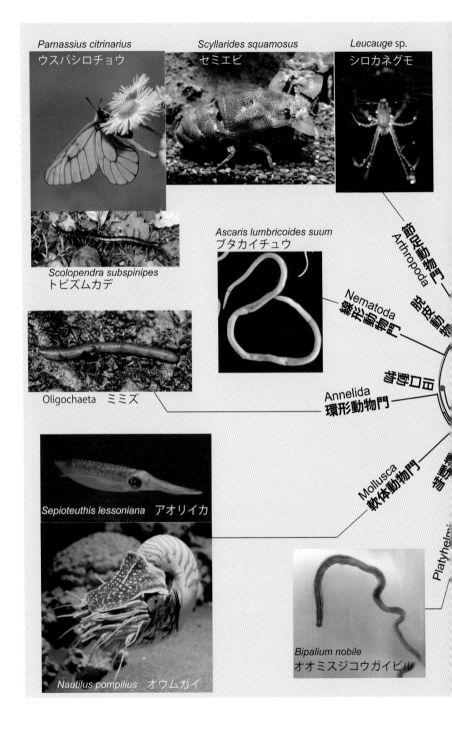

Parnassius citrinarius
ウスバシロチョウ

Scyllarides squamosus
セミエビ

Leucauge sp.
シロカネグモ

Scolopendra subspinipes
トビズムカデ

Ascaris lumbricoides suum
ブタカイチュウ

Oligochaeta　ミミズ

Sepioteuthis lessoniana　アオリイカ

Nautilus pompilius　オウムガイ

Bipalium nobile
オオミスジコウガイビル

節足動物門
Arthropoda

脱皮動物

Nematoda
線形動物門

冠輪動物

Annelida
環形動物門

Mollusca
軟体動物門

旧口動物

Platyhelmi

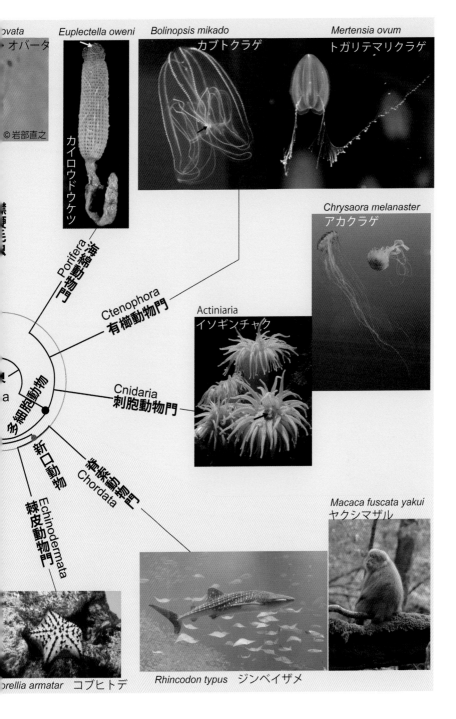

口絵 2　動物系統樹マンダラ　中心の赤い円は，およそ 5 億 4200 万年前から始まった
カンブリア爆発の時期を示す．文献 (71) の図を改変．

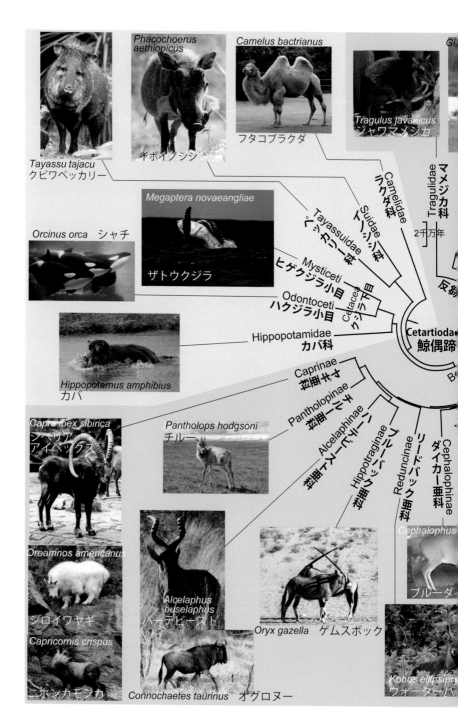

Phacochoerus
aethiopicus

Camelus bactrianus

Gi

Tragulus javanicus
ジャワマメジカ

フタコブラクダ

Tayassu tajacu
クビワペッカリー

イボイノシシ

Camelidae
ラクダ科

Tragulidae
マメジカ科

2千万年

Suidae
イノシシ科

Tayassuidae
ペッカリー科

反芻

Orcinus orca　シャチ

Megaptera novaeangliae

ザトウクジラ

Mysticeti
ヒゲクジラ小目

Odontoceti
ハクジラ小目

Cetacea
クジラ目

Hippopotamidae
カバ科

Cetartiodactyla
鯨偶蹄

Hippopotamus amphibius
カバ

Caprinae
ヤギ亜科

Capra ibex sibirica
シベリア
アイベックス

Pantholops hodgsoni
チルー

Pantholopinae
チルー亜科

Alcelaphinae
ハーテビースト亜科

Hippotraginae
オリックス亜科

ウシ科

Cephalophinae
ダイカー亜科

Reduncinae
リードバック亜科

Bo

Cephalophus

Oreamnos americanus

シロイワヤギ

Alcelaphus
buselaphus
ハーテビースト

Oryx gazella　ゲムスボック

ブルーダ

Capricornis crispus

ニホンカモシカ

Connochaetes taurinus　オグロヌー

Kobus ellipsipr
ウォーターバ

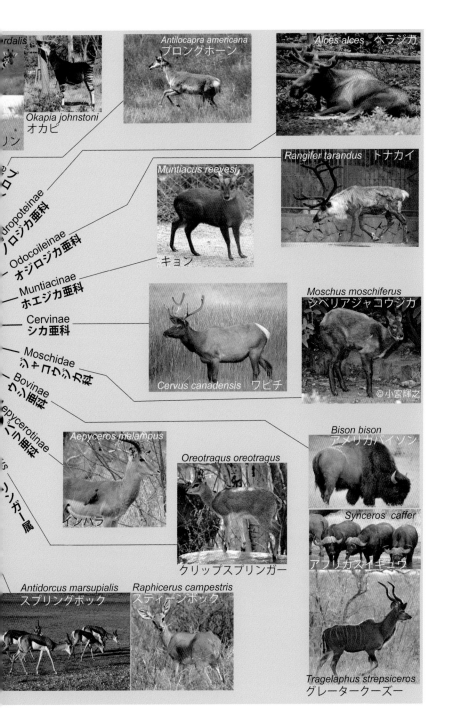

口絵 3　鯨偶蹄目の系統樹マンダラ　文献 (71) の図を改変.

Graphosoma rubrolineatum

アカスジカメムシ

Plautia stali

チャバネアオカメムシ

Eurydema rugosa

ナガメ

Megacopta punctatissima

マルカメムシ

Erthesina fullo

キマダラカメムシ

Plataspidae
マルカメムシ科

Malc
ナガカメムシ

Chauliops fallax

メダカナガカメムシ

Cletus schmidti

Lepto

ハリカメムシ

マ

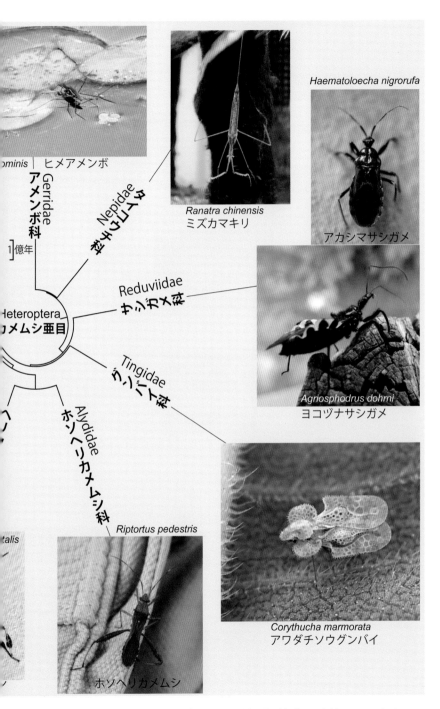

Haematoloecha nigrorufa
アカシマサシガメ

Ranatra chinensis
ミズカマキリ

…ominis│ヒメアメンボ

Gerridae
アメンボ科

Nepidae
タイコウチ科

1億年

Heteroptera
カメムシ亜目

Reduviidae
サシガメ科

Tingidae
グンバイ科

Agriosphodrus dohrni
ヨコヅナサシガメ

Alydidae
ホソヘリカメムシ科

…talis

Riptortus pedestris

ホソヘリカメムシ

Corythucha marmorata
アワダチソウグンバイ

口絵4　カメムシ亜目の系統樹マンダラ　系統関係と分岐年代は，文献 (370) による．

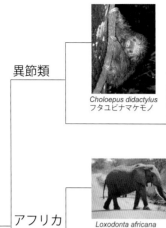

Choloepus didactylus
フタユビナマケモノ

異節類

Myrmecophaga tridactyla
オオアリクイ

アフリカ
獣類

Loxodonta africana
サバンナゾウ

Orycteropus afer
ツチブタ

北方獣類
食肉目

Crocuta crocuta ブチハイエナ

Proteles cristatus アードウルフ

口絵5 アリやシロアリを食べることに特化した真獣類の進化
　系統樹右に突出した位置にあるのがアリやシロアリ食の動物で，それぞれの左上の動物が食性の違う近縁種．例えばアードウルフはハイエナのような肉食獣から主にシロアリを食べるように進化した．アリやシロアリを食べることに特化した右側の動物の腸内細菌叢は互いに似ている．

口絵6　キマダラカメムシ
Erthesina fullo **の1齢幼虫と卵殻**　親が卵殻表面に塗りつけた腸内細菌を舐めて摂取している（中国・厦門にて）．

はじめに

　細菌や真菌（菌類）などの微生物は腸内に限らず、われわれの体内や体表などからだのあらゆる場所に棲みついている[1]。ヒトのからだを作り上げている細胞の数はおよそ 37 兆個といわれているが、われわれと生活を共にしている細菌の数も、これとほぼ同じ程度である。またヒトのゲノムにコードされた遺伝子の数は 2 万〜 2 万 5000 個であるが[2]、ヒトの体内に棲む細菌の遺伝子は合わせるとその 100 倍にもなり、われわれ自身の遺伝子だけでは実現できないけれども、われわれが生きていく上で必要な代謝などを支えているのだ。

　細菌とわれわれとの間のこのような関係は、最初の動物が出現して以来ずっと続いてきたものである。ヒトでは、体内や体表のなかで細菌が最もたくさん生息している場所が大腸である。大腸は脊椎動物の中で陸上に進出した四足動物で進化したもので、およそ 4 億年の歴史をもつ。ところが、口から肛門に至る消化管は、ヒトからミミズ、昆虫に至るまでのもっと広範囲の動物がもっており、6 億年もの歴史をもつ。昆虫の消化管の中にもたくさんの微生物が棲んでいるのである。さらに口と肛門が分化していないサンゴやヒドラなどの刺胞動物は、胃体腔と呼ばれる出入り口が一つの袋状の消化器官をもつが、そこにもたくさんの細菌が生息している[3]。このようにわれわれと細菌との共生関係は、6 億年以上も前に最初の多細胞動物が出現して以来ずっと続いてきたものなのである。

　実際には、この関係はもっと遡って 20 億年以上前に最初の真核生物が出現した頃から続いていると言えるかもしれない。従って、それぞれの動物の体内や体表に棲む膨大な数の微生物の存在を考慮しない生物学は、ニコラス・マネーが言っているように、ハリー・ポッターだけを読んで英文学全体を語るのと同じほど馬鹿げていると言えるであろう[4]。

　オランダの織物商人だったアントニ・ファン・レーウェンフック（Antonie

van Leeuwenhoek；1632 〜 1723 年）が自作の顕微鏡を使って微生物の世界を初めて覗いて以来、われわれの世界観の中で微生物が占める割合は次第に増大してきた。ヒトの糞便を顕微鏡で観察して、はじめて腸内細菌を見つけたのもレーウェンフックだった。19 世紀後半から 20 世紀にかけての感染症との闘いを通じて、細菌の世界に関するわれわれの知識は急速に増えてきた。21 世紀に入ってもいまだに感染症の脅威は続いているものの、感染症を引き起こす細菌やウイルスなどの実体が明らかになり、そうした脅威に立ち向かうための知識と手段をわれわれは手にしつつあるのだ。

　20 世紀までの微生物学の関心は主に細菌やウイルスなどの微生物がヒトに対して病原体としてネガティブに働く側面に注がれ、微生物の存在がわれわれの生きていく上で重要であることが深く認識されるようになったのは、21 世紀に入ってからのことなのである。われわれは自分たちを自立した生き物と考えがちであるが、実際にはたくさんの微生物に支えられて生きている、あるいは生かされていることが分かってきたのである。

　このような認識は、ヒト中心の世界観を覆してきた科学史上の二大革命に次ぐ第三の革命とみなされるかもしれない。第一の革命は、16 世紀のコペルニクスによるヒトが住む地球が宇宙の中心であるという天動説から地動説への転換であり、第二の革命は、地球上のあらゆるものが無生物から、植物、下等動物、高等動物へと階段状に並び、ヒトが自然界で最高位に位置するという、後世「自然の階段」という概念でくくられるアリストテレスによる自然物の配列法をダーウィンが打ち砕いたことであった。本書の主題である、ヒトが自立した生き物ではなく、膨大な数の微生物の働きによって生かされているという認識は、疑いなくわれわれの世界観の大きな転換であり、第三の革命になるかもしれないのだ。

　物理学の世界では、1925 〜 26 年に、巨視的な世界で成り立っているニュートン力学に代わって、微視的な世界で成り立つ量子力学が生まれた。微視的な細菌などの微生物とわれわれ動物の関係についてはまだ不明なことが多いが、量子力学の誕生からおよそ 100 年後の現在、新しい生物学が生まれつつある息吹きが感じられる。1930 年代以降、集団遺伝学と進化学を統合した「進化の総合学説」が生まれた。その頃の進化学の対象は主に動物や植物など目で見える生き物であった。しかし、21 世紀に入り、微生物と

の関わりを抜きにしてはもはや動物や植物などの進化も論ずることができないことが明らかになってきた。

　これまでに記載されている地球上の生物種はおよそ 180 万種といわれているが、そのほとんどは目に見える動物や植物などである。一方、記載された細菌は 1 万種あまりに過ぎない。これは決して細菌の種数が少ないということではない。これまでは細菌の多様性を調べる技術が未発達であったということなのだ。新しい種として記載するためには、細菌を培養してその性質を調べ上げることが必要である。そのため、培養が困難な細菌はなかなか記載されなかったということなのだ。ところが、近年「メタゲノム」という新しい技術が開発され、培養しなくてもサンプル中の DNA をすべて調べ上げることが可能になってきた。このような技術革新によって、これまでは思いもよらなかったような、細菌など多様な微生物の世界が次第に垣間見えてきたのである。

　培養による研究では、個々の微生物の働きや遺伝的な仕組みが詳しく調べられたが、メタゲノムという新しい方法では、微生物群集の中で、相互に関連しあいながら多様な微生物が生きていることが明らかになってきた。個々の微生物の働きをほかの微生物との関わりを通して見ることによって、思いがけない側面が見えてきたのだ。

　先に拙著『ウンチ学博士のうんちく』[5] を上梓し、その中で腸内細菌のことを紹介した。しかし、この分野の発展は目覚ましく、そこでは十分には紹介しきれなかった。そのため本書で、あらためて腸内細菌叢を含めて、微生物がわれわれの進化に関わってきた歴史を見ていくことにする。腸内細菌など共生微生物叢に関する優れた本はたくさんあり、本書を執筆する上で参考にした。それらは本書で引用させていただいたが、そのような本がたくさんある中で、あえてもう一冊の本を出版する筆者の意図は、進化の視点を強調したいということである。

　動物の生理や行動を理解するためには、腸内細菌叢をはじめとした共生微生物のことを知らなければならない。一方、これらの共生微生物と動物との関係は、動物進化の初期から連綿と続いてきたものである。本書ではこのような動物と共生微生物との進化の歴史を中心に、微生物との共生を進化の視点から見ていくことにする。1930 年代に進化の総合学説の建設に貢献した

ウクライナ出身の遺伝学者のテオドシアス・ドブジャンスキー（Theodosius Dobzhansky；1900～75年）は、「生物学のあらゆる問題は、進化的な視点なしでは意味をなさない」と述べている[6]。現在の生き物はすべて長い進化の産物なのだから、それを理解するためには進化的な視点が必要だということは当然である。しかしながら、世の中ではそのことが必ずしも広く認識されていないきらいがあるので、あえてここで筆をとる次第である。

　一方で、これまでの進化学では動物や植物などの目に見える生き物が主体であり、それと共生している膨大な数の微生物にはあまり注意が払われてこなかった。われわれは、膨大な数の共生微生物によって生かされているという新たな視点も、本書で強調したいことである。

　私は、生物学の専門的な知識のない一般読者を主な対象として本書を書いたが、それでも分かりにくい表現があるだろう。そのような個所は読み飛ばしていただいても、重要なメッセージは受け取っていただけると思う。また、活発な研究の雰囲気をなるべくそのまま伝えることを心掛けた。しかし、一般の読者の皆様にもなるべく理解していただけるような記述に努めたので、専門的な詳細は省いたものが多い。さらに詳しく知りたい人のために、なるべく原著論文も引用するようにした。殊に腸内細菌叢の研究など発足してまだ日の浅い分野では互いに結論が矛盾する大量の論文が並立している状況なので、出典を明らかにしておくことは必須であろう。

　本書は、この分野の素人である筆者が定年後に自分なりに勉強してまとめたものであり、思い違いもあるかもしれない。ご指摘いただければ幸いである。

第1章

微生物に満ちあふれる地球

　いろいろな種類の多数の植物によっておおわれ、茂みには鳥は歌い、さまざまな昆虫がひらひら舞い、湿った土中を蠕虫（ぜんちゅう）ははいまわる。そのような雑踏した堤を熟視し、相互にかくも異なり、相互にかくも複雑にもたれあった、これら精妙につくられた生物たちが、すべて、われわれの周囲で作用しつつある法則によって生み出されたものであることを熟考するのは、興味深い。

　　　　　　　　　　　　　チャールズ・ダーウィン (1859)『種の起原』[7]

　自己は個々に揺るぎなく独立して存在していたのではなく、あらゆるものと相互依存の関係にあり、果てしない永遠と無限の中でどこまでもつらなり合っているものだった。

　　　　　ロバート・A・F・サーマン (2007)『現代人のためのチベット死者の書』[8]

わが内なる微生物のつくる小宇宙

　われわれのからだの表面や内側は多種多様な微生物で満ちあふれている。これらは顕微鏡でしか見えない小さな生き物であり、その多くは細菌である。このほかに、真菌ともいう菌類や原生生物（真核生物の中で藻類や菌類以外で単細胞のもの）、それにウイルスもたくさんいる。これら微生物のさまざまな種から成る群集はマイクロバイオームとか微生物叢（そう）と呼ばれる。これらの微生物の群集は、われわれのからだのさまざまな組織と連絡を取り合い、また微生物同士でも連絡を取り合いながら、小宇宙とも形容できるような生態系を作り上げているのである。

　これまでの動物学においても、それぞれの動物種が生態系の中で占める役割は重要な研究テーマであり、またそれぞれの個体が動物社会の中で果たしている役割も重要だという認識があった。21世紀に入ってから新たに誕生した見方によると、われわれのからだ自身が、われわれとともに、さまざまな微生物が一緒になって作り上げた一つの生態系だということである。

　この章の最初にその言葉を引用したチャールズ・ダーウィン（Charles

Darwin；1809 〜 1882 年）には、微生物がわれわれの生きていく上で重要な働きをしているという認識はなかったが、たくさんの動物や植物が相互に関連し合いながら生態系を作り上げていることを彼ははっきりと認識していた。彼はこれらの多様な生物が一つの共通祖先から進化してきたものであることを見て取っていた。近年さらに、この共通祖先から由来したものとして細菌類、真菌、原生生物などの多様な微生物がつけ加えられ、微生物なしではわれわれは生きていくことができないことが分かってきたのである。

　19 世紀から 20 世紀にかけての医学では、感染症との戦いが最大のテーマであった。単一の微生物が引き起こす疾患をいかにして克服するかという問題であった。その最大の成果が細菌に対する抗生物質の発見と医療への適用であり、それによって多くの命が救われたのである。20 世紀を通じて乳幼児の死亡率は激減した。日本においてデータが取得可能な年代で一番古い 1899 年には 15.4 ％であった乳幼児の死亡率は、2016 年にはわずか 0.2 ％にまで減少したのである。1918 年はスペイン風邪と呼ばれたインフルエンザの流行で乳幼児の死亡率が 18.9 ％と特に高かったが、それがなくても当時の死亡率は現在の 75 倍の 15 ％程度あったのである。その頃の乳幼児死亡の一番の原因はさまざまな感染症であり、現在でも依然として感染症の脅威は続いているものの、乳幼児の死亡率の劇的な減少は、人類がその対処法を編み出しつつあることを示している。

　ところが近年は、感染症に代わる現代の新しい " 疫病 " が話題になってきた。それは、肥満、若年性糖尿病、喘息、花粉症、食物アレルギーなどに代表されるものである [9]。それらの原因として、単一の微生物が疾患を起こしているととらえるのではなく、さまざまな微生物がわれわれのからだや生活環境と複雑に相互作用していることによるものとしてとらえられるようになってきた [1]。細菌というと、バイ菌といって嫌われるイメージがあるが、われわれが健康に生活していくためには、われわれの体内に棲んでいる細菌などの微生物叢の働きが重要であることが分かってきたのである。

　このように微生物に対するわれわれの見方の変化をもたらした要因として大きく貢献したものの一つが、DNA 解析技術の革新であった。従来の微生物学では、ある特定の種を研究するためには、まずそれを実験室で培養することが必須であった。ところが、われわれの大腸内に棲む細菌はそのほとん

どが酸素を嫌う嫌気性のものであり、実験室での培養が困難なものが多かった。ところが近年盛んになってきたメタゲノム解析では、サンプル中（腸内細菌を調べる場合は糞便が一般的に使われる）の微生物集団のゲノム DNA をすべてそのまま配列決定（シークエンシング）するのである。そのため、培養困難な細菌でもそのゲノム情報が入手可能となった。しかも、一回の解析で、数百種もの細菌のゲノム情報が一挙に得られるようになったのである。このような技術革新のおかげで、われわれの体内や体表には従来予想もされなかったほど多様な微生物が活動していて、彼らの働きがわれわれが健康に生活していく上で重要であることが分かってきた。

　社会的にはわれわれは一人で生きているのではなく、多くのひとに支えられて生きている。メタゲノム解析によって得られつつある新しい見方によると、生物としてもわれわれは一人で自立して生きているのではなく、たくさんの微生物によって生かされているといえる。言い換えると、微生物叢を含めたたくさんの生命体の総体がわれわれの人格を構成しているともいえるかもしれない。

　ヒトのからだを作り上げている細胞の数はおよそ 37 兆個である[10]。一人のヒトの腸内に生息する細菌の総数は、100 兆個にもなるという推定があり、この数値がよく引用されるが[9]、最近の研究ではこれよりは少なく、およそ 38 兆個とされている[11]。しかし本当のところこれがどれくらいの数になるか、正確なことは分からない。それでもヒトのからだ全体の細胞数に匹敵する数であることは確かである。細菌の大きさは普通 1 〜 5 マイクロメートル（ミクロン、1 ミクロンは 1000 分の 1 ミリメートル）、ヒトの普通の細胞の大きさは 6 〜 25 マイクロメートルである。細菌の細胞はヒトの細胞にくらべて小さいので、腸内にこんなにたくさんの細菌が棲めるのである。一人のヒトでこれらの腸内細菌の重さは 1 〜 2 キログラムにもなる。

　ヒトのゲノムにコードされた遺伝子の数は 2 万〜 2 万 5000 だが[12]、大腸菌ゲノムの遺伝子数はおよそ 4000 である。ヒトの場合、腸内細菌叢が体表や体内の微生物叢の中で種類やバイオマス（生物の量を質量で表したもので、生物体量ともいう）に関して最大のものである。アメリカ合衆国、中国、ヨーロッパの合わせて 1200 人の糞便から 988 万個の腸内細菌遺伝子が得られたという報告がある[13]。いろいろなヒトの腸内細菌叢を構成する

細菌種の遺伝子を全部合わせると、一人のヒトのゲノム遺伝子数の400倍くらいになるのである。腸内細菌叢は一人ひとりで違うので、一人のヒトのもつ細菌の遺伝子数はこれよりは少ないが、それでもヒトのゲノム遺伝子数の100倍以上にはなるだろう。このように自分自身のゲノムのもつ遺伝子よりもはるかに多い微生物遺伝子の働きで、われわれは生かされているのである。

宿主と共生微生物叢のゲノムの総体 —— ホロゲノム

　このような観点から、ヒトと共生する微生物叢のゲノムの総体と宿主であるヒトのゲノムを合わせて「ホロゲノム (Hologenome)」と呼ぶことがある。ホロゲノムが進化における自然選択の対象であるという考えである[14, 15, 16]。共生微生物叢が宿主の生理や性格などの形質形成に関与しているのであれば、進化を引き起こす自然選択の対象にはその微生物のゲノムも含まれることになる。これまでわれわれヒトを含めた動物は自立的に生きていて、個体レベルでのゲノムの変異が自然選択の対象と考えられてきた。ところが、腸内微生物叢の変化がわれわれの健康にも影響していることが明らかになってきたのだから、共生微生物叢のゲノムも含めたもっと包括的なホロゲノムを自然選択の対象とみなすという考えは当然の流れであろう。微生物叢のゲノムを考慮しないこれまでの進化理論が不十分であることは確かである。

　ただし、進化的に意味のある遺伝形質として子孫に引き継がれるためには、微生物叢も親から子供に引き継がれなければならない。自然選択による進化が成り立つためには、自然選択の対象となる形質が遺伝して子孫に受け継がれることが前提となる。そうであれば、微生物叢の構成の変化も遺伝的な変異としてとらえることができる。実際、ヒトの出産の際には母親から子供に微生物叢が受け渡されることが知られており、乳児の段階でも授乳などのスキンシップを通じて受け渡される。このような親から子供への微生物叢の伝達は垂直伝達と呼ばれる。微生物叢が母親から受け渡される動物はたくさん知られていて、文字通りホロゲノムが自然選択の対象となって進化しているものは多いと思われる。

　しかし、それ以外にも環境中から取り込まれる微生物叢もあるので、それらも統合した進化理論を構築するのは簡単ではない。代々同じ環境に棲んで

そこから同じ微生物叢を取り込み、宿主の側がフィルターにかけて選択的に微生物叢を取り込んでいるのであれば、ホロゲノムを自然選択の対象と考えることも可能かもしれない。また、最初は環境中から取り込まれた微生物叢が、次第に垂直伝達されるようになることもある。いずれにしても、共生微生物がヒトを含めた動物の進化過程で果たしてきた役割が測り知れないほど大きかったことは確かで、それを考慮しない進化理論は不十分であろう。

　ヒトと細菌というかけ離れた生物が、一つのシステムの中でお互いにコミュニケーションをとりながら働いているのは、一見不思議に思われるかもしれない。共通の言葉を話さなければコミュニケーションは成立しない。しかし進化の歴史をみると、ダーウィンが考えたように、これらの生物はすべて一つの共通祖先から生まれたものなのである。生物はさまざまなかたちに分化したが、遺伝の基本的な仕組みは共通であり、共通の言語でコミュニケーションし合える仲なのである。ホロゲノムは宿主と共生微生物叢のゲノムの総体を意味するが、生物としての宿主と共生微生物叢の総体は「ホロビオント (Holobiont)」と呼ばれる [14, 15, 16]。一つのホロビオントは、宿主としての動物や植物と、共生体としての細菌、真菌、原生生物、ウイルス、時にはほかの動物や植物など系統的に非常にかけ離れた生き物で構成されている。

　一般には、共生する複数の生物のうちで一番大きなものを宿主、小さなものを共生体という。共生体には、宿主のからだの内部に棲む「内部共生体 (Endosymbiont)」と外部に棲む「外部共生体 (Ectosymbiont)」がある。内部共生体のうち細胞内に棲むものが細胞内共生体である。この中でミトコンドリアや葉緑体は細胞内に共生した細菌が進化したものである（このことは第 2 章で詳しく述べる）。ヒトの皮膚の微生物叢はもちろん外部共生体であるが、実は口から肛門まで続く消化管内もトポロジー的にはからだの外と見なされるので、腸内微生物叢も外部共生体である。

　体重 60 キログラムのヒトの腸内に棲む細菌の重さは 1 ～ 2 キログラムになるが、ヒトだけが動物の中で特別にたくさんの細菌を棲まわせているわけではない。どの動物や植物にもたくさんの微生物が棲みついており、それらのバイオマスを合わせると大変な量になることは確かである。その中には宿主に病気を引き起こすものもいるが、大部分は宿主の生活を支えており、そのような貢献がなくても大抵のものは宿主に対して特に悪さをせずに共存し

ているものである。

　細菌が宿主に対して悪さをするようになるのは、本書でこれから見ていくように、微生物叢が乱されて、バランスを失った場合が多いのだ。

メタゲノム解析

　サンプル中の微生物集団のゲノム DNA をすべてそのまま配列決定することを「メタゲノム解析」というが、これには二つのやりかたがある。一つは、サンプルに含まれる DNA についてすべて配列決定しようとするものである。このような解析により、ヒトの大腸内の微生物叢だけに限っても、ヒトゲノムのもつ遺伝子数をはるかに超える多様な遺伝子をもつことが分かってきた。もう一つのやりかたは、リボソーム RNA 遺伝子だけにねらいをつけて、配列決定を行うものである。

　ヒトから細菌に至るまで、地球上のあらゆる生物は、細胞内のリボソームでたんぱく質の合成を行う。このたんぱく質合成の機構はあらゆる生物で共通である。たんぱく質合成工場であるリボソームは、大小二つのサブユニットから成るが、それぞれのサブユニットはたくさんの部品から構成されている。小サブユニットの部品の一つであるリボソーム RNA (rRNA) は、ヒトなど真核生物では 18SrRNA、細菌などの原核生物では 16SrRNA と呼ばれている。18S や 16S は遠心分離するときの沈降速度を表すが、真核生物のリボソーム RNA にくらべて原核生物のものは質量が小さく、沈降速度が遅いために違った名前になっているのである。それでも、ヒトと細菌のリボソーム RNA を比較してみると、塩基配列は互いによく似ている。また、ヒトのリボソーム RNA を植物、サンゴ、昆虫、魚などのものと比較すると、塩基配列はさらに似たものになる。近縁な生物ほど、塩基配列がよく似ているのである。このことは、ヒトと細菌の共通祖先がもっていたリボソーム RNA の塩基配列が、数十億年にわたる進化でさまざまな種に分化する過程で、それぞれの系統で少しずつ変化してきたことを反映している。そのために、リボソーム RNA の塩基配列データを用いて、全生物界の系統樹を描くことができるのである。

　従って、メタゲノム解析により、例えば糞便中の微生物叢のリボソームRNA の塩基配列を決定することにより、大腸内の微生物叢を構成している

それぞれの微生物が全生物界の系統樹上でどのように位置づけられるかが分かる。これまでにリボソーム RNA の塩基配列は膨大な数の生物種から得られていてデータベースに登録されているので、それらと比較することによって新たに得られた遺伝子配列の主（あるじ）が系統樹上でどのように位置づけられるかが分かるのである。

　メタゲノム解析では生き物の培養は行なわないので、その微生物のいろいろな形質を直接知ることはできない。しかし、その微生物を系統樹上で位置づけることによって、すでに知られているものと近縁であることが分かれば、それと似た形質をもっていると推測することができる。もちろん、いかに近縁であっても、短期間で形質ががらりと変わってしまうこともあり得るので注意が必要である。このような場合は、リボソーム RNA 以外の遺伝子の解析も追加で行うことによって、その微生物の性質についてさらに詳しく調べることもできるのである。

メタゲノムを使った新しい培養技術

　メタゲノム解析ではあくまでも DNA の配列を決定するだけで、生きている生物そのものを調べることはできない。 DNA の配列により、その生物を系統樹上に位置づけ、さらに代謝に関与する遺伝子を調べることによって、どのような代謝を行なっているかが分かる。しかし、生きている生物を直接調べることによってしか知り得ないこともある。特にその生物がこれまでに知られていないような機能の遺伝子をもっているとすると、遺伝子の配列を調べただけではそれがどのような機能をもっているかを知ることは難しい。従って、最終的には生物を培養して調べることが望まれる。実際に培養して詳しく調べることによって初めて、その生物について理解できることも多いのである。

　最近になって、メタゲノム解析で得られた DNA 配列を使って、その生物を培養する方法を見つけようという新しい試みがスタートしている[17]。そのやり方は「逆ゲノミックス」と呼ばれるものである。従来のように、培養した細菌のゲノムを解析するのとは逆に、メタゲノム解析で得られたゲノムデータを使って培養方法を探ろうというのである。まずメタゲノムのデータを使って、培養したい細菌の細胞表面にあると考えられるたんぱく質をコー

図 1-1 コアラ *Phascolarctos cinereus*（有袋類）

ドしている遺伝子を探し出し、そのたんぱく質を合成してそれをウサギに注射することによってそれに対する抗体を作らせるのである。こうして作られた抗体を使って目的とする細菌の本体を釣り上げるというのがこの方法の要点である。このような方法で、目的とする細菌だけを集めることができれば、培養方法も見つけやすくなるであろう。

コアラの腸内細菌叢研究から分かったこと

コアラ（図 1-1）はもっぱらユーカリの葉を食べて生きている。ユーカリの葉は動物に食べられるのを防ぐためにタンニンや油分が多く含まれていて消化が悪く、毒素も含むので、これを食べる動物はほかにはあまりいない。コアラは競争相手のいない食べ物を利用しているのだ。

このように特別のものを食べているコアラは、体内に特別の細菌をもっているのではないか、と考えた研究者たちは、コアラの直腸に綿棒を差し込んで得た細菌叢と、糞便中の細菌叢を調べてみた [18]。ところが、ほかの植物食哺乳類がもっている微生物叢と特に違ったものは見つからなかった。もっとも、コアラは大腸の入り口にある盲腸内の細菌の発酵によってユーカリの毒素を分解し、消化吸収するといわれているので、盲腸の細菌叢も調べないと、コアラが独自の細菌叢を利用しているかどうかは分からないであろう。

それでも、この研究から面白いことが明らかになった。直腸から綿棒で得られたサンプルには 56 属の細菌が含まれていたが、糞便からは 15 属しか得られなかったのだ。しかも、糞便の 15 属はすべて直腸からも得られていたものだった。これまでの腸内細菌叢研究の多くは糞便を使って行われてきたが、そのような研究は、腸内細菌叢の多様性の一部しかとらえていなかった可能性があるのだ。

一方、ヒトの細菌叢に関しては、糞便と綿棒で得られたサンプルではあまり違わないという報告もある [19, 20]。しかし、大腸粘膜の組織片を切り取って調べる生検では違った結果が得られるという報告もある [21]。生検は被験

者にとっての負担が大きいので、たくさんの被験者について調べるのには適さないし、大腸のごく一部の組織しか調べないという問題もある。このように腸内細菌叢全体の真のすがたを把握するのは簡単ではないが、膨大な種類の微生物がわれわれの健康を支えているのは確かである。

微生物叢が性格や健康に関わる

われわれのゲノムは、顔つきや性格を決める上で重要である。従って、同じゲノムをもつ一卵性双生児は互いによく似ているのだ。しかし、ゲノムだけですべてが決まっているわけではない。ゲノム以外に、二つの要因がある。「氏」と「育ち」というが、ゲノムが「氏」だとすると、この二つの要因は「育ち」に関わる。

「育ち」の一つは「エピジェネティックス」と呼ばれるものである。DNAの塩基配列は、突然変異が起こらない限り、一卵性双生児の間ではまったく同じである。ところが、同じ塩基配列であっても、DNA 塩基のメチル化やDNA に巻きついているヒストンというたんぱく質の修飾などによって遺伝子が発現する様子が変化するのである[22, 23]。これをエピジェネティックスというが、このようなことが原因になって、発育の過程で一卵性双生児の間でも違いが生ずるのである。

一卵性双生児の間の違いを生み出すもう一つの要因が、本書の中心テーマである微生物叢である。その中で腸内細菌叢に関しては、一卵性双生児同士が、二卵性双生児よりも似ているということはない。また里子に出されたりした場合には、里親の腸内細菌叢に似た細菌叢をもつようになるという[24]。このように子供は育った環境に応じた微生物叢を獲得し、その違いが健康や性格にも反映されるのである。

地球上の微生物のバイオマスは動植物全体のバイオマスを超える

われわれのからだに棲みついている微生物叢以外に、地球上にはわれわれとはあまり関係なく独立に生きている微生物もたくさんいる。個体数や種数に関してはそれらのほうが圧倒的に多いと思われる。

アメリカ・ジョージア大学のウイリアム・ウィットマン (William Whitman) らによると、地球上の細菌の総数は、4 〜 6 × 10^{30} 個で、細胞中

の炭素の質量が350〜550ペタグラム（1ペタグラム＝10^{15}グラム）になるという[25]。この量は、地球上の植物体内の炭素の総質量の60〜100%に達するという。さらに細菌のもつ窒素は85〜130ペタグラム、リンは9〜14ペタグラムで、地球上の植物のもつこれらの栄養素の10倍にも達するという。ウィットマンらの推定では、外洋、陸地の土壌中、海底の堆積物中、陸地の地下に生息する細菌の総数は、それぞれ、1.2×10^{29}、2.6×10^{29}、3.5×10^{30}、$0.25 \sim 2.5 \times 10^{30}$ となる。つまり、細菌の多くは、海洋中、特に海底の堆積物中に生息しているというのである。

ウィットマンらは、海底の堆積物中の細菌は、地球上の細菌のバイオマスの55〜86%、全生物のバイオマスの27〜33%にも達すると主張している。ただし、このような推定はいろいろな仮定のもとで成り立つものである。彼らの仮定の中で一番問題になることは、ある特定の地域の海洋で得られた細菌の密度が、世界中の海洋でも成り立っているというものである。世界中の海底堆積物を調査したドイツ・ポツダム大学のジェンス・カルメーヤー（Jens Kallmeyer）らによる推定では、海底堆積物の中の細菌総数は 2.9×10^{29} で、ウィットマンらの推定のおよそ10分の1になる。この量は地球上の生物の全バイオマスのおよそ0.6%になる[26]。またイギリスのグループによる海底堆積物の中の細菌総数の最新の推定値は 5.4×10^{29} で[27]、このあたりが妥当な値かもしれない。いずれにしても海底堆積物中の細菌は外洋中の細菌数よりも多いようである。

実は地球上には数の上では細菌よりもはるかに多いものがいる。それはウイルスである。ウイルスは細菌や真核生物の細胞内でしか増殖できないので、自律的に生きている生物とはいえない。しかし本書でこれから見ていくように、自律的に生きているように思われているわれわれヒトもたくさんの微生物の力で生かされているともいえるので、生物と無生物の境界は曖昧である。たいていの細菌にはウイルスが共生しているので、ウイルスの数は膨大である。細菌に共生するウイルスはファージと呼ばれるが、地球上のファージの総数は 10^{31} という推定がある[28]。

いろいろと未解決の問題は多いが、外洋も微生物に満ち溢れていることは確かである。細菌（真正細菌＋古細菌）、原生生物、単細胞真菌などが海洋バイオマスの大半を占めていて、海洋における光合成による一次生産の

98％はこれらの微生物が担っているという推定がある [29]。

地下に広がる広大な微生物の世界

さらに近年、地球の地表下深くに広大な微生物の世界が広がっていることが知られるようになってきた [30]。

アメリカ・カリフォルニア大学のジュリアン・バンフィールド (Jillian Banfield) らのグループは、日本を含む世界各地の地下水の中に棲む真正細菌と古細菌のメタゲノム解析を行った [31]。第 2 章で詳しく説明するが、細菌類は真正細菌（バクテリアともいう）と古細菌（アーケア）の二つのドメイン（超生物界ともいう）に分類される。ドメインは生物分類学上の一番大きな単位であり、もう一つ、動物、植物、真菌、原生生物などが属する真核生物ドメインがある。

バンフィールドらが自ら解析した地下水中の細菌 1011 種のゲノムデータとデータベースに公開されているデータと合わせ、計 3083 種を含む系統樹を推定したところ、面白いことが明らかになった。

細菌類の大きさは 0.2 マイクロメートル（= 0.0002 ミリメートル）以上が普通であるが、彼女たちが 0.2 マイクロメートルの目の粗さのフィルターでろ過した地下水で調べた一群の細菌が真正細菌の中で一つの大きなグループを形成していたのである。しかも、その中には門のレベルで分けられる系統が 35 も含まれているという。つまり、地下水に棲む極小サイズの真正細菌だけで、35 もの門をつくるだけの多様性があるのだ。ちなみに門の違いは、動物の場合だとヒトを含む脊索動物門とヒトデなどの棘皮動物門の違いに匹敵するものである。

彼女たちは、この 35 門から成るグループを、Candidate Phyla Radiation (CPR) と名付けた。Phyla は Phylum の複数形で、「門」という意味である。Candidate Phyla とは、そのメンバーが一度も培養されていない門であり、Radiation はそのようなたくさんの門が一つの共通祖先から放散していることを表現している [31]。極小サイズの細胞の CPR 細菌は真正細菌のなかでも非常に多様性の高いグループなのである。CPR 細菌は細胞が小さいだけではなく、ゲノムサイズも大腸菌のおよそ 10 分の 1 と極小なのだ。

このような 0.2 マイクロメートルよりも小さな真正細菌は最初、広島大学

の長沼毅らのグループが岐阜県土岐市のウラン鉱山である東濃鉱山の地下水の中から発見していたものである[32]。CPR 細菌はゲノムサイズも小さく、生物にとって必須とされる遺伝子の多くが欠けている。この仲間の細菌は土壌中にも見られるが、ほかの細菌が多く棲むそのような環境では少数派である。逆に、ほかの細菌があまり棲まない地下環境では多数派になっているのである[33]。

　従来から知られていた生態系は、太陽の光を使って二酸化炭素と水から糖を合成するいわゆる光合成生物（植物やシアノバクテリアなど）を生産者とし、それに依存して生きている消費者などから構成されるものである。従って、筆者が学生の頃に教わった生物学では、あらゆる生物はもとをたどれば太陽の光を食べて生きていると表現されていた。太陽と水が生命の源泉だということである。ところが、光合成にまったく依存しない生態系が知られるようになってきたのである。CPR 細菌のつくる生態系もそのようなもので、地表下化学合成独立栄養微生物生態系 (Subsurface lithoautotrophic microbial ecosystem; SLiME) と呼ばれている[34]。

　SLiME では光合成の代わりにどのような仕組みでエネルギー代謝が行われているのだろうか。CPR 細菌ではないが、地中奥深くに棲む古細菌のメタン生成菌でそのような仕組みが明らかにされた[35]。

　メタン生成菌は水素をエネルギー源として有機物を合成している独立栄養微生物である。そのメタン生成菌の餌になる水素が、地震活動による地下の断層で生み出されているという説がある[36]。国立研究開発法人海洋研究開発機構の廣瀬丈洋らは、この説を検証すべく、地震断層運動を再現する高速摩擦運動によって、地震のときに発生する水素量を見積もった[37]。その結果、自然界でほかの要因によって生み出される水素量にくらべて、地震活動によって地下の断層で生み出される水素量は非常に多いことが明らかになったのである。

　メタン生成菌は水素 H_2 を二酸化炭素 CO_2 と反応させて、ブドウ糖 $C_6H_{12}O_6$（グルコースともいう）などの有機化合物やエネルギーを作り出すが、このときにメタン CH_4 を放出する。自然界で発生するメタンの多くはメタン生成菌により合成されるといわれている。メタンは温室効果ガスであり、ウシなど家畜反芻動物が生み出すメタンガスが地球温暖化にも関わって

いるという話がある。実際にメタンを作り出しているのはウシ自身ではなく、ウシのルーメン（反芻胃）に棲む古細菌のメタン生成菌なのである。

　また、白亜紀の植物食恐竜の消化器官に棲んでいたメタン生成菌が大量のメタンガスを放出して、その時代の温暖化に関わっていたといわれている[5]。

　近年話題になっているメタンハイドレートは、メタン分子が水分子に囲まれた結晶構造をもつ固体であり、海底に大量に埋蔵されている。メタンハイドレートがどのようにしてつくられたかについては、まだはっきりしないことが多いが、地質学的起源と考えた場合に予想されるよりも炭素同位体比 (^{13}C / ^{12}C) が小さい（つまり ^{13}C が少ない）ため、生物的な起源が考えられてきた。生物的起源だとすると、炭素同位体比が小さくなる理由は、二種類の炭素同位体のうち ^{13}C は ^{12}C よりも重いため、生体中に取り込まれにくいからである。メタンハイドレートが埋蔵されているところでは、これまで培養されたことのない古細菌が優占種になっている[38]。

　メタンハイドレートは地震活動によって生み出される水素と二酸化炭素からメタン生成菌が作り出したメタンに由来するものかもしれない[39]。そうだとすると、メタンハイドレートは地質学的な長い年月をかけて蓄積されたものであり、膨大な埋蔵量を考えるとメタン生成菌のバイオマスもかなりなものになるであろう。

　シアノバクテリアは地球上で酸素放出型の光合成を行なった最初の生物であり、地球の大気が酸素に満ちたものになったのは、彼らのおかげであるとの説が支配的である。植物が光合成を行なっているのも、彼らの祖先が細胞内にシアノバクテリアを共生させるようになったからである。ところが、スペイン国立宇宙生物学センターのフェルナンド・プエンテ・サンチェス (Fernando Puente-Sánchez) らは、スペインの地下 613 メートル地点の岩の表面に大量のシアノバクテリアが生きていることを発見した[40]。光が届かない地下の暗闇の中で、シアノバクテリアが生きていたのだ。彼らはどうやって生きているのであろうか。調べてみると、光合成の代わりに、水素を使ったエネルギー代謝を行なっているようなのである。水素はメタン生成菌以外にも地表下化学合成独立栄養微生物生態系 (SLiME) を成り立たせるのに欠かせないもののようである。

　地下ではないが深海の熱水噴出孔付近に生息するチューブワームもまた太

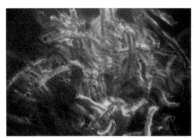

図1-2 サツマハオリムシ *Lamellibrachia satsuma*（環形動物門）

陽光に依存しない生態系の一員である。サツマハオリムシ（**図1-2**）はその一種である。ミミズと同じ環形動物門に属するチューブワームは、環形動物の共通祖先がもっていた口・消化管・肛門などを退化させ、イオウ酸化細菌を細胞内共生させている。熱水噴出孔から湧き出る硫化水素を使って細胞内の共生細菌が栄養を合成してそれを供給してくれるので、チューブワームは口も消化管も要らなくなったのだ。

　先に述べたように地球上の細菌総数を推定することは簡単ではないが、10^{30} を超える数になることは確かであろう。数が多いたとえに「星の数ほど」と言われることがある。銀河系にある恒星の数はおよそ 2000 億（= 2 × 10^{11}）個、宇宙にある銀河系の数はおよそ 1000 億（= 10^{11}）個とすると、宇宙にある恒星の数は 2 × 10^{22} となる。地球上の細菌の数はこれよりも圧倒的に多いのだ。これだけ厖大な数の生命体が、この地球上で自己複製を続けていることを考えると壮大な想いになる。

第2章

生命進化最初の30億年 —— 単細胞微生物の時代

> あらゆる生物は、化学的組成や、胚胞や、細胞構造や、成長と生殖の諸法則の点
> で、多くのものを共有している。しばしば同じ毒が植物と動物に似た害をあたえると
> か、フシムシの分泌する毒が野バラやカシの木に奇形的な成長をおこさせるというよ
> うな、些細な事実にさえ、そのことがあらわれている。それゆえ私は類推によって、
> かつてこの地球上に生存した生物はすべて、おそらく、生命が最初に吹き込まれたあ
> る一種の原始形態から由来したものであろうと、推論せざるをえないのである。
>
> チャールズ・ダーウィン (1859)『種の起原』[7]

細菌の多様性

　上で引用したダーウィンの言葉には、細菌などの微生物は出てこないが、
「かつてこの地球上に生存した生物」の中に彼は細菌も含めていたと思われ
る。また、同じ『種の起原』の中で彼は、生物は互いにほかの生物に依存し
ながら生きていると述べている。その例としてアカツメグサとマルハナバチ
の関係を挙げている。アカツメグサを訪れるのはマルハナバチだけである。
ほかのハチは、蜜腺まで到達できないのだ。彼は、マルハナバチが絶滅し
たら、アカツメグサも絶滅してしまうだろうという。このように生物の間の
関わりが進化にとって大事だということを、ダーウィンは深く認識していた
のである。しかしさすがの彼も、本書で紹介していくように、われわれが生
きていく上で多種多様な細菌の働きが重要な役割を果たしているということ
は、予想できないことであった。

　"Catalogue of Life: 2019 Annual Checklist" というインターネットのサイ
ト[41]は、地球上のすべての種を登録することを目指しているが、そこには
2019年現在183万7565の現生種が登録されている。登録されている種の
ほとんどは真核生物であり、その中で節足動物が108万2297種と登録さ
れている種の過半数を占める。一方、細菌類の登録数は少なく、真正細菌が
9980種、古細菌がわずか377種に過ぎない。この少ない種数は決して実

際の多様性を反映しているわけではなく、単に細菌類についてはまだあまり調べられていないだけなのだ。

ヒトの腸内細菌叢はたくさんの種の細菌から構成されている。その中にはほかの動物と共通のものもいるが、動物の種分化と一緒に種分化してきた細菌もたくさんいるので、動物の種数よりもはるかに多い細菌の種数が予想される。

節足動物はこれまでに100万を超える数の種が記載されており、まだ知られていない種を合わせると膨大な数になるが、それぞれの種に共生しているたくさんの種の細菌を考えると、地球上の細菌の種数はさらに膨大なものになることは確かである。

ヒトは微生物なしでは生きられないが、大抵の微生物はヒトがいなくても生きられる。第1章で紹介したように最近では、地球の地下深くで動植物が生息できないような環境でも、微生物の豊かな生態系が存在することが分かってきた[30]。中には地下5000メートル近くで、放射線をエネルギー源として生きている細菌もあるという。微生物は地球上のバイオマスの半分以上を占めている[9]。

ヒトの活動が地球環境に大きな影響を与え、多くの動植物を絶滅に追い込んでいるが、地球上にはヒトの活動に影響されることのない微生物がつくる豊かな生態系も存在しているのである。

最初の生命

地球は今からおよそ46億年前に誕生した。最初の生命がいつ生まれたか確かなことは分からないが、およそ40億年前に生まれたと考えられる。アメリカ・ラトガース大学のポール・フォーコウスキー (Paul Falkowski) によると、すでに38億年前に光合成をする細菌がいた可能性を示唆するデータがあるという[42]。この最古の光合成細菌はシアノバクテリアが行う酸素放出型とは違う型の光合成を行なっていたと考えられる。

最初の生命が生まれたのは、海底から噴出するアルカリ熱水噴出孔というタイプの、「ブラックスモーカー」とも呼ばれる熱水噴出孔だったという。この熱水にはさまざまな鉱物が溶解しており、それをもとに有機物を合成する細菌が生まれた。細孔の迷路を通過する熱水の流れには、有機分子を濃縮

する能力があるのだ[43]。第 1 章で紹介したように熱水噴出孔のように火山
活動が盛んな場所では、水素や二酸化炭素が盛んに放出されるので、それを
利用したメタン生成菌のような代謝が行われていたのかもしれない。

　しかし、細菌のような生命が生まれる前段階があったはずである。地球上
のあらゆる生物は、DNA、RNA、たんぱく質、脂質という四種類の分子をもっ
ている。さまざまな代謝はたんぱく質が酵素として働くことによって起こる
が、たんぱく質の働きは構成要素のアミノ酸の配列によって規定される。そ
のアミノ酸配列は遺伝情報として DNA の塩基配列として蓄えられていて、
その情報がメッセンジャー RNA に写し取られ（これを「転写」という）、そ
の情報に従ってリボソーム（リボソーム RNA とたくさんのたんぱく質で構
成されている）上でたんぱく質が合成される（これを「翻訳」という）。

　DNA、RNA、たんぱく質のほかにもう一つ、脂質という分子もあらゆる生
物がもつものであるが、これは細胞膜を形づくる。細胞膜のような袋がなけ
れば、せっかくいろいろな分子を揃えても周りに拡散してしまって、生物と
してのまとまりを保てないのである。

　現在の生物はすべてこれら四種類の分子を全部もっているが、最初の生物
はどのようなものだったのだろうか。四種類が全部一度に出揃うことはない
だろうから、順を追って進化したと考えられる。その中で「RNA ワールド」
という考えが有力である。現存生物では、たんぱく質が酵素の働きをしてい
るが、1982 年に酵素活性をもつ RNA が発見されたことから浮上してきた
考えである[44]。それまでは酵素活性はたんぱく質だけがもつものと思われ
ていたが、RNA にもあることが分かったのである。

　RNA は A（アデニン）、U（ウラシル、DNA では代わりに T チミン）、G（グ
アニン）、C（シトシン）の四種類の塩基をもつが、DNA の二重らせん構造
を保つ力と同じく、A と U、G と C は相補的に水素結合で引きつけ合うので、
自己複製できる可能性がある。このような相補的な塩基対をワトソン・ク
リック塩基対という（**図 2-1**）。そのような分子が酵素活性ももつというこ
とから、RNA ワールドから順次たんぱく質、DNA、脂質などが加わって現在
の生物が進化したと考えられるのである。

　ところがこの考えには大きな問題がある。そもそも RNA は無生物的には
作るのが非常に難しいといわれている。最近、A（アデニン）、U（ウラシ

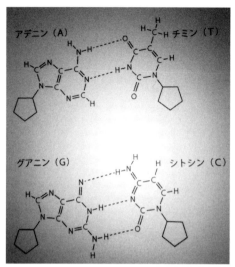

図 2-1 ワトソン・クリック塩基対　点線は水素結合を表わす．DNA ではチミン (T) 塩基が使われるが，RNA では代わりにチミンのメチル基 (CH3-) が水素 (H-) に置き換わったウラシル (U) 塩基が使われる．

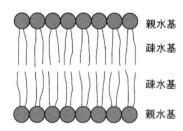

図 2-2　リン脂質分子が作る脂質二重層

ル）、G（グアニン）、C（シトシン）の四種類の RNA 塩基が、ある条件では無生物的に合成されることが示された[45]。しかし、これらの塩基とリン酸、リボースから成るリボヌクレオチドがホスホジエステル結合でつながった高分子である RNA が無生物的にどのように合成されたかは依然として不明なままである。また、膜で囲まれた袋のような構造がないと、RNA の材料が拡散してしまう。このような難点を克服する考えとして、RNA ワールド以外にも、たんぱく質ワールド、脂質ワールドなどがあり、それらが共生するようになったというものがある。

　この中で、脂質ワールドを構成する脂質二重層の膜がつくる袋状の構造体は、RNA ワールドやたんぱく質ワールドにくらべて無生物的にできやすかったと考えられる[46]。生体膜をつくるリン脂質分子は水になじみやすい部分（親水基）と油になじみやすい部分（疎水基）から構成されている。このような分子をたくさん水の中に入れると、図 2-2 のように、親水性の部分が水のある外側に並び、水とは反発する疎水性の部分がファンデルワールス力で引き合って内側に並んで、膜の二重層ができる。これが現在でも細胞膜の基本構造を成しているのである。

　原始地球上にはほとんど存在しなかった RNA の材料は、たんぱく質ワールドで作られたものが供給されるようになり、脂質ワールドは RNA やたん

ぱく質を蓄える膜構造を提供するようになり、最終的にはこれら三者が融合して現在見られるような細胞に近いものが作り上げられたと考えられる[47]。その後生命系は、遺伝情報が RNA よりも安定した DNA に蓄えられるような、現在のシステムに進化した。共生は地球上における生命誕生の最初の段階から重要な働きを果たしていた可能性があるのだ。

　こうして作られた最初の生命である細胞の系列が現在まで連綿と続いてきたというのである。生命の誕生は地球上で何回か起こった可能性はあるが、現在まで生き延びてきた系統は、一つの共通祖先に由来する系統だけである。なぜならば、現在見られる多様な生物はみな、DNA を通じた遺伝の仕組みや遺伝情報が発現する仕組みなどが共通であり、独立に生じたとは考えられないからである。

　ただし、地球上で生命誕生に至る可能性をもった過程は数えきれないほどあったと思われる。そのうちの一つ、つまり現存生物の祖先が支配的になると、新たな過程は途絶えたと考えられる。それらは、新たな生命に進化する前に、われわれの祖先の餌食になっただろうからである。われわれの祖先は、まだ競い合う相手や捕食者がいない環境で、いち早く基本的な体制を整えることができたのだ。

　ある生物種が利用する環境要因を「ニッチ」あるいは「生態的地位」という。生物進化の歴史において、大量絶滅が繰り返し起こったが、絶滅後には廃墟の中からいつも革新的な進化が起こった。6600 万年前の恐竜（恐竜の子孫である鳥類が生き残っているので、厳密には非鳥恐竜）絶滅後の哺乳類の目覚ましい進化などがその典型的な例である。現在では可能なニッチはそれぞれに適応した種によって埋め尽くされているので、なかなか画期的な新しい種は生まれにくい。ところが、大量絶滅が起こると、たくさんのニッチが空席になるので、そこを埋めるような進化が急速に起こるのである。最初の生命が生まれた頃は、競争するものはほとんどいなかったので、時間をかけて試行錯誤を繰り返すことができたと考えられる。

水の惑星・地球はなぜ誕生したか？

　地球上のあらゆる生物の祖先がおよそ 40 億年まえに誕生したあとの生物進化は、地球環境の変化に支配されてきたが、逆に生物の進化が地球環境を

変えてきたのだ。地球は「水の惑星」とも呼ばれるが、地球がそのようになったのは、生命が誕生したからだと考えられる[48]。

　水は地球ができたときにすでに存在していた。ところが、太陽から降り注ぐ短波長の光は、水分子 H_2O を分解して水素分子 H_2 と酸素分子 O_2 をつくる。水素は軽いので地球の引力から逃れて地球外に拡散してしまう。現在の火星や金星にほとんど水がないのは、このことが原因だったようである。これらの惑星の大気中には酸素もほとんど存在しないが、それはかつて紫外線によって水が分解してできた酸素がすぐに鉄分と反応して酸化鉄になったからだと考えられる。

　地球上ではおよそ 40 億年前に誕生した最初の生命の子孫の中から、シアノバクテリアという光合成細菌が進化した。この細菌は、水と二酸化炭素から糖を合成し、水が分解される過程で生じた酸素を放出した。シアノバクテリアによって作られた酸素は鉄分と反応して酸化鉄を作ったが、そのような鉄分が使い果たされると、大気中の酸素濃度が次第に上昇した。酸素濃度がある程度高くなると、紫外線で水が分解されても、できた水素の大半は酸素と反応して再び水が作られるのである。このように酸素放出型光合成のおかげで地球が火星や金星のような運命をたどらずに、水の惑星が守られたのだという[48]。火星や金星では紫外線で水が分解されてできた水素は宇宙空間に拡散し、水は極地や地下深くにしか残らなかったとみられる。

　地球環境と生物進化の関係は一方的なものではなく、生物が地球環境の制約を受けながら進化するとともに、逆に生物進化が地球環境をつくってきたと考えられるのである。

生命の樹 —— あらゆる生物の共通祖先 LUCA

　これまで「細菌」と呼んできたが、実はこれには「真正細菌」と「古細菌」の二大グループがある。1977 年にアメリカ・イリノイ大学のカール・ウース（Carl Woese；1928 ～ 2012 年）は、見かけ上は同じ細菌なのに、系統的にはそれまで知られていた細菌とは異なる新しい分類群の存在を明らかにした[49]。それまでは地球上の生物は、細胞核をもった真核生物と核をもたない原核生物（細菌）の二つに分類されていたが、ウースは第三のグループの存在を明らかにしたのである。そのため、従来から知られていた細菌は真

正細菌、新しく発見された細菌は古細菌と呼ばれるようになった。

　地球上のあらゆる生物は共通の祖先から進化したということが、チャールズ・ダーウィンの進化論の二つの柱の一つであった。これは、「生命の樹 (Tree of life)」と呼ばれる。一つの共通祖先からさまざまな生物が進化してきた様子を、根元から出た幹が枝分かれを繰り返しながら伸びていく樹にたとえるのが生命の樹である [23]。これはその後、エルンスト・ヘッケル (Ernst Haeckel) によって「系統樹 (Phylogenetic tree)」と呼ばれるようになった。

　ウースは生命の樹の根元から伸びた二つの幹に、もう一本の幹を付け加えたのだ。この三本の幹から枝分かれを繰り返して伸びたたくさんの枝が、現在の地球上で見られる多様な種から成る生態系を形作っているのだ。ところで、ダーウィン進化論のもう一つの柱は、進化を引き起こす力としての自然選択である。

　ウースは、リボソームの小サブユニット RNA（原核生物では 16SrRNA、真核生物では 18SrRNA と呼ばれる）の塩基配列の類似度から、地球上のすべての生き物が、真核生物 (Eukaryotes) とそれまでに知られていた細菌類、つまり真正細菌 (Eubacteria) に加えて第三のグループである古細菌 (Archaebacteria) の三大系統に分けられることを示したのだ。同じ原核生物の二つのグループの塩基配列の違いは、原核生物と真核生物の違いに匹敵するほど大きかったのである。

　リボソーム RNA は地球上のあらゆる生物がもっているが、生物の種類によって少しずつ違っている。そのことは、共通祖先がもっていたリボソーム RNA が、枝分かれを繰り返しながら進化してきた間に少しずつ変化してきたことを表している。そのためこの分子の塩基配列を比較することによって、ヒトから昆虫、真菌、植物、古細菌、真正細菌に至るまでの地球上のあらゆる生物を含めた壮大な系統樹を描くことが可能になっているのだ。

　ウースが最初に解析した古細菌は、メタン生成菌というものだったが、その後、スルフォローバス、サーモプラズマなどの好熱好酸菌、ハロバクテリアなどの高度好塩菌なども古細菌に加えられた。古細菌、真正細菌、真核生物という三大分類群は、動物界、植物界などの界よりも上位の分類階層であり、ドメイン（Domain；超生物界ともいう）と呼ばれる。

　その後、三つのドメインがどのような順番で分かれてきたかが議論になっ

図 2-3 地球上のあらゆる生物を含む系統樹 LUCA (the Last Universal Common Ancestor) は，全生物の最後の共通祖先.

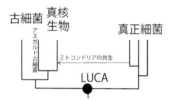

図 2-4 地球上のあらゆる生物を含む系統樹の改訂版 真核細胞はアスガルド古細菌の一種を宿主として真正細菌のアルファプロテオバクテリアが共生して（ミトコンドリアの共生）出来上がった.

たが、最終的には図 2-3 が示すように、同じ細菌でも古細菌は真正細菌よりも真核生物に近縁であることが明らかになってきた[50]。この系統樹の最初の分岐点は、あらゆる生物の共通祖先 LUCA (the Last Universal Common Ancestor；直訳すると、全生物の最後の共通祖先) と呼ばれる。つまり、現在地球上に生きている記載されているだけでも 180 万種を超える生物は、すべて LUCA の子孫なのだ。

古細菌はその名前から古い細菌というイメージがあるが、LUCA が真正細菌と古細菌のどちらに似ていたかは分からない。いずれにしても、LUCA は細胞核をもたない単細胞の原核生物だったであろう。

ただし、図 2-3 の系統樹は物事を単純化し過ぎている。たいていの真核生物は細胞内にミトコンドリアという小器官をもっており、このミトコンドリアは系統的には真正細菌の中のアルファプロテオバクテリアという多様なグループの一種が古細菌の細胞内に共生したものから進化したと考えられている。ミトコンドリアは核にあるゲノムとは別の独自のゲノムをもっており、そのゲノム DNA は系統的には明らかにアルファプロテオバクテリアの DNA と近縁だからである。従って、ミトコンドリアまで含めて考えると、真核生物は複数の祖先系列が融合してできたということになり、図 2-3 の系統樹のように枝分かれを繰り返しながら進化してきたという単純な描像は成り立たない。これらのことを考慮すると、地球上のあらゆる生物を含む系統樹は、図 2-4 のように表現するのが妥当であろう。

さらに最近では、古細菌が系統的にまとまったグループではなく、古細菌の中でも「アスガルド古細菌」と呼ばれるグループがほかの古細菌よりも真核生物（の核ゲノム）に近縁であることが分かってきた[51]。アスガルド古

細菌はメタゲノム解析によってはじめてその存在が明らかになった古細菌の
グループであり、DNAの情報以外にはどのような生物なのかを示す手掛か
りがなかった。2020年になって海洋研究開発機構の井町寛之らのグループ
がアスガルド古細菌の一つを培養することに成功したので[52]、真核生物の
祖先となった古細菌についての理解が今後進んでいくものと期待される。

■コラム1．古細菌か、アーケアか

　1977年にカール・ウースがそれまで知られていた細菌とは違う原核生物の
グループを発見した際、これを「古細菌（Archaebacteria）」と名付け、従来
から知られていた細菌を「真正細菌（Eubacteria）」とした[49]。ウースが発見
したメタン生成菌や高度好熱菌などはいかにも原始地球環境を思わせるような
ところに生息していたために、古細菌と名付けられたのである。

　その後、1989年に九州大学の宮田隆（現・京都大学名誉教授）と岩部
直之（現・京都大学）らのグループは、古細菌が同じ原核生物の真正細菌
よりも真核生物に近縁であることを示した[50]。これに先立って1978年に
は、当時広島大学にいた堀寛（現・名古屋大学名誉教授）と大澤省三（現・
名古屋大学名誉教授）が、5SリボソームRNA（リボソームの大サブユニット
を構成するRNAの一つ）を用いて古細菌が真正細菌よりも真核生物に近いこ
とを示す論文を発表した。彼らはこの細菌を古細菌というよりも「後生細菌
(Metabacteria)」と呼ぶべきだと主張していた[53]。この研究は真核生物の起源
についての議論を一歩進めるものではあったが、分子進化速度一定が仮定され
ていたので、まだ論争の余地が残っていた。つまり、全生物界で分子進化速度
が一定であるとは考えにくいので、配列の違いが少ないからといって近縁だと
は必ずしもいえないため、論争の余地が残っていたのである。

　宮田・岩部らは、重複遺伝子を使って、進化速度一定を仮定せずに系統樹の
根元の位置を決めることができる新しい方法で解析したので、その結果はすぐ
に学界で受け入れられた[23]。これに先立って得られていた、古細菌がDNAを
転写する際に使うRNA合成酵素が、真正細菌のものよりも真核生物のものに
似ているという知見[54]も、古細菌が真核生物に近縁であるという考えがすぐ
に受け入れられる素地を整えていた。

これらのことを受けて、1990年にウースは、真正細菌 (Eubacteria)、古細菌 (Archaebacteria)、真核生物 (Eukaryotes) に代わって、それぞれ「バクテリア (Bacteria)」、「アーケア (Archaea)」、「ユーカリア (Eukarya)」という新しい分類名を使うことを提案したのである[55]。

　ウースの新しい分類名については、同じ細菌の仲間の真正細菌だけを Bacteria と呼び、もともと彼自身が命名した古細菌をあたかも細菌ではないかのような呼び方をすることには批判があった。しかし、そのような背景を知らない新しい世代の研究者の間では次第に、Archaebacteria よりも Archaea が、日本語でも古細菌よりもアーケア（あるいはアーキア）が使われるようになってきた。

　さらにアスガルド古細菌がほかの古細菌よりも真核生物（の核ゲノム）に近縁だということで、いわゆる古細菌が進化的にまとまった一つのグループではないことが明らかになってきた。地球上のあらゆる生物を、真正細菌、古細菌、真核生物の三つのドメインに分けることができないということである。系統関係を反映させた分類としては、真正細菌と、古細菌＋真核生物の二つのドメインに分けるべきなのである。ここで、古細菌と真核生物をあわせたドメインの名前としてアーケア (Archaea) を使うのは妥当かもしれない[56]。

真核生物の起源

　リン・マーグリス（Lynn Margulis；1938 〜 2011年）は、酸素放出型の光合成を行う真正細菌シアノバクテリアが進化し、大気中に酸素が増えた結果、酸素の少ない嫌気的な環境で進化してきた真核生物の祖先が、有毒な酸素を処理するために酸素呼吸を行う細菌を細胞内に共生させるようになり、その共生体がその後ミトコンドリアに進化したと考えた[57]。これが細胞内共生説である。現在では分子系統学から、ミトコンドリアになった共生細菌はアルファプロテオバクテリアであることが分かっている。

　しかし、ミトコンドリアと同じ由来をもつ真核生物の細胞内小器官は、必ずしもすべて酸素呼吸をしているとは限らない。例えば性感染症の一つ膣トリコモナス症を引き起こすトリコモナスという原生生物は、ミトコンドリアの代わりにヒドロゲノソームという細胞内小器官をもつが、これがミトコン

ドリアと同じ起源をもっていることが明らかになってきたのだ[(58, 59)]。ヒドロゲノソームは、ピルビン酸を分解して水素、二酸化炭素、それに ATP（アデノシン三リン酸）を産生する。このようなヒドロゲノソームがミトコンドリアと共通の祖先に由来するということは、マーグリスが考えたように、共通祖先が現在のミトコンドリアのように酸素呼吸をしていて、トリコモナスなどでヒドロゲノソームに変わった可能性とともに、逆に共通祖先が現在のヒドロゲノソームのようなものであった可能性があることも示唆するのである。

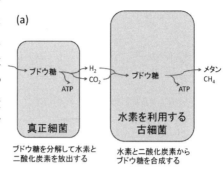

(a)

真正細菌
ブドウ糖を分解して水素と
二酸化炭素を放出する

水素を利用する
古細菌
水素と二酸化炭素から
ブドウ糖を合成する

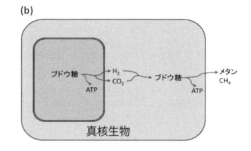

(b)

真核生物

図 2-5　ミトコンドリアの起源に関する水素仮説[(61)]

　ヒドロゲノソームは 1973 年にアメリカ・ロックフェラー大学のドナルド・リンドマーク (Donald Lindmark) とミクロス・ミュラー (Miklós Müller) によって発見されたが[(60)]、1998 年になって、ドイツのブラウンシュヴァイク工科大学のウィリアム・マーチン（William Martin；現在ハインリッヒ・ハイネ大学）は、ミュラーと共著で「水素仮説」と呼ばれる新しい説を提唱した[(61,23)]。ミトコンドリアの起源をアルファプロテオバクテリアの細胞内共生に求める点ではマーグリスの説と同じだが、共生のきっかけはまったく違っている。

　まず水素と二酸化炭素を排出するアルファプロテオバクテリアの近くで、その排出物を利用して ATP を合成し、メタンを排出する古細菌が生きていたと考える（**図 2-5a**）。このメタン生成菌はウースが最初に調べた現生のメタン生成菌の一つであるメタノバクテリウム属 (*Methanobacterium*) に近縁な

ものではなく、図2-4に示すアスガルド古細菌に近縁なものだったと考えられる。この古細菌にとって食料を提供してくれるアルファプロテオバクテリアの存在はありがたいものだった。またアルファプロテオバクテリアにとっても自分の排出物を処理してくれる古細菌が近くにいることは好ましいことであった。

メタン生成菌は、水素と二酸化炭素からブドウ糖を生成し、メタンを排出する。地球上では二酸化炭素を得ることはあまり難しくないが、水素はなかなか手に入らない環境が多い。酸素があると水素はすぐに反応して水になってしまうからである。従って、メタン生成菌は酸素がまったくない環境か、火山活動などで常に水素が供給される環境に生息することが多い。水素仮説では、メタン生成菌に似た水素を利用する古細菌が、水素を排出するアルファプロテオバクテリアの近くに棲み、共生関係を結んだと考えるのである（図2-5a）。

水素仮説は、さらに進んで、この古細菌が細胞内にアルファプロテオバクテリアを取り込み、真核生物に進化したとする（図2-5b）。真核生物の一部の系統では、共生体はヒドロゲノソームのように水素を発生させる当初の代謝系を保ち続けたが、大気中の酸素濃度が高まるにつれて別の系統ではミトコンドリアのように酸素呼吸を行うようになったと考えられる。高酸素濃度下では酸素呼吸によると非常に効率よくATPが合成できる。ヒドロゲノソームのような嫌気的な代謝では、1分子のブドウ糖の分解により2分子のATPしか合成できないが、ミトコンドリアによる酸素呼吸では30〜32分子のATPが合成できるのだ[62]。酸素呼吸のほうが圧倒的に効率がよいのである。このようなわけで、現在では大部分の真核生物がミトコンドリア型を採用するようになった。ヒドロゲノソームのようなものは、少数派なのである。

ミトコンドリアの起源になった真正細菌のプロテオバクテリア門という名前は、その多様性から、ギリシャ神話で姿を変幻自在に変える神プロテウスにちなんでつけられたものである。プロテオバクテリアは多様な代謝を採用することが可能なのだ。近年プラスチックごみの自然界への投棄が問題になっているが、自然界には存在しないプラスチックを分解する生物はいないと考えられていた。ところが、土壌中や海洋に棲むプロテオバクテリアの仲間のいくつかの種がプラスチックを分解する能力を身につけていることが明

らかになってきた[63, 64]。これはプロテオバクテリアの変幻自在さを象徴するものであろう。

　水素仮説は当初、宿主として**図 2-5** が示すように共生体の排出する水素と二酸化炭素からブドウ糖とメタンを生成する古細菌を想定したが、実際にはメタン生成菌ではなかったかもしれない。真核生物に近いアスガルド古細菌の中でも特に真核生物に近縁なロキ古細菌の遺伝子を調べてみると、水素と二酸化炭素を利用した嫌気的な独立栄養生物であるらしいが、メタン生成菌ではないかもしれないという[65]。水素仮説の一番のポイントは、水素を排出するアルファプロテオバクテリアを共生体として取り込んで、その排出物を使って独立栄養（自らの生命維持のため自身の力で無機物から有機物を合成して栄養にすること）を行うということであるから、それに伴ってメタンを生成するかどうかはそれほど重要ではない。

現在でも見られる細菌同士の共生

　メタノバキルス・オメリアンスキィイ (*Methanobacillus omelianskii*)（本書では学名をカナで表記するにあたっては、原則としてラテン語読みに従う）と名付けられた細菌が 20 世紀の初頭に発見された。これは名前が示すように、メタンを生成する細菌である。発見から 50 年ほど経ってから驚くべきことが分かった。実は、これはメタン生成古細菌のメタノバクテリウム・ブリアンティイ (*Methanobacterium bryantii*) と、S と名付けられた真正細菌との共生体だったのである[66, 67]。この二つを分離して培養しても、ほとんど成長しなかったという。つまり、この二種の細菌は、お互いにパートナーなしでは生きられないのである。

　真正細菌 S は、エタノールを分解して水素を作り、メタン生成古細菌はその水素を利用してメタンを生成していた。このように栄養素やエネルギー源などをやりとりする共生関係を栄養共生というが、その後、栄養共生はさまざまな細菌間で見つかっている。多くの場合、その一方のパートナーは水素を利用するメタン生成菌である[67]。まさにマーチンとミュラーが水素仮説で想定していたミトコンドリアの共生の第一段階に似たものが現在の地球上でも実際に見られるのである。

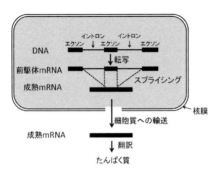

図 2-6　イントロンのスプライシングと細胞核の起源　マーチンとクーニンは，メッセンジャー RNA のスプライシングが終了するまで，メッセンジャー RNA をリボソームから隔離しておくために核膜が進化したと考えた[68]．

細胞核の起源

　ウィリアム・マーチンらの水素仮説にはさらに続きがある。真核生物と原核生物（真正細菌と古細菌）の基本的な違いは、細胞核をもつか、もたないかにある。ここで最大の疑問は、古細菌が真正細菌よりも真核生物に近縁であり、古細菌が細胞内にアルファプロテオバクテリアを取り込んで真核生物に進化したのだとしたら、どのようにして細胞核が生まれたのであろうか。この疑問に対して、2006 年にマーチンは、アメリカ国立医学研究所のユージン・クーニン (Eugene Koonin) との共同研究で、「核の起源に関するイントロン仮説」を提唱した[68]。

　真核生物では、たんぱく質のアミノ酸配列をコードする多くの遺伝子が一つながりの塩基配列ではなく、途中にある「イントロン」という余分な配列で分断されている（**図 2-6**）。イントロンに対してたんぱく質をコードする部分を「エクソン」というが、エクソンとイントロンが交互に繰り返し並んで一つの遺伝子が出来上がっているのが普通である。真核生物のゲノム DNA は細胞核の中に格納されているが、たんぱく質をコードする遺伝子が発現する際には、遺伝子がまずメッセンジャー RNA として転写される。この RNA はイントロンも含むもので、「前駆体メッセンジャー RNA」という。これがそのままたんぱく質に翻訳されると、イントロンの部分もアミノ酸に翻訳されることになるので、イントロン部分は翻訳前にあらかじめ取り除かれなければならない。このように前駆体メッセンジャー RNA からイントロンを取り除いてエクソンだけをつなげていくことを「スプライシング」という。核の中で前駆体メッセンジャー RNA はスプライシングを受けてイントロンを含まない「成熟メッセンジャー RNA」が出来上がる。これが、核から細胞質に出てリボソーム上で成熟メッセンジャー RNA の情報に従ってたんぱく質が合成されるのである（**図 2-6**）。

　ここで重要なことは、真核細胞ではイントロン部分が取り除かれて成熟メッセンジャーRNAが出来上がるまでは、メッセンジャーRNAは核の中に留め置かれていて、たんぱく質の合成は始まらないということである。それに対して、古細菌や真正細菌などの原核生物では、DNAとリボソームの間に核膜のような仕切りがないので、遺伝子の転写が始まるとすぐにリボソームがメッセンジャーRNAに付着してたんぱく質への翻訳が始まる。

　そもそもイントロンとは何なのだろうか。マーチンとクーニンは、ミトコンドリアの起源となったアルファプロテオバクテリアが古細菌の細胞内に入り込んだ際、細胞内で死んだ共生体のDNAが断片化し、その一部が宿主のゲノム中に挿入されたと考えた。それがイントロンだというのだ。従って、メッセンジャーRNAが合成されても、それを隔離しておいて、スプライシングが済むまではたんぱく質への翻訳が起こらないようにしないと、イントロン部分まで翻訳されてしまうことになる。そのようにして合成されたたんぱく質はまったく役に立たないものになるであろうという。

　イントロン仮説は、核膜を進化させて、メッセンジャーRNAへの転写とたんぱく質への翻訳の場を隔離させることのできた系統が、真核生物に進化できたと主張する。これまで真核細胞の核の起源は闇に包まれていたが、イントロン仮説は、この問題に正面から取り組んだ一つの試みである。しかし、依然としてよく分からない問題は多い。

　ミトコンドリアや葉緑体などは細菌の細胞内共生で生まれたことは確実視されている。これらの細胞内小器官は、いずれも二重の膜で覆われている。このうち、内側の膜はもともと共生細菌のもので、外側の膜は宿主の細胞膜由来だと考えられる。共生細菌が宿主の細胞内に入り込むときに、宿主の細胞膜がくびれるようにして取り込まれたのである。ところが、実は細胞核も二重の膜に覆われているのだ。そのため細胞核も共生で生まれたという考えもある[69]。

　また、細胞膜のリン脂質の構造が真正細菌と古細菌の間で大きく異なるという問題がある。真核細胞が古細菌から進化したのであれば、その細胞膜は当然古細菌由来と考えられるが、実際には真正細菌型のリン脂質をもっている。これに対しては、あらゆる生物の共通祖先LUCAは両方の型のリン脂質をもっていて、進化の過程でそれぞれの系統で一方を失ったという考えが

ある[(70)]。

このようにまだいろいろな問題があって、真核生物の起源には未だに不明な点が多いが、いずれにしても真核生物の誕生においても、共生が重要な役割を果たしていたことは確かである。

真核生物の初期進化

遺伝情報を担う DNA は、親から子に受け継がれるが、DNA の塩基は地質学的物差で測られる時間をかけて少しずつ別の塩基に置き換わっていく。従って、現在生きている多様な生物の DNA を比較することによって、共通祖先から枝分かれしながら塩基が置き換わってきた過程を追うことができるのだ。そのようにして、共通祖先からどのように枝分かれを繰り返して現生の生物が進化してきたかを追うことができる。それが、「分子系統学」である。口絵 1 に分子系統学によって明らかになってきた真核生物の系統樹を示す。

このように中心に仮想的な共通祖先を配置し、そこから枝分かれしながら放射状に伸びるように進化してきた様子を表現するのが「系統樹マンダラ」である[(72, 73)]。この系統樹マンダラは枝の長さが地質学的な時間に比例するように描かれている。

真核生物はおよそ 20 億年前に誕生したと考えられるが、誕生してから 10 億年くらいの間は細菌と同じく単細胞のままであった。今から 10 億年前以降になってから、動物界、菌界、植物界、ストラメノパイル界（褐藻）などの中でそれぞれ独立に多細胞化が起こった。動物界の中で多細胞化の起こった系統は、「後生動物 (Metazoa)」あるいは「多細胞動物」と呼ばれる。植物界でも単細胞の藻類から多細胞植物が生まれた。さらに、菌界でも単細胞の真菌類からキノコのような多細胞真菌類が生まれ、真菌類と藻類の共生体である地衣類も生まれた。

この系統樹マンダラの根元の位置は仮のものであり、まだ確定したものではないので、そのことを " ？ " で示している[(74)]。それでも、動物界と菌界を合わせたオピストコンタがアメーバ界に近縁であり、植物界、リザリア、アルベオラータ、ストラメノパイルなどがそれらから遠い関係にあることはほぼ確定している。不確定な点は系統樹の根元に対してメタモナーダやディスコバがどのように位置づけられるかである。

オピストコンタは後方鞭毛生物ともいう。これは動物の精子や菌類の遊走子などが一本の鞭毛をもち、鞭毛とは逆の方向に泳ぐことからきている。動物界の中で多細胞動物（後生動物）は単細胞の襟鞭毛虫と共通の祖先から進化したが、襟鞭毛虫も同じように一本の鞭毛をもつ。

図 2-7　アオモジホコリ
Physarum viride の変形体

　口絵 1 には、マラリア原虫を含むアルベオラータ、ランブル鞭毛虫を含むメタモナーダ、多細胞動物に近縁の襟鞭毛虫などの単細胞原生生物の系統も示されているが、単細胞原生生物にはここには表しきれないたくさんの系統がある。

　その中で、アメーバ界の代表として図示されているのが変形菌あるいは粘菌と呼ばれるものである。変形菌の一生は胞子の発芽から始まる。この段階は粘菌アメーバと呼ばれる顕微鏡でないと見えないもので、細菌を食べて大きくなる（n 世代）。そのような単細胞アメーバ同士が接合して変形体になる（2n 世代）。変形体になると細胞核はどんどん分裂して増えるが、細胞分裂は起こらない。つまり、変形体はたくさんの核をもった単細胞生物で、**口絵 1** の一番上の中央に示されたアオモジホコリの変形体のように数十センチにも広がった肉眼で見える生物になるが、それでも全体が一つの細胞なのである。**図 2-7** にもアオモジホコリの変形体を示したが、この巨大な細胞内にある数億個の核の分裂は同期して起こっているのだという[75]。

　変形体は単細胞生物の極限的な生き方をしている。この段階では指で触れるとねばねばするので変形菌は粘菌とも呼ばれるのである。変形体は木の切り株などで広がって動き回り、キノコなどの真菌を食べる。変形体はその後、胞子をつくる子実体に変身する。子実体は成熟する過程で減数分裂を起こし、n 世代の胞子をつくる。

　およそ 40 億年前に地球上に最初の生命が生まれ、およそ 20 億年前に真核生物が進化したが、その後の 10 億年間も、つまり生命誕生からの 30 億年間は、単細胞微生物の時代が続いたのだ。単細胞とはいっても変形菌のようなものは、陸上に生命が進出した後の時代になってから進化したものと思

われる。化石記録の中で多細胞生物と考えられる最も古いものは、6億900万年前〜5億7000万年前の中国貴州省の陸山沱（Doushantuo ドウシャントウ）層から見つかったエディアカラ生物群である[76]。エディアカラ生物群は、化石として残った最初の多細胞動物のようにも見えるが、現生の多細胞動物の系統かどうかもよく分かっていない。

実験室で生まれたアメーバと細胞内共生細菌の系

　アメリカ・ニューヨーク州立大学のクワン・ジェオン（Kwang Jeon；彼はその後テネシー大学に移った）はある日、実験に使っていたアモエバ・プロテウス (Amoeba proteus)D 株というアメーバが次々に死んでいくのに気がついた。アメーバは細菌を餌として食べるが、消化されない細菌が細胞内に10万個も残り、病気を引き起こしていたのだ。

　ところが、このように細菌に感染したアメーバの中で元気のよいものを選び出して5年間飼い続けたところ、細菌の数は半分くらいに減ってはいたが相変わらず感染したままなのに、アメーバはほぼ正常な速度で複製していた。しかも、そのアメーバは細菌がいないと、もはや生きられないようになっていたのだ。抗生物質のペニシリンを作用させて細菌を殺してしまうとその後アメーバも死ぬが、普通のアメーバにペニシリンを与えてもまったく影響がなかったのである[77, 78]。

　このことは、最初は病原菌として働いていた細菌がアメーバとの間で強固な共生関係を築き上げ、その細菌なしではアメーバは生きていけなくなったことを意味する。後にこの共生細菌はレギオネラ・イエオニイイ (Legionella jeonii)、細菌との共生関係を確立したアメーバは xD 株と名付けられた[79]。xD は細胞あたり4万2000個の共生細菌を棲まわせており、共生体の体積はアメーバの体積の10% に達した[80]。

　このように真核生物と細菌との新たな共生関係は、現在でも世界のあちこちで築かれているのである。

■コラム2　光合成細菌 ── シアノバクテリア
ミトコンドリアの共生に次いで、真核生物との間で長い共生の歴史をもって

いるのが、植物などの葉緑体の祖先であるシアノバクテリアである。葉緑体は
単細胞藻類の細胞内に酸素放出型の光合成を行う真正細菌シアノバクテリアが
共生したものである。このような単細胞藻類から植物が進化したのである。わ
れわれが食べているものは、もとをたどると葉緑体が作ったものになる。牛肉
を食べても、その栄養のもとをたどると、ウシが食べた植物であり、それは葉
緑体が作ったものだからである。

　光合成は光のエネルギーを化学的エネルギーに変換する仕組みである。シア
ノバクテリアやその子孫である葉緑体が行う光合成は、酸素放出型光合成と呼
ばれるもので、次のような反応になっている：

　　$6CO_2$　＋　$6H_2O$　→　$C_6H_{12}O_6 + 6O_2$ ⋯⋯⋯⋯⋯⋯⋯⋯⋯⋯⋯⋯⋯ (1)
　　二酸化炭素　　水　　　ブドウ糖　酸素

　つまり、光のエネルギーを使って二酸化炭素と水からブドウ糖を作り、酸素
を放出する反応である。

　このような光合成を行うシアノバクテリアはおよそ 25 億年前には出現して
いたと考えられる。シアノバクテリアが酸素を放出したために、地球上には酸
素があふれるようになり、動物が進化できたのもそのおかげである。

　われわれが依存する栄養のほとんどはシアノバクテリアや葉緑体が行う光合
成によって作り出されたものであるが、細菌の行う光合成には多様なものがあ
る。例えば、緑色イオウ細菌は次のような反応で、光のエネルギーを使って二
酸化炭素と硫化水素からブドウ糖を作り、水とイオウを放出する：

　　$6CO_2$　＋　$12H_2S$　→　$C_6H_{12}O_6 + 6H_2O + 12S$ ⋯⋯⋯⋯⋯⋯⋯(2)
　　二酸化炭素　硫化水素　ブドウ糖　　水　　イオウ

　それでは、酸素放出型光合成で放出される酸素分子は二酸化炭素と水のどち
らから由来したものなのだろうか。実は、放出される酸素は水から由来してい
るのである。このことは、(1) 式を次の (3) 式のように書き換えて、緑色イオ
ウ細菌の (2) 式とくらべてみると分かりやすい [81]：

　　$6CO_2$ ＋　$12H_2O$ → $C_6H_{12}O_6 + 6H_2O + 6O_2$ ⋯⋯⋯⋯⋯⋯⋯⋯⋯ (3)
　　二酸化炭素　水　　ブドウ糖　　水　　酸素

光合成の際に発生する酸素が水から由来するということは、直接には酸素の安定同位体元素 ^{18}O を用いた実験で確かめられている。つまり自然界で一番多い酸素原子は質量数 16 の ^{16}O であるが、質量数 18 の安定同位体 ^{18}O もある。この ^{18}O を含む水を使った光合成を行なわせた結果、放出される酸素分子が水に由来することが証明されたのである。

　ブドウ糖やデンプンの仲間は炭水化物とか含水炭素とも呼ばれている。ところが、ブドウ糖分子が含む $H_{12}O_6$ は水分子がそのまま使われているのではなく、その中の酸素原子は二酸化炭素から由来するものなのである。

第3章

動物と微生物の関わり

自然界における微生物のもつ広大な役割を理解するならば、生態学、生理学、発生学、免疫学、進化生物学を含む生物学に対するわれわれの解釈の仕方は変わってしまうであろう。

ユージン・ローゼンベルグ、イラナ・ジルバー＝ローゼンベルグ (2013) [14]

多細胞動物に一番近い親戚の襟鞭毛虫と細菌の関わり

地球上のさまざまな生物は一つの共通祖先から進化した。従って、われわれの祖先をさかのぼると、サルとの共通祖先、ネズミとの共通祖先、魚との共通祖先、昆虫との共通祖先、カイメンとの共通祖先、……、キノコとの共通祖先、粘菌との共通祖先、植物との共通祖先という順番にさまざまな現生生物との共通祖先に出会うことになる [72, 82]。

ここで、「カイメンとの共通祖先」から「キノコとの共通祖先」に至る、"……" で表された途中にもさまざまな物語があったが、その中で最大の事件が多細胞動物の起源であろう。サル、ネズミ、魚、昆虫、カイメンなどはすべて多細胞動物であるが、それらは、もともと単細胞の原生生物から進化したものである。原生生物とは、藻類、真菌、粘菌以外の単細胞真核生物のことであるが、系統的にはさまざまなものを含んでいる。どのような単細胞原生生物から多細胞動物が進化してきたのかという問題が、長年にわたって生物学者の間で議論されてきた。

分子系統学により、多細胞動物に最も近縁な生物は、襟鞭毛虫という原生生物であることが明らかになった。つまり、襟鞭毛虫との共通祖先から多細胞動物が進化したのである。

1867 年にアメリカの博物学者ヘンリー・ジェームズ・クラーク (Henry James Clark) は、襟鞭毛虫が海綿動物の襟細胞によく似たかたちをしていることから、形態学的に多細胞動物との関連を指摘した [83]。その後、分子系

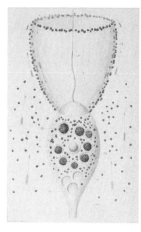

図 3-1　襟鞭毛虫 *Monosiga gracilis* [85]　襟の微絨毛が襟に沿って上向きに水流を起こし，水中を漂う細菌などの粒子を捉えて食べる.

統学は、あらゆる多細胞動物が襟鞭毛虫との共通祖先から進化してきたことを明らかにしたのである[84]。

　襟鞭毛虫は単細胞生物で一本の鞭毛をもち、運動性がある。図 3-1 のように鞭毛を取り囲んで環状に並んだ微絨毛からなる襟という構造があるので襟鞭毛虫というが、折り返らずに立った襟なので立襟鞭毛虫ともいう。この図では、襟の微絨毛を使って水流を起こし、水中を漂う細菌などの粒子を捉えて食べる様子が描かれている。口絵 1 の中でも襟鞭毛虫の写真を示したが、立襟の先端に細菌が捉えられているのが見える。襟鞭毛虫は細菌を捕食して生きているのだ。海綿動物の襟細胞もこれとよく似た構造と働きをするので、ジェームズ・クラークは襟鞭毛虫が系統的に海綿動物と関係しているのではないかと考えたのである。彼は、海綿は襟鞭毛虫の集合体だと考えたのだ。その後、襟鞭毛虫が多細胞動物全体の起源に関係していることが明らかになってきた。

　当初は多細胞動物の襟細胞は海綿動物にしか認められなかったが、その後、刺胞動物、棘皮動物、半索動物にも似たような細胞があることが分かってきた[86]。

　アメリカ・カリフォルニア大学バークレー校のニコル・キング (Nicole King) らは、モノシガ・ブレウィコリス (*Monosiga brevicollis*) という襟鞭毛虫のゲノム解析により、この生物が多細胞動物に固有と考えられていたたんぱく質を構成するドメインの遺伝子をすでにいくつかもっていることを明らかにした[87]。多細胞動物で細胞の接着に関係するカドヘリンドメインや、細胞分化に重要なチロシンキナーゼドメインなどである。

　具体的にこれらのドメインが襟鞭毛虫でどのような働きをしているのかは不明であるが、多細胞動物の進化にとって重要だと思われる遺伝子が、襟鞭毛虫で見いだされるのは、興味深いことである。ただし、カドヘリンドメインの由来に関してはさまざまな可能性が考えられるという（岩部直之氏の私

信）。

　同じ襟鞭毛虫の仲間にサルピンゴエカ・ロセッタ (*Salpingoeca rosetta*) という種がある。この種はまわりの環境によって、さまざまな違った形態をとる[88]。単独で生活していたものが、ロゼット状や鎖状に集合してコロニーをつくるのだ。ロゼットという言葉はこのコロニーが八重咲きのバラの花びらのような配列をしていることを表すが、も

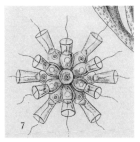

図 3-2　襟鞭毛虫 *Codosiga botrytis* のロゼット状コロニー　エルンスト・ヘッケルによるスケッチ[89].

ともとはバラの花を意味する。それがこの襟鞭毛虫の種名になっているのだ。タンポポの葉が地中から直接出て放射状に並んでいるのを、ロゼット状と形容するが、それに似たかたちのコロニーをつくるのである。**図 3-2** に、S. ロセッタとは違う種であるが、エルンスト・ヘッケルによる襟鞭毛虫のロゼット状コロニーのスケッチを示す[89]。

　多細胞動物は普通、細胞分化を示すが、襟鞭毛虫のコロニーは見かけ上は細胞分化を示さない。それでも、S. ロセッタのコロニーは、単に細胞が寄り集まっているだけではなく、細胞間に細胞を連結する橋のような構造も見られる。このように、襟鞭毛虫は単細胞の原生生物と多細胞動物を結びつける生物であり、多細胞動物がどのようにして進化してきたかを考える手掛かりを与えてくれる。

　それに関連して、S. ロセッタがロゼット状のコロニーをつくる際に、細菌の出す化学物質が細胞を集合させる引き金になる、という研究がある[86]。S. ロセッタは アルゴリファグス・マキポンゴネンシス (*Algoriphagus machipongonensis*) という真正細菌を捕食する。環境中にいるこの細菌は、ロゼット誘導因子 -1(RIF‐1) と名づけられた脂質を放出するが、それが S. ロセッタの細胞を集合させてロゼット状のコロニーをつくる引き金になっているのだ。細菌の出す RIF‐1 が近くにいる襟鞭毛虫によって感知され、襟鞭毛虫の行動を変えるのである。

　S. ロセッタのコロニーのまわりの水流は、孤立した細胞のまわりの水流よりも速く、細菌を効率よく捕食できる。一方、コロニーをつくると孤立した状態のようにすばやく動き回ることができなくなる[90]。このようなことか

ら、餌になる細菌の出す RIF - 1 が検出されるとコロニーをつくって餌を食べることに専念し、逆に RIF - 1 が検出されなくなるとコロニーを解体して孤立した状態に戻って餌を探し、動き回るということを繰り返しているようなのだ。この襟鞭毛虫は細菌の出すシグナルに応じて形態を変化させているのである。

　S. ロゼッタが捕食する A. マキポンゴネンシスはバクテロイデス門に属するが、この仲間の真正細菌はヒトの腸内細菌の主要なメンバーの一つである。同じバクテロイデス門の バクテロイデス・フラギリス (*Bacteroides fragilis*) という腸内細菌の出す多糖類 PSA が、幼児期に免疫系が形成される際に重要な役割を果たしているという研究がある [91]。この仲間の細菌は、古くから動物の進化と関わっているのだ。

　ニコル・キングは、ロゼット誘導因子を発見し、襟鞭毛虫のゲノムの研究からも多細胞動物の起源の問題に取り組んでいる。彼女の研究室では、ビブリオ・フィッシェリ (*Vibrio fischeri*) という青緑色に発光する真正細菌が分泌するコンドロイチナーゼという酵素が、単独でいた襟鞭毛虫 S. ロゼッタが群がって有性生殖を始める引き金になることを発見し、この媚薬のような酵素をエロス EroS と名づけた [92]。有性生殖とは、二つの個体間でゲノムの交換を行うことにより、組換えを通じて両親とは異なる新しい遺伝子型個体をつくることである。一般に生物はストレスの多い環境に置かれると有性生殖を行う傾向があり、そもそも有性生殖は寄生体や病原体に対抗するために生まれたという説もある [93]。

　セックスは一般のひとにとっては増殖と結びつけて考えられがちであるが、本来は増殖というよりも二つの異なる個体の遺伝子を混ぜ合わせる仕組みである。増殖という点に関してはセックスなしの単為生殖のほうが効率がよい。同じ個体数であれば、オスなしでメスだけで単為生殖するほうが、増殖の効率はよいのである。この点ではオスの存在はまったく無駄だということになる。

　なぜ一見無駄なオスが存在するのかという問題は進化生物学において長い間議論の対象になってきた。単為生殖する集団と、有性生殖の集団が競争したら、増殖しやすい前者が勝ってしまうだろう。実際に単為生殖をする種も多い。ところが、単為生殖は短期的には優位であっても、長期的に存続する

のが難しいようなのである。この点で、新しい遺伝子の組み合わせを作り出せる有性生殖が病原体などに対抗するための優れた手段だと考えられる。細菌が分泌する酵素が S. ロゼッタに有性生殖を促すということは、細菌との関わりが、動物進化の初期段階から進化の様相を形づくる重要な要因であったことを示唆する。

　実は同じ細菌がほかの動物ではまったく違った関わり方をしている。ハワイミミイカ (*Euprymna scolopes*) は体内に、襟鞭毛虫 S. ロゼッタの媚薬をつくる発光細菌ビブリオ・フィッシェリをからだの腹側にある発光器官の中に共生させている。このイカは夜間に海面近くで餌を食べるが、その際この細菌を光らせて自分自身を月明かりのように見せかけて捕食者から身を守るのだ。イカが海面近くにいると、月明かりや星明かりのために下にいる捕食者にからだのシルエットが見えてしまう。自らのからだを光らせることによって、捕食者からシルエットを見えなくしているのだ。

　襟鞭毛虫とわれわれ多細胞動物の共通祖先が生きていたのはおよそ 10 億年前の海の中だったと考えられるが、彼らのまわりは細菌であふれていたことであろう。単細胞の動物の祖先は、細菌を捕食しながら生きていたが、細菌は単なる餌ではなく、われわれの祖先の形態的な変化をも制御するものであった。従って多細胞動物の進化に細菌が深く関わっていたものと思われる。このような細菌とわれわれとの関係は、その後 10 億年にわたって連綿と続いてきたことになる。この間、細菌のほうも多細胞動物の進化に合わせて一緒に進化してきたのである。

消化器官の起源とその中の細菌叢

　動物は運動性を獲得し、細菌などの微生物やほかの動物に向かって前進してそれらを捕らえて食べるようになった。その際、食べ物を捕らえて食べる口は当然前方に、それを消化した残りかすを排泄する肛門は後方に位置するようになった。こうして前後の区別が生まれ、それに伴って前後軸に対する左右の対称性が生まれた。そのような動物を左右相称動物という。**口絵 2** に動物界の系統樹マンダラを示した。この図において赤丸で示したものが左右相称動物の共通祖先であり、そこから現存のすべての左右相称動物が進化したのである。この図の中心の赤い円は、およそ 5 億 4200 万年前から始まっ

たカンブリア爆発の時期を示す。カンブリア爆発とは左右相称動物のいろいろな門がこの頃一斉に出現したことを表している。

　このグループは繁栄し、われわれが日常目にする動物はたいていこのグループに属するものである。ミミズなどの環形動物、タコなどの軟体動物、チョウやカニなどの節足動物、それにヒトやネズミなどの脊椎動物はすべて左右相称動物である。少なくとも陸上に進出した動物はすべて左右相称動物なのである。これらの動物は口から肛門に至る消化管をもち、このような構造はミミズからヒトに至るまでこのグループの動物に共通である。

　ところが、左右相称動物が進化する以前から存在した動物の三つのグループがある。**口絵2**で背景が青の部分で示した海綿動物、クシクラゲやカブトクラゲなどの有櫛動物、刺胞をもつ普通のクラゲ、イソギンチャク、サンゴなどの刺胞動物である。この三者の分岐の順番は明らかではないが、これらは左右相称動物が進化する以前に分かれた系統であることは確かである。有櫛動物の多くは水中を漂う浮遊性（クラゲ型）であり、クラゲと名前がついたものが多いが、刺胞動物のクラゲと違って、刺胞をもたない。この三つのグループの動物はたいてい固着性あるいは浮遊性であり、運動能力はあまり高くない。海綿動物は付着性であり、イソギンチャク（刺胞動物）などもほとんど付着性と見られるが、多少の運動性はあるという。刺胞動物や有櫛動物のクラゲと呼ばれるものは、浮遊性である。

　これら三つのグループの動物にも口はあり、食べたものを消化する器官として胃体腔と呼ばれる袋があるが、肛門はない。従って食べ物の残りかすを糞として排泄するのは口からである[94]。**口絵2**では、オウエンカイロウドウケツ、カブトクラゲ、イソギンチャクなど袋状の胃体腔をもつ動物の口の位置を矢印で示した。

　イソギンチャクの写真に口が見えるが、彼らはここから排泄も行うのである。イソギンチャクという名前は磯にいる巾着からきている[95]。巾着は口を紐でくくるようにした袋で、昔は財布などに用いたものである。イソギンチャクではこの巾着の口のまわりに触手という細い手がたくさん生えていて、触手が捕まえた獲物を口から食べるが、排泄もそこから行うのだ。

　ただし、**口絵2**にあるオウエンカイロウドウケツなどの海綿動物は少し違っている。袋状の胃体腔をもつ点では刺胞動物や有櫛動物と同じだが、彼

らのからだの上端にある大きな口から食物を摂るわけではない。彼らの食べ物は水中の細菌や微細な有機物である。体表の小孔と呼ばれる小さな穴から食べ物を含んだ水を取り入れて、それをこしとったものを食べて残りの水を口から吐き出すのである[96]。このような海綿動物の体内の水の流れは1765年になって発見されるが、それまではカイメンは動物とは見なされなかったという[97]。カイロウドウケツという名前は、胃体腔の中にドウケツエビが共生していることからきている。

　このように海綿動物は刺胞動物や有櫛動物と少し違っているが、この三者に共通して見られるのが袋状の胃体腔である。刺胞動物はかつて腔腸動物と呼ばれていたが、有櫛動物も同じ腔腸動物に分類されていたことがある。「腔腸」とはこれらに共通に見られる胃体腔のことである。海綿動物もまた腔腸動物に入れられていたことがあるという。

　サンゴ礁をつくる刺胞動物のサンゴは、たくさんのポリプと呼ばれる個体が集まった群体である。それぞれのポリプは、胃体腔をもち、そこで食べたものを消化する。静岡大学のシルバン・アゴスティーニ（Sylvain Agostini；現・筑波大学）らは、この胃体腔のなかの化学組成や微生物叢などを詳しく調べた[98]。彼らの報告によると、胃体腔の中のpHはまわりの海水にくらべて低く、胃体腔の深部では酸素濃度が非常に低く、嫌気的な環境が保たれているという。また、多様な細菌が胃体腔内でまわりの海水中よりも二桁も高濃度で見いだされ、ビタミンB_{12}も高濃度だった。胃体腔内にたくさんの細菌が棲みついていることは以前から知られていたが[3]、それらがどのような活動をしているかは不明であった。

　ビタミンB_{12}を合成できるのは細菌だけであり、ウシなどの反芻動物ではルーメンと呼ばれる反芻胃の第一胃の中で細菌によって合成され、反芻動物の健康を支えている。従って、ポリプの胃体腔内でも細菌が食べたものの消化を助けたり、ビタミンB_{12}を合成してポリプの健康な生活を支えているものと思われる。

　ところでヒトの大腸内でも細菌がビタミンB_{12}を合成している。しかし、大腸内の細菌が合成しているのに消化管の一番下流にある大腸はそれを吸収できない。せっかく合成してもらったビタミンB_{12}は糞として排泄されてしまうのだ[99]。ウサギも同じように大腸内の細菌にビタミンB_{12}を合成して

もらい、糞として排泄するが、彼らは自分の糞を食べることによってこの問題を解決している。ヒトの場合は食糞しないので、食品から B_{12} を摂らなければならない。

　胃体腔にはたくさんの細菌が棲みついている。従って、われわれと腸内細菌との関係は、動物がはじめて消化管（袋状の胃体腔も含めて）をもつようになった頃にまで遡ると考えられる。初期の動物にとって、細菌は餌であったと同時に、消化を助けるものでもあったのだ。

　食物を取り込んで消化し、栄養分を吸収し、さらに残ったものを排泄するという一連のメカニズムには、それぞれの筋肉細胞の協調が必要であり、その動きを制御するシステムが必要になる。それらをつかさどる神経系の進化は、消化管の進化とともに始まったと考えられる[100]。口と肛門が分化していない刺胞動物のヒドラでも、消化管内での食物や排泄物の輸送は神経系を介した蠕動運動によって行われているのである[94]。

　ヒトでは食道から直腸に至る消化管には、5000 万個の神経細胞からなる腸管神経系というネットワークが張り巡らされていて、「第二の脳」とも呼ばれている。しかし本当は、進化の順番からいうと、むしろ消化管の神経系の方を「第一の脳」と呼ぶべきなのかもしれない。ヒトの消化管内に棲む微生物の大半は大腸内にいるが、これらの微生物群集を腸内細菌叢とか腸内微生物叢という。刺胞動物の胃体腔にもたくさんの細菌が共生しており、ヒトがもつ腸内細菌叢は、動物に最初の消化管が出来て以来、続いてきたものと考えられる。

　口と肛門が分化していないヒドラやクラゲなどの刺胞動物の胃体腔にもたくさんの細菌が生息している。われわれと腸内細菌との関係は、われわれと刺胞動物の共通祖先がもっていた消化袋にいた細菌とのつき合いから始まって、それ以来続いてきたものなのである。細菌にとっては動物の消化管内はいつでも食べ物が手に入る環境であり、動物にとって細菌は自分で消化できないものを消化してくれることをはじめとして、さまざまな役に立つ存在なのである。

カイメンの共生細菌が抗がん剤を産生する

　多細胞動物の最も古い系統の一つであるカイメンは、組織内に非常に密で

多様な微生物叢を抱えていて、そのバイオマスがカイメン自身の 35％にも達することがあるという [101]。海水中には多様な細菌が生息しているが、カイメンの組織内の細菌密度はそれよりも数桁も高いのだ。

　1986 年に名城大学の平田義正（1915 ～ 2000 年）と静岡大学の上村大輔は、三浦半島で採取したクロイソカイメン (Halichondria okadai) からハリコンドリン B という物質を単離し、これに強力な抗がん活性があることを明らかにした [102]。しかし、これを実際に医療に使うには濃度が低く十分な量を集めるのが難しかった。その後開発されたエリブリン（商品名：ハラヴェン）という乳がん治療薬は、ハリコンドリン B を模倣した合成化合物である [103]。このように、海生無脊椎動物、特にカイメンは抗がん剤など医薬品の材料となる物質の宝庫であるが、このような生物活性物質はカイメンの体内に共生している細菌が産生するものなのである [104]。

　カイメンの体内に共生する細菌には真正細菌の少なくとも 13 の門と古細菌の一つの門が含まれるが、これらの細菌叢がほとんどそのまま母親から子供に伝えられる [105]。ただし、子供はその後同種の細菌や親が持っていなかった細菌を環境中からも取り込むという。このように遺伝子の通常の伝達と同じように親から子供に伝えられることを垂直伝達、環境中から取り込むのを水平伝達という。垂直伝達だけだと、うまく伝えられなくて細菌叢の多様性が次第に減少していく恐れがあるので、多少は水平伝達も併用することが必要なのかもしれない。

　日本の八丈島、ミクロネシアのパラオ共和国、イスラエルの地中海など遠く離れた地域にクワガタデスマカイメン (Theonella swinhoei) という共通種が分布している。これら遠く離れた地域から採取されたクワガタデスマカイメンの共生細菌叢を比較してみると細菌の組成が非常によく似ていて、それぞれの地域の海水から得られた細菌の組成とは違うという [106]。世界各地に分布するクワガタデスマカイメンが、分布を広げる前の共通祖先からかなり忠実に細菌叢を受け継いできたということである。実際には、世代毎に新たな細菌を取り込むという水平伝達もあるが、共生細菌と宿主の間にはある種のコミュニケーションがあって、共生細菌叢を構成する細菌はほかの細菌よりも取り込まれやすいのかもしれない。

　カイメンの共生細菌がさまざまな抗生物質を産生することが知られてい

る。これらは、共生細菌には働かないが、環境中の細菌を殺す作用がある[107]。外来の病原菌と身内の共生細菌を区別する仕組みがあるのだ。

サンゴの生活を支える微生物

サンゴの胃層と呼ばれる表層組織の細胞内には シンビオディニウム属 (Symbiodinium) の褐虫藻という単細胞藻類が共生している[108]。褐虫藻は口絵1の系統樹マンダラでマラリア原虫と同じアルベオラータの中の渦鞭毛虫門に属する。光が当たるとこの褐虫藻は光合成を行ない、作り出した有機物の大部分をサンゴに渡す。サンゴ礁の海の水は透明で美しいが、それは懸濁物が少ないということである。つまりサンゴ礁の海は植物プランクトンなどの懸濁物が少ないのである。普通、海面近くでは、大量の植物プランクトンが浮遊して光合成を行なっていて、一次生産者として海の生態系を支えているが、サンゴ礁の海では植物プランクトンの代わりに、サンゴの細胞内の褐虫藻が一次生産者の役割を果たしている[95]。

サンゴは共生している褐虫藻が作り出した有機物を使って粘液を合成し、からだの表面を粘液層で覆う。サンゴのからだには微小な砂粒などさまざまな塵が降り注ぐが、それが表面に積もると光が通りにくくなり、褐虫藻の光合成が妨げられる。それを防ぐために、塵が積もると粘液層ごと剥がして捨ててしまう。つまり、褐虫藻にとっては光合成に都合のよい環境が宿主のサンゴのおかげで整えられているのである。剥がして捨てられた粘液層は、魚やカニなどの餌になり、サンゴ礁の生態系を支えている。

オーストラリア北東海岸沿いのグレート・バリア・リーフは、2600キロメートルを超える長さのサンゴ礁で、生物によって作られた最大の構造物といえる。サンゴ礁は、熱帯雨林と並んで生物多様性の宝庫でもある。

これまでサンゴと共生している微生物としては褐虫藻しか注目されてこなかったが、最近になってさらに多様な微生物叢がサンゴの生活を支えていることが明らかになってきた[109]。

粘液層には窒素固定細菌をはじめとしたさまざまな細菌が棲んでいる。粘液層における細菌密度は周りの海水の細菌密度の100 〜 1000倍になる。また胃体腔やサンゴのほかの組織にもさまざまな細菌が見出される。粘液層における細菌叢の組成が海水中の組成と違うことと、遠く離れた場所でサン

ゴ礁を作っている同種のサンゴが似たような細菌叢をもつことから、細菌とサンゴの間の特異的な関係が示唆される。

エルクホーンサンゴ (*Acropora palmate*) というサンゴの粘液層から採取された細菌が抗生物質を産生するという報告がある [110]。海水温が高くなるとこの抗生物質産生能が低下するという。共生褐虫藻の死滅によるサンゴの白化現象が地球温暖化に関係しているのではないかという説があるが、サンゴの粘液層に棲む細菌が、抗生物質を産生して、病原菌の攻撃からサンゴの健康を守っているのかもしれない。

口も肛門ももたない扁形動物に栄養を与える共生細菌

サナダムシなどの扁形動物は、刺胞動物のように口と肛門が分化していないので、以前は口・消化管・肛門システムが進化する以前の原始的な動物だとされていた。ところが最近では、この動物はいったん獲得した肛門を退化させたものと考えられている。この仲間の動物で、さらに口までも退化させたものがいる。それはパラカテヌラ属 (*Paracatenula*) という扁形動物門の中のグループで、温帯から熱帯にかけての潮間帯堆積物中に生息する。この動物は、体内にリーゲリア属 (*Riegeria*) というアルファプロテオバクテリアを共生させているが、この細菌は二酸化炭素と硫化水素から化学合成により有機化合物を作り、それをパラカテヌラに与えるのである [111]。宿主はすべての栄養を体内の共生細菌に依存しているので、口も肛門も必要なくなったのである。

このようにパラカテヌラと共生細菌リーゲリアとの関係は非常に緊密なものであり、この関係はかなり古い時代から続いていると考えられる。パラカテヌラは多くの種に分化しているが、それぞれの種が固有のリーゲリアを共生させている。これらの宿主と共生細菌についてそれぞれ系統樹を描くと、二つの系統樹はみごとに一致する。つまり、宿主の種分化に合わせて共生細菌も種分化するという、共進化が実現しているのである。

パラカテヌラの体積の 33 〜 50％ がこの共生細菌によって占められている。パラカテヌラの頭部に続くからだの 90％ を占める栄養体部に共生細菌は集まっている。同じ扁形動物のプラナリアはからだをいくつかに切り刻んでも、それぞれの断片が再生することで有名である。パラカテヌラも同じよ

うに再生するが、それには一つ条件がある。再生するためには、その断片に十分な数の共生細菌リーゲリアが含まれていなければならないのだ。脳を含む頭部には共生細菌がいないので、その部分だけでは再生できない。逆に尾の部分は共生細菌を豊富に含むので、それだけで脳さえも再生できるのである[112]。

ダンゴイカ科の共生発光細菌

先にハワイミミイカが発光細菌ビブリオ・フィッシェリ (*Vibrio fischeri*) を共生させて自分のからだを明るくして月や星の光に溶け込んで自分のシルエットを消して捕食者から遁れることを紹介した。ハワイミミイカは卵から孵化した段階では発光細菌をもたないので、環境中からこの共生細菌を取り込まなければならない。

ハワイミミイカはダンゴイカ科に属するが、この科には発光細菌を共生させてからだを光らせている種類が多い。それらのイカは種によってそれぞれ少しずつ違った細菌を共生させている。ここで、親から共生細菌を受け継がずに、世代ごとに新たに環境中から取り込むのだとすると、宿主の種分化は共生細菌の種分化とは独立に起こりそうに思われる。ところが、ハワイ大学のマイケル・ニシグチ (Michele Nishiguchi) らが分子系統学的な解析を行なったところ、宿主の種分化と共生細菌の種分化が並行して起こってきたことが分かった[113]。

別種のイカに共生する細菌は、その種のイカに固有の細菌にくらべて環境中から取り込まれにくい。そのような関係が構築されているために、宿主と共生体が同時に種分化するという共進化が見られるのである。

生まれたばかりのハワイミミイカは発光細菌をもっていないので、これを海水中から取り込まなければならない。海水中には多様な細菌がいるが、ハワイミミイカは V. フィッシェリを選択的に取り込む。この細菌は宿主の遺伝子発現を変えることによって宿主の組織内に入り込みやすくしているという[114, 115]。またこの共生細菌の存在が、イカの発光器官の成長を促す。このような宿主と共生細菌との間のコミュニケーションは、先に紹介した同じ発光細菌 V. フィッシェリが単細胞襟鞭毛虫のコロニー形成の引き金になったことを思い起こさせる。共生関係にある細菌が、動物の発生過程で誘導的な

役割を果たすことがあるのだ[112]。

V. フィッシェリという細菌は、動物進化の最初期に多細胞動物から分かれた襟鞭毛虫のところで出てきて以来、本書で何回も取り上げてきた。これ以外に、ビブリオ属にはコレラ菌 *V. cholerae*、腸炎ビブリオ菌 *V. parahaemolyticus*、人食いバクテリアとも呼ば

図 3-3　ヤツガシラ *Upupa epops*

れる *V. vulnificus*、カキの生食による食中毒の原因となる *V. mimicus* などヒトの病原菌が多い。このようにビブリオ属は動物進化の初期から動物と深い関わりをもっていた。ハワイミミイカの発光細菌 V. フィッシェリやこれらの病原性のビブリオ属細菌に共通した特徴が、V. フィッシェリとコレラ菌のゲノム比較で分かってきたのである[116]。

例えば、コレラ菌のゲノムにある IV 型ピリンに関連した遺伝子がハワイミミイカの発光細菌でもたくさん見つかる。IV 型ピリンとは、細菌の線毛を構成する繊維たんぱく質であり、線毛は細菌が宿主細胞へ付着するのに使われるものである。これらの遺伝子は、ビブリオ属細菌が動物と関わりをもつために不可欠だったと思われる。また、発光細菌でもコレラ菌の毒素産生遺伝子に似た遺伝子がたくさん見つかる。病原体と宿主の役に立つ共生とは、このように紙一重のものなのである。

ヤツガシラのメスが卵を守るために利用する細菌

鳥の卵の表面はクチクラ層に覆われていて、それが病原菌などの侵入を防いでいるといわれている。サイチョウ目の鳥であるヤツガシラ（*Upupa epops*；図 3-3）のメスはさらに、尾の付け根の背側にある尾脂腺と呼ばれる分泌腺から出る細菌をたくさん含む液を卵に塗り付ける。この液に含まれる細菌は、抗菌作用のあるペプチドを産生して、病原菌が卵に浸み込んだり、ひなに害を与えたりするのを防いでいるという[117]。細菌は競争相手のほかの細菌を阻害するために抗菌作用のある物質を出すのである。繁殖期のメスの尾脂腺から出る液は褐色で臭くて抗菌作用があるが、オスや繁殖期以外のメスの尾脂腺から出る液は白く、抗菌作用はない。

図3-4 ハキリアリ *Atta sexdens*

ハキリアリの農薬をつくる細菌

　ハキリアリは植物の葉を巣穴に運び、それを使ってキノコを育てて食料にする（図3-4）。まさに農業を行なっているのだ。その際、彼らの畑には単一の菌株だけが栽培される[118]。ヒトはおよそ1万年前になってから農業を始めたが、ハキリアリは5000万年も前から農業を続けてきたのだ[119]。普通ヒトの農業でも単一種の植物を栽培するが、これを狙う生物は多く、農業を始めて以来ヒトにとってもこのことはずっと悩みの種であり、さまざまな農薬が開発された。さすがに長い農業の歴史をもつハキリアリだけあって、作物のキノコを狙う微生物に対処する方法を編み出している。ハキリアリの体表には抗生物質をつくるストレプトミケス属 (*Streptomyces*) の細菌がいて、彼らはこれを農薬として利用して自分たちの畑を消毒するのだ[120, 121]。ハキリアリの栽培するキノコの菌は代々女王アリによって受け継がれるが、抗生物質を作って農薬の役割を果たす細菌も同じように垂直伝達で受け継がれるという。

　このような関係が進化的な時間スケールで保たれてきたため、ハキリアリと彼らが育てるキノコとの間には共進化が見られる[122]。つまり、ハキリアリの種分化に合わせてキノコのほうも種分化していたのである。

ミーアキャットの臭いをつくる細菌叢

　哺乳類の出す臭いのほとんどは細菌叢によって作られるが、宿主の遺伝形質、生理的条件、食物、社会関係などによって変わる。

図3-5 ミーアキャット
Suricata suricatta

多くの哺乳類では個体ごとに臭いをつくる細菌叢が違っていて、その違いによって親子の識別や同じ仲間かどうかの識別が行われる。ミーアキャット（図3-5）は食虫目マングース科の動物であるが、マングース科は大きく一個体だけで生活する単独性マングースと複数個体が社会生活を営む社会性マングースに分けられる。ミーアキャットは社会性マングースであり、彼らの社会生活を成り立たせるために臭覚が重要な働きを

している。

　ミーアキャットは、肛門付近に臭腺をもち、そこに棲む細菌叢の違いが臭いの違いを生み出す[123]。オスとメスで細菌叢は違うが、その違いは成熟したあとで現れる。また、血縁関係にある個体同士はそうでないものよりも似た細菌叢をもつが、同じグループのメンバー同士は、ほかのグループの個体よりもよく似た細菌叢をもつ。このことは、土壌など環境中の細菌叢の違いでは説明できず、集団内での社会的接触を通じた細菌叢のやりとりが重要であることを示唆する。

マラリアを媒介する蚊に刺されやすい体臭を生み出す細菌

　ヒトの体臭も皮膚に棲む細菌叢によって作られる。一人ひとりのもつ細菌叢が違うので、体臭も違っている。イヌがすがたを見なくてもヒトを識別できるのも、一人ひとりが特有の細菌叢をもっていて、特有の臭いを放っているからである。

　マラリアは人類史上最悪の感染症の一つである。その脅威はいまだに続いており、2016年になっても、世界で2億1600万人の新規患者が報告され、44万5000人が死亡したという[124]。この病気はマラリア原虫によって引き起こされるが、この病原体はハマダラカのメスによって媒介される。ハマダラカのメスに刺されやすいヒトと、刺されにくいヒトがいる。これらのヒトの皮膚の細菌叢をくらべてみて、興味深いことが明らかになった[125]。ハマダラカのメスに刺されやすいヒトは、そうでないヒトにくらべて皮膚の細菌数が多いが、その多様性が低い傾向があるという。皮膚の細菌叢の多くは培養できないが、培養可能な種について調べてみると、表皮ブドウ球菌スタフィロコックス・エピデルミディス (*Staphylococcus epidermidis*) という細菌の産生する揮発性物質がハマダラカのメスを引き付ける効果があるのだという。

　ハマダラカのオスもメスも普段は花の蜜や樹液を吸っている。動物の血を吸うのは、産卵に必要な栄養を摂るためで、産卵の時期が迫ったメスだけが動物の血を吸うのである。蚊はサイフォンのような口器をヒトの皮膚に差し込んで血を吸い上げるが、そのときにそのヒトがマラリア原虫に感染していると、蚊は原虫を取り込むことになる。蚊は次にまた血を吸うときに、別の

ヒトにそれを感染させるのである。蚊の唾液には血が流れやすくなるような物質が含まれているが、マラリア原虫に感染しているとこの物質の量が減るという。そのために、蚊は一人のヒトの血を吸うだけでは産卵のための栄養が十分ではなく、たくさんのヒトの血を吸うようになるというのである。マラリア原虫にとっては、蚊になるべくたくさんの違ったヒトの血を吸ってもらえれば、それだけ自分の子孫をたくさん残せることになる。つまり、マラリア原虫は自分の子孫を増やすために、ハマダラカを操作してたくさんのヒトの血を吸うように仕向けていると考えられる[126]。

同じ特殊な食性をもつ動物の腸内細菌叢は似ている

アリクイ、ツチブタ、アードウルフなどは、もっぱらアリやシロアリを食べることに特化しているが、これらの動物の腸内細菌叢は互いに似ているという[127]。アリクイは異節類、ツチブタはアフリカ獣類、アードウルフは北方獣類・食肉目ハイエナ科に属するなど系統的にはおよそ9000万年前に分かれたあと、独立に食性を特化させたものと考えられる（口絵5）。アリクイにはナマケモノ、ツチブタにはゾウ、アードウルフにはハイエナなどといった近縁な動物がいるが、腸内細菌叢を調べてみると、近縁な動物のものとは似ていなく、同じ食性をもった遠い関係の動物のものと似ているのだ。

もっぱら動物の血を吸うことに特化した動物は、節足動物や環形動物（ヒル）などに多い。脊椎動物では少ないが、その中でチスイコウモリ (*Desmodus rotundus*) と吸血フィンチとも呼ばれるハシボソガラパゴスフィンチ (*Geospiza difficilis*) が有名である。ガラパゴスフィンチは、チャールズ・ダーウィンが大陸からたまたま渡ってきたフィンチを祖先種として、そこから多様な種に進化したことを示したことで有名であるが、もともとは主として植物の種子を食べる植物食の鳥であった。そのような鳥が、同じ島に棲むカツオドリの翼の付け根をつついてそこから流れ出た血液を吸うように進化したのである。

このように特殊な食性をもつ動物の腸内細菌叢は、アリやシロアリ食に特化した動物で示されたように、互いに似ているかもしれないと考えた研究者は、チスイコウモリと吸血フィンチの腸内細菌叢を比較してみた。脊椎動物の血液を吸う動物は、昆虫やヒルなどで多く見られるが、血液は食べ物とし

ては栄養的に非常に偏ったものなのである。チスイコウモリと吸血フィンチの研究では、細菌叢を構成する種の組成は必ずしも似ていないが、似たような機能を果たす細菌が多く見られたという[128]。種のレベルで見ると似ていないが、機能的には似たような細菌叢になっているということである。つまり、似たような機能を果たす細菌の遺伝子をもっているのだ。

　特殊な食性は、栄養的に偏ったものになることが多いが、第10章で昆虫の場合に腸内細菌叢がそれを補う働きをしているという話をする。

　チスイコウモリは栄養的に偏った食べ物である血液から最大限の栄養を摂るための細菌叢をもっているが、それでも栄養効率が悪く、二日間連続で血を吸えないと死んでしまうという[47]。そのため、十分に血を吸うことのできた個体は、同じ群れの中の血縁関係のない飢えた個体にも血を吐き戻して分けてあげる。この際、以前に分けてもらったことのある個体に対しては分けてあげる頻度が高く、一度も分けてもらったことのない個体には分けてあげない傾向があるという。

ナソニア属寄生バチの細菌叢獲得様式

　ハエの蛹に寄生するハチであるコガネバチ科ナソニア属 (*Nasonia*) には、三種の近縁種がある。ナソニア・ウィトリペンニス（*N. vitripennis*；キョウソヤドリコバチ）、ナソニア・ギラウルチ (*N. giraulti*)、ナソニア・ロンギコルニス (*N. longicornis*) である。 N. ウィトリペンニスはほかの2種からおよそ100万年前に分かれ、それに続いておよそ40万年前に N. ギラウルチと N. ロンギコルニスが分かれたと推測されている。アメリカ・ヴァンダービルト大学のロバート・ブラッカー (Robert Brucker) とセト・ボーデンシュタイン (Seth Bordenstein) は、これら三種の寄生バチとその共生細菌の関係を詳しく調べたところ思いがけないことが明らかになった[129]。

　彼らは、ナソニア属三種を同じ条件で飼育し、幼虫、蛹、成虫の各発生段階における腸内細菌叢を調べたのだ。これらのハチを寄生させるハエとしては、ニクバエの一種サルコファガ・ブラッタ (*Sarcophaga bullata*) の蛹を用いた。第10章で紹介するボルバキアも ナソニア属寄生バチの共生細菌として重要であるが、問題を単純にするためにボルバキアを取り除いた系を使った。その結果、幼虫の時期（調べたのは4齢幼虫）では、その後の発生段階にく

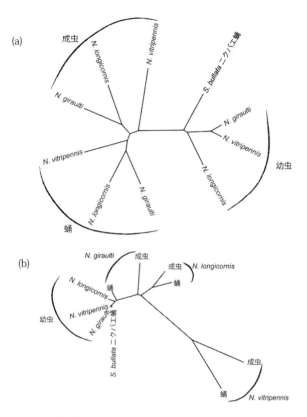

図 3-6　ナソニア属寄生バチ三種の幼虫，蛹，成虫の各段階の細菌叢の違いをもとに作られたクラスター分析図　これらのハチが寄生するニクバエ蛹の細菌叢も含めてある．文献(129) の図を書き直したもの．(a) 細菌叢の多様性だけを考慮（重みなし解析），(b) 細菌叢を構成する種の組成も考慮（重み付き解析）．

らべて細菌叢が単純であることが分かった。プロウィデンキア・レットゲリ(*Providencia rettgeri*) というガンマプロテオバクテリアが細菌叢の大部分を占めていて、ナソニア属三種の、N. ウィトリペンニス、N. ギラウルチ、N. ロンギコルニス でそれぞれ 95.3％、97.8％、89.0％ に達したのだ。このような細菌叢の構成は、寄生先のニクバエである S. ブラッタのものと非常によく似たものなので、寄生バチ幼虫の細菌叢は食べ物を通じてニクバエから取り込まれたと思われる。

　このような単純な細菌叢が蛹、成虫と発生が進むにつれて次第に細菌の種

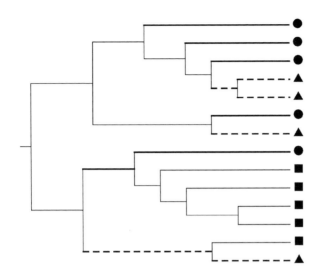

図 3-7　UniFrac 距離を説明する図（文献 (130) の図を改変）　●, ▲, ■の三つの細菌叢の間の距離を測るために，この図のようにまずこれらの細菌叢を構成しているすべての種を含む系統樹を描く．●と▲の間の UniFrac 距離は，●と▲が共有しないそれぞれに固有の枝（太い実線と破線で表した枝）の長さの総和をこの系統樹内のすべての枝の長さの総和で割ったもので表される．この距離は，系統的に離れた細菌種で構成される細菌叢ほど大きくなる．

数も増えて多様性が増していった。個体内で細菌群集の遷移が起こったのだ。図 3-6 は、細菌叢の違いを UniFrac 距離（図 3-7）という物差で表現し、距離の近いもの同士をクラスターとして集めて分類するという解析を行なった結果である。

　図 3-6a は細菌叢の距離をもとにしたものであるが、図 3-7 で説明したようにそれぞれの種の進化的な距離だけに基づき種の組成割合は考慮しないものである（重みなし解析）。一方、図 3-6b は種の組成割合も考慮したものである（重み付き解析）。幼虫の段階では寄生バチ三種ともニクバエの細菌叢に近く、どちらの解析でもこれと一緒のクラスターを組む。

　種の組成割合を考慮しない図 3-6a では、蛹、成虫になると細菌叢の違いは三種のハチの間の系統関係を反映したものになる。蛹の細菌叢は、N. ギラウルチと N. ロンギコルニスのものが系統的に一番遠い N. ウィトリペンニスのものよりも互いに近い関係にあり、成虫の細菌叢でも同じ関係になる。幼虫の段階では寄生先のものとほとんど同じ細菌叢をもっていたのが、蛹や成

虫になると発育段階に応じたそれぞれの種に特異的な細菌叢を獲得するのである。

　種の組成割合を考慮した**図 3-6b** では、ナソニア属三種のうち N. ウィトリペンニスと N. ロンギコルニスではそれぞれ蛹と成虫がクラスターを組む。同じ種の寄生バチの蛹と成虫では、細菌叢の組成割合が似ているのだ。三種の中で系統的に一番遠いキョウソヤドリコバチ N. ウィトリペンニスの蛹－成虫クラスターがほかのものにくらべて離れたところに位置する。

　先に述べたように寄生先ニクバエの細菌叢の大部分は プロウィデンキア属であり、寄生バチの幼虫の細菌叢の大部分もこれで占められている。ハチの発育が進むにつれてこの属の組成割合は減ってくる。それでも、N. ギラウルチと N. ロンギコルニスの蛹と成虫では、依然としてプロウィデンキア属が一番多い細菌である。ところが、進化の過程で最初に分かれた N. ウィトリペンニスの蛹と成虫では、ニクバエの細菌叢にはないアキネトバクテル属 (*Acinetobacter*) が最も多く見られるメンバーになっている。

　図 3-6a、**b** は系統樹ではないが、蛹や成虫の細菌叢が宿主の系統関係を反映したものになっているのである。つまり系統的に近い宿主は似た細菌叢をもつ。このように異なる種に共生する微生物叢の関係が宿主の系統関係を反映したものになることを「系統共生 (phylosymbiosis)」という[131, 132]。

　垂直伝達なしで、同じ環境で飼育された 3 種の寄生バチの細菌叢が系統共生になるということは、ハチが共生細菌を受動的に取り込んでいるのではなく、少なくとも蛹や成虫の段階では取り込む細菌を選択していることを示しており、宿主の免疫系の進化に伴って、取り込まれる細菌叢が変化しているように考えられる。

　この場合には、共生細菌叢は親から受け渡される垂直伝達ではなく、世代ごとに環境から取り込まれるものであるが、系統的に近いハチほど似た細菌叢になっているのである。第 1 章で、宿主のゲノムと共生微生物叢のゲノムを統合したホロゲノムが自然選択の対象として意味のあるものであるためには、共生微生物叢が垂直伝達されることが必要であると述べたが、垂直伝達でなくても、ナソニア属寄生バチと腸内細菌叢の関係もホロゲノムと呼んでよいと思われる。

　ナソニア属の種間雑種では腸内細菌叢の不適合が起こり、適応度が下がる

という[131]。つまり、種間雑種では取り込まれる細菌叢が宿主にとって最適なものではなくなって、不都合が生じるのである。共生細菌が宿主の種分化にも関係しているということである。

共生細菌によるアブラムシの体色変化

マメ科植物に集まって樹液を吸うエンドウヒゲナガアブラムシ(*Acyrthosiphon pisum*) の集団には、赤色と緑色の体色のものが存在する。このように一つの集団中に違った形質のものが共存することを多型というが、どういうわけか日本には緑色のものしかいない。このアブラムシの主な天敵にテントウムシと寄生バチがいる。テントウムシは赤色のアブラムシを高頻度で捕食する傾向があるのに対して、寄生バチは緑色のアブラムシに産卵する傾向がある。どうやら色彩の好みの違う二種類の天敵の存在がエンドウヒゲナガアブラムシの体色多型に関わっているようである[133]。

エンドウヒゲナガアブラムシのゲノムには、カロチノイド合成に関わる遺伝子があるが、動物には通常このような遺伝子はない。アブラムシが菌類から水平伝達でこの遺伝子を取り込んだようなのである。この遺伝子は赤い色素の合成に関わり、遺伝子の有無でアブラムシの体色が赤あるいは緑になる。ところが、赤になるはずの遺伝子をもっているアブラムシに、緑色の体色のものがいることが分かってきた。ヨーロッパのエンドウヒゲナガアブラムシの８％ほどがリケッチエラ (*Rickettsiella*) という共生細菌をもっており、この共生細菌に感染すると赤色だったアブラムシの体色が緑色に変わるのである[134]。テントウムシが多い環境では、アブラムシはこのような共生細菌を取り込むことによって、適応度を上げているのかもしれない。

さまざまな動植物と共生する細菌の種数はどれくらいか

表3-1 に、さまざまな動物や植物と共生する細菌の種数をまとめて示した[135]。ただし、そもそも細菌の種とは何かについて説明が必要であろう。有性生殖を行う動物の場合には、自然条件下で交配し子孫を残すならば、それは同一の種とみなす、といった種の定義がある。ところが、細菌の場合はこのように種を定義することはできない。また細菌では違った種類の細菌との間で遺伝子をやりとりする水平伝達が盛んである。例えば抗生物質に対す

表 3-1　動植物の体内や体表面に棲む細菌の種数 [135]

宿主	細菌種数
無脊椎動物	
カイメン	2,996
サンゴ	2,050
ショウジョウバエ	209
ミツバチ	336
シロアリ（腸）	800
線虫 *Caenorhabditis elegans*	87*
エラートドクチョウ	45
脊椎動物	
ヒト（腸）	5,700
ヒト（皮膚）	1,000
ヒト科（ヒト＋大型類人猿）	8,914
ウシ（ルーメン）	5,271
ヌママムシ	503
ウミイグアナ	896
ツメバケイ	580
ジャイアントパンダ（腸）	781
植　物	
アナアオサ	642
食虫植物サラセニア・アラタ	1,000
シロイヌナズナ	8,000
カシ根圏	5,619

＊：文献 (136) では 832 属

る耐性遺伝子も水平伝達で異種間に伝えられる。従って、遺伝子ごとに系統
樹が違い得るので、細菌の系統学は成り立たないという意見もある。しかし
細菌でも、祖先から子孫への生命の流れを細胞の系列に従って見るというこ
とであれば、系統樹を考えることは可能である。
　リボソームはリボソーム RNA とたくさんのリボソームたんぱく質によっ

て構成される複合体であり、水平伝達でリボソームの一つの部品をほかの細菌から取り込んで取り換えてもうまく機能しないであろう（何事にも例外はあるが）。そのため、リボソーム RNA は水平伝達されにくく、特に 16S リボソーム RNA が細菌の系統関係を調べるのに役に立っているのである。この表で種数を数える際の基準は、16S リボソーム RNA の塩基配列が 97％以上一致しているものを便宜的に同種と見なすというものである。ここでいう種数は、このように任意性のあるものだということに留意してほしい。

　もう一つ注意しなければならないのは、この表に挙げた種数は、ある研究で少なくともこれだけの種数があると確認されたものということだから、実際の種数はこれ以上だということである。この表では線虫カエノルハブディティス・エレガンス (*Caenorhabditis elegans*) に共生する細菌が 87 種となっているが、文献 (136) では 832 属とはるかに多くなっている。ここでの属の定義も、16S リボソーム RNA の塩基配列が 95％以上一致しているものというふうに任意性のあるものである。

　このように種数（や属数）の数え方は任意性のあるものであるが、多細胞動物の中で最初にほかから分かれた古い系統の一つであるカイメンでも、ヒトの腸内細菌叢に匹敵するくらいに多くの種類の細菌（2996 種）を共生させているということは、注目に値することであろう。もう一つの古い系統である刺胞動物のサンゴでも、2050 種という多くの細菌が確認されている。本書で繰り返し述べているように、細菌と動物の間の共生関係は、動物進化の最初期から続いてきたものなのである。

古細菌の共生

　本書ではこれまで、真正細菌と古細菌をあわせて細菌と呼んで、この二つをあまり区別しないことが多かった。実際には動物と共生する細菌の大部分は真正細菌であり、古細菌の共生もあるものの、真正細菌にくらべると圧倒的に少ない [137]。

　動物ではないが、アルベオラータに分類される繊毛虫の中には古細菌であるメタン生成菌を細胞内に共生させていて、この共生体がないと繊毛虫の成長が遅くなるものが知られている [138]。嫌気的な環境に棲む繊毛虫の多くは、ミトコンドリアと共通の祖先から進化したヒドロゲノソームを細胞内にも

つ。その場合、メタン生成菌を細胞内共生させていることが多い⁽¹³⁹⁾。ヒドロゲノソームは代謝産物として水素分子 H_2 を生成するので、それを処理してくれるメタン生成菌は宿主のエネルギー効率を上げてくれるのだ。

　繊毛虫は進化の過程でいくつかの系統で独立に好気的環境から嫌気的環境へと適応した。その際、酸素呼吸のミトコンドリアから水素を生成するヒドロゲノソームへの転換が起こった証拠がある⁽¹⁴⁰⁾。

　本書では第 2 章で紹介した水素仮説に従って、ミトコンドリアは最初ヒドロゲノソームのようなものだったとしているが、そのシナリオに従えば、好気的な環境に適応してヒドロゲノソームから進化したミトコンドリアが、先祖返りのようにヒドロゲノソームになるということが何回も起こったということである。嫌気的な環境に棲む繊毛虫は、水素を生成するヒドロゲノソームをもち、細胞内にメタン生成菌を共生させている。このようなメタン生成菌の共生は、水素を生成するヒドロゲノソームの代謝効率を上げるためには重要なことなので、繊毛虫が嫌気的な環境に棲むようになるつどそのような共生が起こったと考えられる。

　多細胞動物の中でも嫌気的な環境に棲むものは、ミトコンドリアの代わりにヒドロゲノソームのような細胞内小器官をもつようになったものがいる⁽¹⁴¹⁾。胴甲動物門の動物でコウラムシと呼ばれるもので、海底堆積物の粒子の間で生活する 1 ミリメートル以下の小型動物である。**口絵 2** によると、左右相称動物は脊索動物門を含む新口動物（後口動物）と節足動物門や軟体動物門を含む旧口動物（前口動物）の二大グループに分けられるが、旧口動物はさらに節足動物門や線形動物門などの脱皮動物と軟体動物、環形動物、扁形動物などの冠輪動物に分けられる。胴甲動物門は脱皮動物の一員である。このような多細胞動物であっても、常に嫌気的な状態に保たれている環境に適応すると、ミトコンドリアがヒドロゲノソームに変わってしまうことがあると考えられる。

　また反芻動物のルーメン内の繊毛虫と共生するメタン生成菌もあり、第 1 章で紹介したように、ウシが放出する温室効果ガスであるメタンが地球温暖化と関連して問題になっている。ルーメンから見つかっている古細菌は、メタン生成菌だけである⁽¹⁴²⁾。

　このほかに、シロアリの腸内に共生するメタン生成菌もよく知られている。

シロアリは木材を食べるが、この場合もシロアリの腸内に見られる超鞭毛虫類 (Hypermastigida) などの嫌気的な原生生物が木材のセルロースを分解するのに不可欠なヒドロゲノソームをもっていて、それが排出する水素分子をメタン生成菌が処理してくれているのだ [137]。ただし、ある種のシロアリではヒドロゲノソームをもたないオキシモナスが優占的な原生生物であるが、そのような場合の代謝はまだよく分かっていない [143]。

　ヒトの場合も、腸内のメタン生成菌が真正細菌の排出する水素分子を処理してくれることにより、食べたものを真正細菌などが発酵する際の効率が高まると考えられる [144]。水素分子を排出する真正細菌が多いと、メタン生成菌が多くなるという相関がある。別の研究によると、ヒトの腸内の古細菌である程度以上の個体数を有するのは、メタン生成菌のメタノブレウィバクテル (Methanobrevibacter) とアンモニア酸化菌のニトロソスファエラ (Nitrososphaera) だけであり、しかもメタン生成菌のいるヒトの腸内にはアンモニア酸化菌はいない。つまり、腸内にメタン生成菌をもつか、アンモニア酸化菌をもつか、あるいはほとんど古細菌をもたないかの三通りがあるという [145]。古細菌のこのような分布は食べ物と相関があり、炭水化物の多い食事をするヒトにはメタン生成菌が多く、たんぱく質や脂肪の多い食事をするヒトにはメタン生成菌が少ない傾向がある。

　メタン生成菌の共生は動物界で広く見られるが、古細菌が動物とこのように緊密な関係をもっている例はメタン生成菌以外には、あまり知られていない。ヒトの腸、口腔、膣などやカイメンでも微生物叢に古細菌は含まれているが、真正細菌にくらべると種類も少なく、宿主に対してどのような作用を及ぼしているのかについても、不明なことが多いのだ。

　動物に対する古細菌の病原性についても、あまり知られていない。そのような数少ない例として、ヒトの歯周病にメタン生成菌が関与しているという報告がある [146]。以上のような例があるにしても、古細菌が真核生物と緊密な関係を築いている例が真正細菌にくらべて圧倒的に少ないのはなぜなのかは不明である [137]。

第4章

腸内細菌叢

動物が消化管を獲得して以来そのなかで共生している細菌叢

　消化管内の細菌叢は消化管をもつあらゆる動物がもっていると考えられる。アメリカ・セントルイスのワシントン大学のルース・レイ (Ruth Ley)らによるさまざまな哺乳動物の糞便から得られた腸内細菌の解析によると、ヒトの腸内微生物叢を形づくる細菌種の構成は、霊長類以外の哺乳類のものよりも霊長類のものに似ているが、霊長類のなかで系統的に近いヒト上科（ヒトと類人猿を含む分類群）のものに特に似ているわけではないという [147]。チンパンジー、ゴリラ、オランウータン、テナガザルなどヒトに一番近縁な類人猿に特に似ているわけではないのである。

　何を食べているかという食性が大事で、ヒトのものは、ワオキツネザル、クロキツネザルなど雑食性の霊長類のものに似ているという。類人猿のなかではボノボが特にヒトに似た腸内細菌叢をもっている。ただし、ヒトの腸内細菌叢は人ごとに違っており、生活習慣の違う民族間ではさらに違っているので、この研究で用いられたヒトの糞便のサンプリングは十分とはいえないかもしれない。いずれにしても、それぞれの動物のもつ腸内細菌叢は、その動物が何を食べているかに大きく依存しているのだ。

　このように腸内細菌叢は人によって違っており、また進化的に近縁な種が似た腸内細菌叢をもっているとは限らない。しかし、われわれと近縁な種であるチンパンジー、ボノボ、ゴリラなどの糞を調べてみると、腸内細菌叢全体はヒトとは大変違うが、それでもヒトと共通の細菌もたくさん見つかるのである。このような共通の細菌の DNA を調べてみると面白いことが分かる [148, 149]。

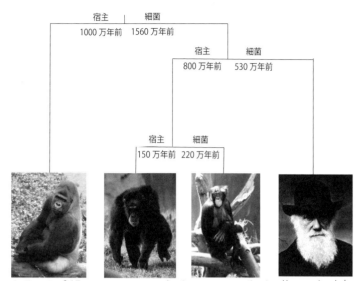

Gorilla gorilla ゴリラ　Pan troglodytes チンパンジー　Pan paniscus ボノボ　Homo sapiens ヒト

図 4-1　ヒト科（ヒトと大型類人猿）の核 DNA から描かれる進化系統樹とそれらの腸内に共通して生息する細菌の DNA から描かれる進化系統樹[148, 149]

　類人猿とヒトの核 DNA から描かれる進化系統樹とそれらの腸内に共通して生息する細菌の DNA から描かれる進化系統樹とが、分岐の順番に関してはきれいに一致するのである（**図 4-1**）。また、DNA のデータから分岐の年代を推定することもできる。進化の過程で DNA が変化していく速度が一定であれば（これを分子時計という）、分岐年代は簡単に推定できることになる。ところが、さまざまな原因でその速度は変動するので、実際にはそれほど簡単ではないが、現在ではそのような変動を考慮して年代推定する方法が開発されている。そのように不確定な要因があるので、得られた推定年代の誤差はかなり大きなものになる。　**図 4-1** に添えられた宿主と細菌の分岐年代は一見食い違っているように見えるかもしれないが、誤差を考えるとほぼ一致していると見なすことができる。このことは、類人猿とヒトが進化の過程で種分化を繰り返す際に、腸内の細菌も一緒に種分化してきたことを示す。ここでも宿主と共生体の共進化が見られるのである。

　動物の生息環境が変わったり、食べ物が変わったりすると、当然腸内細菌叢を構成する細菌の種類は変わる。しかし、すべての細菌がいっせいに入れ替わるわけではなく、一部は残しながら少しずつ入れ替わるのである。類人

猿とヒトの進化とともに、共進化してきた細菌はそのように残ってきたものなのである。われわれの腸内微生物叢は、ヒドラとヒトの共通祖先の消化器官（口が肛門の役割も果たしていた袋状のもの）内に生息していた細菌叢から、構成メンバーを少しずつ入れ替えながら連綿と続いてきたものである。従って、われわれと細菌との共生関係は、あらゆる動物の共通祖先にさかのぼるほどに古いものなのだ。

腸内細菌がつくる世界

　一人のヒトの腸内にいる細菌を合わせると重さで1～2キログラムになる。腸内細菌の重さは脳の重さに匹敵するのだ。ヒトのからだを作り上げている細胞の数はおよそ37兆個であるが[10]、一人のヒトの腸内に生息する微生物（数の上ではほとんどが細菌）の総数は、およそ38兆個になる[11]。腸内細菌の数は、ヒトの細胞の総数とほぼ同数ということである。細菌の細胞はヒトの細胞にくらべて小さいので、こんなにたくさんの細菌が腸内に生息できるわけである。これらの細菌は食物繊維の発酵など消化を助けるさまざまな働きをしているが、それ以外にもさまざまな働きをしている。

　健康なヒトの腸内細菌の2割は「善玉菌」といわれ、われわれが健康に生きていく上で欠かせないものである。「悪玉菌」は全体のおよそ1割で、健康なヒトの腸内では活動が抑えられている。残りの7割が「日和見菌」といわれる。腸内細菌学のパイオニアである東京大学名誉教授の光岡知足によると、腸内の悪玉菌をすべて排除して、善玉菌だけにすれば健康になれるわけではなく、善玉菌、悪玉菌、日和見菌がおよそ2：1：7の割合で存在することが大事だという[150]。

　腸内の細菌群集を腸内細菌叢というが、細菌以外の微生物も含めて腸内微生物叢とも呼ばれる。腸内微生物叢は各人の生活の仕方で変わる。最近はどこを旅行してもペットボトルの水が簡単に手に入るが、昔の人は旅行すると水が合わないといってよく下痢をしたものである。私も以前マダガスカルというアフリカ沖のインド洋上の島に8回にわたり動物調査に行ったことがあった[151]。行くたびに最初は下痢に悩まされたものであるが、数日たつと何を食べても平気になる。これはマダガスカルでの生活に合わせて、私の腸内微生物叢が構成しなおされたからだと思われる。しかし、帰国して日本で

の生活に慣れてしまうと、元の腸内微生物叢に戻ってしまい、しばらく経ってから再びマダガスカルに行くとまた下痢を繰り返すということになるのである。ただし、このような腸内微生物叢の再構成は大規模なものではなく、私のもつ腸内細菌の構成は私に固有のもので、その基本的な特徴は指紋のように一生変わらずに保存されるようである。

　腸内微生物叢には食物繊維を含む複合炭水化物を食べる細菌が多いので、欧米人にくらべて食物繊維を含むものを多く食べる日本人の腸内には多様な細菌が量的にもたくさん棲んでいる。また、日本人の腸内微生物叢にはノリなどの海藻の消化を助ける酵素であるポリフィラナーゼの遺伝子をもったバクテロイデス・プレベイウス (Bacteroides plebeius) という細菌がいる。一方、ノリを食べないアメリカ人の腸内にもバクテロイデス・プレベイウスはいて、同じ種の細菌なのに、こちらはそのような遺伝子をもっていない。この遺伝子はもともと海藻の共生菌であるゾベリア・ガラクタニウォランス (Zobellia galactanivorans) から水平伝達で日本人の腸内微生物叢に棲んでいたバクテロイデス・プレベイウスに取り込まれたようなのだ [152]。日本人の祖先がノリを食べるうちに、それに付着していたゾベリア・ガラクタニウォランスを一緒に食べて腸内微生物叢に取り込んだものと思われる。

一人ひとりで異なる腸内微生物叢

　何人かの被験者に、植物由来の食物のみ、あるいは動物由来の食物のみを与える実験が行なわれたことがある [153]。そのような食事の切り替えによって、腸内微生物叢は大きく変化したが、その変化は食事を変えた期間しか持続しなかった。繊維質に富む穀物、マメ類、オリーブオイル、果物、野菜の食事を 2 週間続けた別の実験では、悪玉コレステロールの顕著な低下が見られたが、腸内微生物叢にはあまり変化が見られなかった [154]。それぞれの被験者には、まるで指紋のように独自の腸内微生物叢があり、食事が変化してもあまり変わらなかったというのだ。

　124 人のヨーロッパ人の糞便を解析した研究では、得られた腸内細菌は 1000 〜 1150 種にのぼるが、90％以上の人が共通にもっている細菌は 57 種、50％ 以上の人が共通にもっている細菌は 75 種ということで、それ以外の 1000 近い数の種の組み合わせで指紋のように個々人独自の腸内微生

物叢がつくられている[155]。この研究は、ヨーロッパ人だけを対象としたものであるが、世界中のヒト全体の腸内微生物叢の多様性はさらに高いものになっている[156]。

　このように細菌の種の組み合わせで見ると、一人ひとりの腸内細菌叢は指紋のように違っているが、細菌叢に含まれる遺伝子の機能という面からとらえると、健康なひと同士はあまり違わないということもある[157]。

　292人のデンマーク人について腸内微生物叢の多様性が個人ごとにどのようになっているかを調べた研究がある[158]。この研究では腸内微生物叢の多様性は、糞便のなかから見つかる細菌に含まれる異なる遺伝子数で評価している。細菌の種類によって遺伝子は少しずつ違っているので、細菌の種類が多いほど遺伝子数が多くなる。その結果は非常に興味深いものである。

　遺伝子数に対してそれだけの数の遺伝子をもつ被験者数をプロットすると、通常は一つのピークをもった正規分布になることが予想される。ところが実際には、はっきりと違った二つのピークをもつ分布になったのである。およそ四分の三の被験者は遺伝子数75万個をピークにした分布に従うが、残りの四分の一の被験者は遺伝子数45万個をピークにした分布に従い、全体で二峰性の分布になった。ここで、遺伝子数の多いグループの被験者は代謝が活発なのに対して、遺伝子の少ないグループ（遺伝子数48万個以下）では肥満、糖尿病、動脈硬化などの傾向が見られたという。

　さらに高血圧、喘息、肥満、パーキンソン病、クローン病、統合失調症など13の病気と腸内微生物叢との関連を統計学的に調べた解析によると、患者自身のゲノムとの関連よりも、患者の腸内微生物叢との関連のほうの予測精度が20％向上するという[159]。大腸がんに関しては、50％も向上するのである。この研究で調べられた病気のうち1型糖尿病だけはゲノムとの関連の予測精度が腸内微生物叢との関連の予測精度を平均で少し上回ったが、2型糖尿病では逆転している。

　腸内細菌が生成する代謝物である4-クレゾールがインスリン産生細胞を刺激して、1型および2型糖尿病を抑止する効果があるという研究もある[160]。

　このように腸内微生物叢がわれわれの健康と強く関係している可能性を示唆する研究がたくさんある。このデンマーク人の研究で対象となった健康な

グループの遺伝子数の最頻値がおよそ 75 万ということであるが、ヒトのゲノム中の遺伝子数がおよそ 2 万〜2 万 5000 個だと推定されていることと比較すると、細菌の遺伝子数が非常に多いことが分かる。われわれが親から受け継いだ遺伝子の 30 倍以上の遺伝子が腸内微生物叢に存在しているのである。最近ではわれわれの体のマイクロバイオーム全体の遺伝子数はもっと多く、われわれ自身のゲノムの遺伝子の 100 倍にも達するという推定もある。親から受け継いだ遺伝子以外のこれら細菌遺伝子も、われわれの個性を形づくる上で大きな貢献をしているのである。

腸内微生物叢の詳細な解析を可能にした新しい DNA 解析技術

　上で述べたような研究が可能になったのには、第 1 章で紹介したメタゲノムの方法が大きく貢献している。ヒトの腸内細菌の大部分は大腸に生息するが、大腸は非常に酸素が乏しい環境なので、そこに生息する細菌には酸素存在下では生きられないものが多い。そのため大部分の細菌は実験室ではなかなか培養できないのだ。従来の細菌学では、培養できない細菌を研究することは困難であった。そのために腸内微生物叢を構成する細菌を詳しく調べることができなかったのである。

　そのような状況が 10 年ほど前から急速に変わってきた。次世代シークエンサーという DNA 配列決定装置によって、高速かつ廉価に配列決定することが可能になった。これにより、サンプル（腸内微生物叢を調べる場合は、糞便サンプル）に含まれる DNA の配列を片っ端から決めていくことができるようになったのだ。それまでは、狙いをつけた DNA の配列だけを決めるというやり方だったのが、サンプル中の DNA 配列をすべて決めた後で、研究の目的に合った配列データを選びだすというやり方に変わったわけである。このようにサンプルから回収されたすべてのゲノムを解析することを「メタゲノム解析」という。

　このようなやり方は、絶滅した生物の DNA を解析する古代 DNA 研究でも威力を発揮している[151]。この場合は、サンプル中には目的とする絶滅生物の DNA 以外に、カビや細菌の DNA などいろいろな DNA がコンタミネーション（汚染）として紛れ込んでいるわけであるが、サンプル中の DNA 塩基配列をすべて決定したあとで、大量のデータの中から目的とする絶滅生物

のDNAを選びだすわけである。

　サンプル中のDNA塩基配列をすべて決めてしまうというやり方を使うと、質的に新しいことを発見できる可能性がある。データ取得の量的な変化が科学の質的な変化を生み出す可能性があるのだ。従来のように狙った配列だけを調べるというのは、結果についてもある程度の先入観をもっていることになるが、虚心坦懐にすべてを調べることによって思いがけない発見が生まれる可能性が開けるのである。

腸内微生物叢が薬の効き方も左右する

　同じ病気でもある患者に効く薬が別の患者には効かないということは、よく知られている。これには遺伝的な要因が関わっているので、最近では一人ひとりのゲノムを調べてそれに合わせた医療を行うゲノム医療が盛んになってきた。しかし、ヒトの体にある遺伝子の99％以上は細菌のもので、患者自身のゲノムは1％以下に過ぎない。ゲノムの大部分を占めるこの微生物叢の遺伝子の集合は、「第二のゲノム」ともいわれる。第二のゲノムの違いも考慮したゲノム医療が必要だと考えられる。

　特に腸内微生物叢が薬の効き方や副作用に大きな影響を与えていると考えられる。19世紀後半のオランダの画家フィンセント・ファン・ゴッホ（Vincent van Gogh）は、心臓疾患の治療に使われたジギトキシンの副作用に苦しんでいたという。ゴッホが黄色を好んでいたのは、薬の副作用で視界全体が緑黄色がかって見えたためだという説がある。これは、ゴッホの主治医がジギトキシンを大量に処方したか、あるいはゴッホの腸内にはこの薬の副作用を防ぐ腸内微生物がいなかったためだろうというのである[161]。

たんぱく質を食べなくても腸内細菌が合成してくれる？

　西ニューギニア高地のパニアイ湖（1962年までのオランダ植民地時代にはヴィッセル湖と呼ばれていた）付近の部族は、1936年に西洋人によって発見されたが、当時彼らは石器時代のような生活をしていた。ニューギニア内陸部に住む彼らのような人たちをパプア人と呼ぶ。この地域は現在インドネシアのパプア州に属しているが、パプア・ニューギニアという国はこれとは別で、ニューギニア島のもっと東側の地域である。

　彼らの主食は炭水化物が主成分のサツマイモやタロイモなどの芋類で、肉
などのたんぱく質をあまり摂らないのに、彼らは筋骨隆々の体である。窒素
はたんぱく質を構成する成分であるが、彼らの一日の窒素摂取量は、栄養学
で通常必要とされている摂取量よりもはるかに少ないものなのだ。また彼ら
が食べている芋に含まれているたんぱく質は、メチオニン、システイン、リ
ジンなどのアミノ酸が少なく、アミノ酸組成が偏ったものであり、その点で
も通常の意味での「栄養価」はさらに低い[162]。このように一般的な基準で
は栄養失調になるような低い窒素摂取量にもかかわらず、彼らが立派な体格
を維持できる理由は長い間謎であった。彼らは、1 日当たり 1000 グラムも
の大量の糞をする。

　1960 年代に研究者が、このパプア人の糞便や尿を採取して、食べ物とし
て体に入る窒素量と、糞や尿として身体から排出される窒素量を調べたこと
がある。成長期の子どもでは、盛んに筋肉が作られるために体に入る窒素量
よりも出ていく窒素量が少ないが、普通は健康な成人ではほぼ等しくなる。
ところが、パプア人の成人では摂取する窒素の量が 1 日におよそ 2 グラム
なのに、糞や尿として排泄される窒素量はその倍近くになるのである。つま
り食物が消化管を通る間に窒素の量が倍になるというのである。どうも彼ら
の体のなかで窒素が作られている（固定されている）ようなのである。

　根粒細菌がマメ科植物と共生していて、空気中の窒素を固定しているとい
う話は有名だが、実は同じような窒素固定能力をもった細菌がシロアリやキ
クイムシなどの腸内にも生息している。研究者たちの奇妙な研究結果を説明
するために、パプア人の腸内にもこのような窒素固定細菌がいるのではない
かと考えられるようになってきたが、詳しいことは不明であった。

　2016 年になって、長崎大学の猪飼桂（いがいかつら）（現・東京工業大学）と東京大学の
梅崎昌裕（まさひろ）らのグループは、パプア人の糞便のなかに実際に窒素固定活性をも
つ細菌が含まれることを見出した[163]。摂取した量よりも多くの窒素を出す
ということは、やはり彼らの腸内で細菌が窒素固定しているからであると考
えられるのである。実際にはパプア人の窒素摂取不足分を補うほどの量は検
出されなかったが、糞便に窒素固定活性があったのだ。大腸の中では、糞便
で検出された窒素固定活性よりもさらに高い活性があるのかもしれない。

　理化学研究所で長年腸内細菌の研究を行なっている辨野義己（べんのよしみ）によると、パ

図 4-2　ガウル *Bos gaurus*

プア人の糞便は、ウシのルーメンと呼ばれる第一胃の胃液と同じ臭いがするという。ウシは草しか食べなくても立派な筋肉をつけ、たんぱく質豊富な乳も出す。**図 4-2** にウシの仲間のガウルの写真を示したが、このように筋骨隆々である。第一胃内の細菌が草の食物繊維を分解し、窒素固定も行なってアミノ酸を作っている。パプア人の腸内でも似たようなことが行なわれているようなのである [(164)]。

　猪飼らは日本人の糞便でも窒素固定活性を見出している。これまでの栄養学では考慮されていなかった食物から栄養を取り出す仕組みが、別にもう一つあるのかもしれないのだ。

　明治時代に 27 年間にわたって日本で医学を教えたドイツ人医師エルヴィン・フォン・ベルツ（Erwin von Bälz；1849 ～ 1913 年）は人力車の車夫が疲れも見せずに長距離を走ることに驚嘆したという。その車夫の弁当は、玄米の握り飯、味噌大根の千切り、それに沢庵という質素なものであった [(165)]。

　ベルツは車夫に二つの実験を行った [(166)]。一定量の肉を与えて彼らがふだん食べている炭水化物の一部をたんぱく質で補ったところ、三日後にくたびれてよく走れないからもとの食事にもどしてくれといってきたという。

　もう一つの実験では、東京から日光までの間を、ベルツは馬車で、もう一人の日本人は人力車で出掛けた。ベルツのほうは途中で馬を 6 回も交代させたのに、人力車の車夫のほうは体重 54 キログラムの日本人を乗せて夕刻 6 時から翌朝 8 時まで 14 時間、110 キロメートルを一人で走り通し、ベルツに遅れることわずか 30 分だったという。

　彼らは肉類をほとんど摂らずに穀物、豆、芋、野菜などしか食べないのに、驚異的な耐久力があった。エネルギー的には彼らの食べ物で十分かもしれないが、筋肉をつけるにはたんぱく質が必要である。当時の栄養学者らは、日本人はもっと肉類を食べなければならないと主張したが、ベルツは自分の実験から、日本人の食事は栄養的に改善を要する点はないと考えたのである。豆や精製していない穀類にはたんぱく質が含まれまれるが、それ以外にも車

夫の過酷な労働を支える別の要因が彼らの腸内細菌にあったのかもしれない。

　猪飼たちの研究で面白いのは、パプア人だけでなく西洋化した食生活を送っている現代の日本人やヨーロッパ人の腸内にも窒素固定能をもつ細菌がいるということである。われわれの祖先は、たんぱく質を十分に摂取できないような飢餓の時代を何回も経験してきたはずであり、窒素固定細菌がそのような時代を生き延びる上で大きな助けになっていた可能性がある。このような細菌がわれわれの腸内で実際にどのような働きをしているのか、非常に興味ある問題である。

狩猟採集民の腸内細菌叢

　グローバル化した現代の世界では都市生活者の多くは欧米型の食事をしているが、発展途上国の農村に住むひとのほうが都市生活者よりも多様性に富む腸内細菌叢をもっているという。さらに、ほかの社会からは半ば隔離した状態で伝統的な農耕生活を続けているひとたちの腸内細菌叢はどうだろうか。また、農業を始める前の狩猟採集をしていたわれわれの祖先の腸内細菌叢はどうだったのだろうか。狩猟採集民のほうが農耕民よりも多様な食べ物を摂取していたといわれている。

　そのような疑問に応えるため、アメリカ・オクラホマ州ノーマンにあるオクラホマ大学のセシル・ルイス (Cecil Lewis) らのグループは、伝統的な狩猟採集生活を続けている南米ペルー・アマゾンの先住民マツェ族の糞便から彼らの腸内細菌叢を調べた[167]。マツェ族はイモノキ属（*Manihot*；キャッサバはこの仲間の栽培種）の塊茎やプランテンというバショウ属（*Musa*；バナナの仲間）を採集して食べている。また彼らのたんぱく質源は主に魚で、そのほかにサル、ナマケモノ、カピバラ、ワニなどをたまに食べることもあるという。

　ルイスらはさらに、ペルー・アンデスの標高2500〜3100メートルの高地で伝統的な農耕を続けているトゥナプコ村の先住民も調べた。トゥナプコの人々は、ジャガイモや、オカ (*Oxalis tuberosa*) やマシュア (*Tropaeolum tuberosum*) の塊茎を毎食欠かさずに食べる。また、トコシュという湿った土の中で発酵させたジャガイモを週に一回食べるという。モルモット、ブタ、

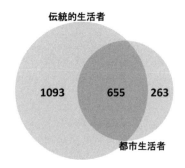

伝統的生活者

1093　　**655**　　**263**

都市生活者

図 4-3　西欧風ではない伝統的生活者と都市生活者のそれぞれで少なくとも一人の腸内で見出された細菌の属数 [168]　伝統的生活者と都市生活者に共通に見られる細菌が 655 属あるが，伝統的生活者だけに見られる細菌が 1093 属，都市生活者だけに見られるのが 263 属であることを示す.

ヒツジなどが彼らの主な動物たんぱく質源である。比較のため、欧米型の都市生活者の代表としてアメリカ・オクラホマ州ノーマンの住民も調べた。

狩猟採集民であるマツェ族の腸内細菌叢は、同じペルーの伝統的農耕民であるトゥナプコ村の人々のものよりもむしろ、アフリカ・タンザニアの狩猟採集民であるハッツァ族のものに近いことが分かった。それでもマツェ族とトゥナプコ村の人々の腸内細菌叢は、オクラホマのアメリカ人と比べれば、互いによく似ていた。

マツェ族とトゥナプコ村の先住民の腸内細菌叢に共通した特徴として、トレポネーマ属 (*Treponema*) の細菌が挙げられる。これは真正細菌スピロヘータ門に分類される細菌で、梅毒の病原体である梅毒トレポネーマ (*T. pallidum*) も同属である。ただし、これら先住民の腸内で見つかるトレポネーマは、同じ属内でも病原性のものとは遠い関係にあり、ブタの腸内でも見つかるトレポネーマ・スッキニファキエンス (*T. succinifaciens*) であった [168]。この細菌は炭水化物の消化を助け、繊維質を分解するものである。

トレポネーマは、先にセシル・ルイスらのグループが解析したいくつかの遺跡で発掘された古代人の糞化石コプロライトからも得られているし [169]、現在でも昔ながらの生活を続けている人々やヒト以外の野生の霊長類で共通に見られるが、都市生活者にはない。この細菌は工業化に伴って現代人の腸内から失われた共生体だったようである。

トレポネーマが工業化した現代社会から失われた最大の原因が抗生物質の使用だという説がある [168]。トレポネーマがわれわれの腸内から失われたことが、われわれの健康に対してどのような影響を与えているかは、今のところ分からない。しかし、現代社会における肥満、喘息、花粉症、食物アレルギーなどの増加が微生物叢の変化と関係していることは確かなようで

ある。産業革命以降の工業化は、地球温暖化とともに、われわれの体内にも大きな影響を与えているのである。

　図 4-3 に伝統的生活者と都市生活者のそれぞれの集団の少なくとも一人の腸内で見出された細菌の属数を示す[168]。両者に共通に見られる細菌が 655 属あるが、伝統的生活者だけに見られる細菌が 1093 属、都市生活者だけに見られるのが 263 属である。明らかに都市生活者では腸内細菌叢の多様性が減っているのである。ただし、伝統的生活者と都市生活者の個々の集団中の半数以上の構成員の腸内で見出された細菌の属数だけで比較すると、両者に共通に見られる細菌が 533 属、伝統的生活者だけに見られる細菌が 81 属、都市生活者だけに見られるのが 51 属となり、伝統的生活者と都市生活者の間であまり差が見られなくなる。つまり、伝統的生活者の腸内細菌叢の多様性が高いのは確かであるが、その種構成は一人ひとりで大きく異なる。それに比べると、都市生活者の腸内細菌叢は均質になっているのだ。

　アフリカ・カメルーンにおける農村と都市に住む人々を比較した研究によっても、都市生活者の腸内微生物叢は農村生活者にくらべて多様性が低くなっていることが示されている[170]。ただし、カメルーンの場合は、都市生活者が食べているものは農村生活者のものとあまり違っておらず、微生物叢の違いは、医療体制の違いによるものではないかという。

　われわれ人類が腸内細菌叢とともに進化してきたことを考えると、伝統的な生活を続けている人々、特におよそ 1 万年前に始まったとされる農耕に先立つ狩猟採集の生活を今でも続けている人々の腸内細菌叢は、数百万年にわたるヒトと共生体との共進化の歴史を反映するものとして貴重である。

ヒグマの冬ごもりと腸内細菌叢

　腸内細菌叢は一人ひとりで違うが、一人のヒトの腸内細菌叢の特徴は指紋のように一生保存されることを先に紹介した。ところが、一日の単位で見ると、24 時間周期で変動している細菌叢もある。腸内細菌叢ではないが、唾液から見た口腔細菌叢では朝と夜で、7 〜 80% の細菌種が変動しているという[171]。

　また、細菌叢の季節的な変動もある。哺乳類の中には食べ物が乏しくなる冬の間、体温を低下させて活動を停止するものが多い。それが冬眠である。

ヒグマも冬眠するが、その間にメスは出産し、ヤマネなど完全に昏睡状態で冬を過ごすものにくらべると眠りが浅いので、冬ごもりともいう。

スウェーデン・イェーテボリ大学のフレドリック・ベックヘッド (Fredrik Bäckhed) らのグループは、野生のヨーロッパヒグマ 16 頭について腸内細菌叢を調べたところ、夏の間と冬ごもり中とで非常に違うことを発見した [172]。彼らは、夏の間と冬ごもり中のヒグマの糞を集めて、それに含まれる腸内細菌叢を解析したが、夏の間には多様性の高かった細菌叢が、冬ごもり中にはその多様性が大幅に減少していたのだ。

さらに彼らは、ヒグマの糞便の細菌叢を無菌マウスに移植する実験を行なった。無菌マウスについては第 5 章で詳しく紹介するが、これは腸内も含めて無菌状態にした実験マウスであり、細菌叢を移植してどのような効果があるかを見るのに適した系である。冬ごもり中のヒグマの糞便を移植されたマウスにくらべて、夏の糞便を移植されたマウスは肥満になり、脂肪も増えた。ヒトの場合、肥満はブドウ糖の代謝異常や糖尿病と結びつきやすいが、このマウスにはそんな異常は見られない。冬ごもり中のヒグマの糞便を移植されたマウスよりも、ブドウ糖代謝がむしろ良くなっていたという。

ヒグマは冬に備えて夏の間に脂肪を蓄えて肥満体になるが、ヒトの場合の肥満のように糖尿病などと結びつく不健康なものではないのだ。そのようなヒグマの代謝を腸内細菌叢がコントロールしているのである。

シカのような反芻動物では、ルーメンと呼ばれる第一胃の中の微生物の働きが食べたものの消化にとって重要である。季節によってシカの食べ物は変わる。春には木の葉や草、秋にはドングリ、地面が雪に覆われる冬には木の皮や木質部分を食べる。このような季節による食べ物の変化にあわせて、ルーメン内の微生物叢も変化しているものと思われる。真冬にシカにトウモロコシや葉物野菜を与えると、ルーメンのバランスが狂い致命傷になることがあるという [173]。

腸内細菌叢を変えるとコアラの食べ物も変わる

偏った食事で有名な動物にオーストラリアの有袋類コアラがいる（図1-1）。彼らは主にユーカリの葉を食べるが、たくさんの種類のあるユーカリの中でも限られた種類しか食べない。しかも、ある個体が好んで食べる種を

別の個体はほかに食べ物がなくて飢えていても決して食べないこともあるという。このような食べ物の好みの違いが彼らの腸内細菌叢の違いによるものであることを示す研究がある[174]。

　オーストラリア・西シドニー大学のミカエラ・ブリトン (Michaela Blyton) らは、もっぱらマナガム (Eucalyptus viminalis) というユーカリの葉を食べる野生のコアラを捕獲して、タスマニアンオーク (Eucalyptus obliqua) という別のユーカリの葉を好むコアラの糞便を食べさせて腸内細菌叢を移植する実験を行なったところ、タスマニアンオークの葉を食べるようになったという。マナガムを好むコアラとタスマニアンオークを好むコアラでは、腸内細菌叢が大きく違っているのである。

　保護活動でコアラを新たな場所に移住させる際には、その個体がそこに生えているユーカリの葉を消化するのに必要な細菌叢をもっているかを確かめておかなければならないのだ。消化に必要な細菌叢が手に入らなければ、その葉を食べられないのである。

脳と腸の間の密接な関係

　腸内微生物の大部分は大腸内に生息するが、この微生物叢がわれわれの健康や、精神活動にも深く関わっていることが明らかになったのはごく最近のことである。私の手元にある 1989 年発行の中高校生向け科学百科の「大腸」の項には、「大腸のおもな役目は水分の吸収であり、小腸から大腸に流れ込んだ液体状の消化物は、その水分の約 90 % が吸収されて、のこりは糞となる。大腸での水分吸収が十分におこなわれないと下痢になり、また糞が必要以上に長く大腸内にとどまっていると（便秘）、かたくなる」とある[175]。

　確かに水分吸収は大腸の重要な役割である。大腸は、脊椎動物の進化の過程で水中から陸地に進出した両生類ではじめて生まれた。水中での生活にくらべて水分が不足しがちな陸上では、小腸で吸収されていた水分を排泄前にさらに徹底的に吸収する器官として大腸が必要になったのである。もしも大腸がなかったら、われわれは毎日 1 リットルの水を余分に飲まなければならないという[176]。

　今から 30 年前のこの科学百科には、大腸について水分を吸収する以外の役目には一切触れられていなかった。その当時のわれわれの知識はこの程度

しかなかったのである。その後、大腸内の微生物がわれわれが生きていく上で必要なさまざまな役割を果たしていることが分かってきた。またこれから紹介するように、この10年の間に、「脳‐腸‐微生物叢」相関という概念が生まれ、腸内微生物叢と脳の活動の相関が明らかになってきたのである [177]。

　ダーウィンは1872年に出版した『ヒトおよび動物の表情について』という本のなかで、「感情が変化すると消化管の分泌が変化する」と述べているが [178]、感情が消化管に影響するだけではなく、消化管内の細菌が感情に影響を与えていることが分かってきたのである。

　英語で gut は腸のことであるが、根性という意味もある。ガッツである。従って gutless は「いくじがない」という意味になる。gut feeling は「勘」、gut reaction は「本能的な反応」、appeal to the gut は「直感に訴える」である。腸ではなく胃に関しては、butterflies in the stomach（直訳すると「胃のなかのチョウ」）という言葉があるが、これは「そわそわして落ち着かない」という意味である。食道から直腸に至る消化管には、5000万個もの神経細胞からなる腸管神経系というネットワークが張り巡らされていて、「第二の脳」とも呼ばれている [177]。この第二の脳が第一の脳と絶えずコミュニケーションをとっているのである。

第 5 章

「脳 − 腸 − 微生物叢」相関

赤ん坊の腸内微生物叢形成

　赤ん坊のもつ腸内細菌の多くは、母親から伝わったものであるが、食べ物などを通じて環境から腸に入り込むものもある。腸内微生物叢がどのように形成されるかについては不明のことが多いが、2018 年になってカリフォルニア大学バークレー校のアンドリュー・メラー(Andrew Moeller) ら[179] は、異なる腸内微生物叢をもつ二つの野生マウスの系統を使って、多くの細菌が母親から子供に伝えられていることを示した。

　胎児の腸内は最初ほとんど無菌状態であるが、胎児が産道を通過するときに、母親の腸内微生物叢を口から取り込むものと思われる[161]。第 3 章でも述べたが、このように親から子供に伝えられることを「垂直伝達」、また環境から伝えられる細菌もあり、これを「水平伝達」という。

　健康的な妊娠であれば、胎児の育つ環境は無菌であると考えられていたが、羊水や胎盤に母親の腸内細菌が検出されているという報告もある[177]。しかし、もっと最近の研究で、ヒトの胎盤には基本的には微生物叢はないという報告もあり[180]、真相はまだよく分からない。

　帝王切開で生まれる赤ん坊の場合は、産道を通るときに母親の腸内微生物叢を取り込むという機会はないので、生まれたあとで母親の腸内微生物叢を移植する方法が使われることもある[161]。腸内細菌は母乳からももたらされるが、母乳に含まれるこれらの細菌が何に由来するのかは、よく分かっていないようである。母親の腸内細菌だとしたら、腸内にいたものがどのようにして母乳に入り込んだのかが不明なのだ。

　帝王切開で生まれた子供は、母親からの腸内微生物叢の引き継ぎがうまく

いっていないということであるから、産道を通って生まれた子供にくらべて、成人になってからも腸内細菌叢に欠陥があるのではないかと考えられてきた。確かに通常分娩で生まれたばかりの子供の腸内細菌叢は母親のものに似ているが、帝王切開で生まれた子供はそうではなく、母親の皮膚の細菌叢に似ているという [181]。腸内と皮膚とでは細菌叢はまるで違うのだ。このように生まれたばかりの乳児の腸内細菌叢は出産の仕方によって違いが出るが、たくさんの被験者を使った大規模な腸内細菌叢解析では、出産の仕方が成人になってからの腸内細菌叢に影響しているという証拠は得られていない [182]。

　腸内細菌叢は生まれてから3年ほどは急速に変化し、3歳くらいで成人に近いものになる [24]。この間に免疫系が形成されるわけである。出産直後の新生児の腸内細菌叢がこの過程でどのような役割を果たしているのかについては、まだよく分かっていない。

　腸内細菌叢はそのひとが住んでいる国によって大きく違い、特に西洋化した食生活をしている国とそうでない国の間の違いが大きいが、同じ国の中での個人差は、成人間の違いよりも幼児間の違いのほうが大きい。この違いには、遺伝的な違いは関与していないようで、一卵性双生児同士が、二卵性双生児よりも腸内細菌叢が似ているということはない。里子に出されたりした場合には、里親の腸内細菌叢に似た細菌叢をもつようになるという [24]。このように、新生児の腸内細菌叢は母親のものに似ているが、生後3年の間に育った環境に応じてそれが変わっていく。その間に免疫系などが整備されるのである。

腸内細菌叢の発達不全による栄養失調症

　発展途上国では多くの子供が栄養失調症に罹っている。乳児の腸内細菌叢は比較的少ない数の細菌種が優占するが、健全な発育を遂げた子供であれば、腸内細菌叢は生後2～3年かけて成人のものに近くなる。この間に十分な栄養が与えられなくて腸内細菌叢の発育が阻害されると、その後いくら栄養を与えても栄養失調症から脱却できないという [183]。腸内細菌叢がうまく成熟しないと、せっかく食べても栄養をうまく取り込めないのである。

　アメリカ・セントルイスにあるワシントン大学のジェフリー・ゴードン

(Jeffrey Gordon) らのグループは、このような栄養失調症を治療するための
補助食の開発に取り組んでいる。それは腸内細菌叢を育てるための補助食で
ある。彼らは、バングラデッシュの栄養失調児 343 人について、糞便から
腸内細菌叢を調べ、その特徴的な細菌の組み合わせを無菌マウスに移植して、
そのマウスの成長を指標にしてどのような補助食が良いかを大規模な実験で
調べたのだ[183]。無菌マウスは、帝王切開によって無菌的にとり出したマウ
スの子供を無菌的な装置内で保育することにより得られる。無菌マウスに細
菌を移植することによって、あらかじめコントロールされた条件で栄養失調
児に最適な補助食を探索できたのである。

　腸内細菌叢の特徴は通常、それを構成する細菌の種類とそれぞれの細菌種
の量で表されるが、個々の種が個別に働いているのではなく、お互いに関連
し合いながら一つの統一的な細菌群集として働いている。ゴードンのグルー
プは、バングラデッシュの健常児について、生後 1 か月から 60 か月まで毎
月糞便を提供してもらって腸内細菌叢を詳しく調べた[184]。その結果、腸内
細菌叢は生後 20 か月ほどで成人に近いものになるが、それはおよそ 15 種
の主要な細菌から成るものであり、ゴードンらはこれらの細菌を「エコグルー
プ (ecogroup)」と呼んだ。

　同じような健常児でもエコグループを構成する細菌の組成は一人ひとりで
異なるが、その変動の仕方には「共変動」と呼ばれる法則性があった。例え
ば、ビフィズス菌の一種ビフィドバクテリウム・ロンガム（*Bifidobacterium
longum*；放射菌門）と乳酸菌の一種ラクトバキルス・ルミニス（*Lactobacillus
ruminis*；フィルミクテス門）は、一方が増えると他方も増えるという正の
共変動を示す。しかしこれらの細菌は、プレウォテラ・コプリ（*Prevotella
copri*；バクテロイデス門）が増えると逆に減るという負の共変動を示す。

　このような共変動は腸内細菌同士の相互作用から生じるものである。共変
動の様子を把握することは腸内細菌叢の変動を支配する生態学的要因を理解
するための手掛かりを与えてくれると同時に、このように健常児の腸内細菌
叢についての理解を深めることは、栄養失調児の治療の基準を得る上でも重
要である。治療が目標とする「健常児腸内細菌叢」という状態は一つではな
いのである。

無菌マウスの独特な性格

哺乳動物のなかには赤ん坊が母親の糞を食べるものが多いのは、母親の腸内微生物叢を取り込むためである。また赤ん坊を母親が舐めるという行動も多くの哺乳類で見られるが、これも赤ん坊の体を清潔に保つという以外に、腸内微生物叢を受け渡す役割を果たしていると考えられる[9]。

腸内微生物叢は脳機能や行動にも影響を与える。無菌マウスは無菌の状態で育てる限り、普通のマウスよりも長く生きる。無菌マウスに特定の細菌を移植することによって、その細菌がマウスの体内でどのような働きをしているかを調べることができる。無菌マウスは餌を普通のマウスよりも多く食べ、消化にも時間がかかる。

無菌マウスを観察していた研究者は、普通の条件で育ったマウスと性格も違っていることに気づいた。無菌マウスは物怖じせず攻撃的なのである。ところがこのマウスに正常なマウスの微生物を移植すると、正常なマウスのように行動が慎重になったが、そのためには一つの条件がある。

成体になる前に移植する必要があったということである。成体になってしまうと、微生物を移植してももはやその性格は変えようがないということである。つまり、腸内微生物叢は初期の脳の発達に影響があるので、その段階が終わってしまうともはや変更できない[185]。無菌マウスでも発達初期に腸内微生物叢を移植していくと、免疫系が成熟してアレルギーの抑制力が高まるのである。

無菌マウスでは、不安や感情に関わるセロトニンやドーパミンなどの脳内物質の量が少なくなっている。無菌の環境で生きるのであれば、腸内細菌叢なしでも生命の維持は可能であるが、正常な情動を維持するためには、腸内微生物叢は必須なのである。このように腸内微生物叢が脳の機能に関与していて、逆に脳で受けたストレスが腸に失調をきたすなどといった脳腸相関の研究が、最近新たな展開を見せている。

神経伝達物質セロトニンが腸内細菌によって作られる

脳内で神経伝達物質セロトニンが少ないと動物は攻撃的になるという。ミドリザル (*Cercopithecus sabaeus*) の群れを調べたところ、支配的な地位にいるサルはセロトニン値が高く、攻撃性が低いことを示唆する結果が得られて

いる[186]。

　ただし、この研究ではボスザルとほかのサルの脳内でのセロトニン量を直接測って比較しているわけではない。そのような比較は簡単ではないのだ。その代わりに研究者たちが採用した方法は、サルにトリプトファンやフルオキセチンを与えるというものである。トリプトファンというアミノ酸はセロトニンの前駆体であり、また、フルオキセチンは選択的セロトニン再取り込み阻害薬 (Selective Serotonin Reuptake Inhibitors；SSRI) の一種の抗うつ薬である。SSRI はセロトニンの再取り込みを阻害することによってシナプス間のセロトニン量を増やすと考えられるのである。これらを投与されたサルがボスザルになりやすいということから、サルの社会的地位を決めるのにセロトニン値が重要な役割を果たしているのではないかと推測されたのである[186]。

　1960 年にイギリス・エジンバラ大学の精神医学者ジョージ・アシュクロフト (George Ashcroft) は、自殺したうつ病患者の脳脊髄液を分析したところ、セロトニン分解産物である 5-ヒドロキシインドール酢酸が減少していることを見出し、脳内のセロトニン濃度の低下がうつ病の原因ではないかという「セロトニン仮説」を提唱した。現在うつ病の治療に使われているSSRI は、セロトニンの再取り込みを阻害することによって脳内のセロトニン量を増やすことを目指したものである。

　脳内にはセロトニン神経細胞があり、そこでセロトニンが合成される。ところがセロトニンは脳以外にもあり、ヒトの体内のセロトニンの 90％ 以上は腸内細菌によって合成されるという[187]。これにはいくつかの種類の細菌が関与するが、大腸菌もその中に含まれる。実際セロトニンは中枢神経系以外でもさまざまな重要な機能を果たしている[177, 188]。腸内で合成されるセロトニンが脳の活動にどのように関わるのか、また脳の活動に影響を与えるとしたらどのような機構によるのかなどについては、まだよく分かっていないことが多い。血液と脳の組織液との間の物質交換を制限する機構である血液脳関門があるために、腸内で合成されるセロトニンが脳に運ばれることはないと一般には考えられているのである[189]。

　しかし、最近これまでは血液脳関門を越えることはないと考えられてきたものが、その関門をかいくぐって脳に到達している可能性が示唆されるようになってきた。これまでは、ある種の病気や外傷が生じた場合に免疫細胞が

脳へ侵入することはあっても、健康なからだでは脳と免疫系はほぼ独立していると考えられてきたが、最近では脳と免疫系は日常的に相互作用していることが明らかになってきた[190]。血液脳関門は、これまで考えられていたほど越えがたい関門ではないようなのだ。

さらに驚くべき発見がある。健康で亡くなった34人のヒトの脳を調べたところ、すべてのヒトの脳で腸内細菌と同じ細菌が見つかったというのである[191]。亡くなったあとで血管を通るなど何らかの経路で腸内細菌が脳に移動した可能性も考えられるので、そのような可能性を排除するために実験用マウスを殺した直後の脳を調べてみたところ、やはり腸内にも見られるたくさんの細菌が見つかったという。この研究は、まだ正式な論文として発表されたものではないが、将来脳内細菌叢がわれわれの脳の働きに及ぼす影響などといったことが研究の対象になるかもしれない。

腸から横隔膜を貫き、肺と心臓の間を通り、食道にそって首から脳に入る迷走神経がある。腸と脳はこの迷走神経を介して密接に連絡を取り合っているのである。腸では、脳の感情をコントロールする中枢に直接結合する迷走神経の経路の近くに、膨大な量のセロトニンが蓄えられている。腸のセロトニン・シグナルシステムは、食物、腸内微生物、薬の作用によって生じた反応を消化器系の活動、さらに感情に結びつけるのに重要な役割を果たすという。またセロトニンを含む腸内の神経は蠕動反射の調節に関与し、脳内のセロトニン細胞は、食欲、痛感感受性、気分など、生存していく上で必須の機能に影響を及ぼす[177]。

セロトニンは、脊椎動物だけではなく節足動物、軟体動物、環形動物、線形動物など神経系をもつあらゆる動物に見出される[192]。また、インシュリンやそのほか内分泌系や脳がコミュニケーションに用いているシグナル分子は、進化的には単細胞生物に由来するという考えが、すでに1982年にアメリカ国立衛生研究所NIHのジェセ・ロス (Josse Roth) らによって提唱されている[193]。

腸内微生物叢が脳に与える影響

脳がストレスを受けると腸に影響が及んで便秘になりやすいなどということは心因性便秘として以前から知られていた。逆に腸内微生物叢が脳に影響

を与えていることも明らかになってきた。

　九州大学の須藤信行たちは、無菌マウスを使った実験で、腸内微生物叢の違いによって成長後のストレス反応が異なること、腸内微生物叢が脳内の神経成長因子や神経伝達物質に影響を与えることを示唆する研究成果を発表している [194, 195]。脳と腸の間にはこれまでに考えられていた以上に深い関係がありそうである。

　エレン・ボルト (Ellen Bolte) というアメリカ・イリノイ州に住む女性の息子は、生後 15 か月の検診で耳に感染症が見つかり、抗生物質で治療する必要があると診断された。こうして抗生物質の投与が行なわれたが、一時的にはよくなったものの、再発を繰り返したので、医師は感染症を根絶しようと長期間にわたって、抗生物質治療を続けた。ところが、息子の行動が次第におかしくなり、この子は 2 歳 1 か月で別の精神科の医師によって自閉症と診断された。

　社会性が欠如していて他者との関係を築くことが難しい自閉症のひとは、どの民族にも昔から一定の割合でいたといわれているが、一方で先進諸国では過去数十年の間に急速に増えているというデータもある。自閉症が増えているのは診断基準の変化によるという考えもあるが、花粉症と同じように実際に増えていることは確かなようである [161, 196]。

　もともとはコンピュータ・プログラマーだったボルトは、医学や生物学の専門的な素養はなかったものの、息子が自閉症になった原因を探ろうと、医師や医学研究者らと相談しながら関連しそうな文献を読み漁り、自分自身でこの問題を深く掘り下げた [196]。その結果、彼女は次のような仮説に到達し、それを 1998 年に自身のはじめての論文として「医学の仮説 Medical Hypotheses」という医学の専門誌に発表したのである [197]。

　破傷風菌の一種のクロストリディウム・テタニ (*Clostridium tetani*) という真正細菌がいるが、ボルトの仮説はこの破傷風菌が息子の腸に感染したというものである。通常は、腸内微生物叢が破傷風菌の定着を阻止するように働く。ところが、耳の治療のために大量に投与された抗生物質によって腸内微生物叢が破壊されていたために破傷風菌が増え、それが産生する毒素が息子の脳に到達して自閉症を引き起こしたのではないか、というのである。

　ボルトの仮説は証明されたわけではないが、その後の多くの研究が、少な

くともある種の自閉症が腸内微生物叢の攪乱と関連していることを示唆している [198, 199]。自閉症の子供の糞便を使って、腸内微生物叢の様子を調べてみると、必ずしも彼らの間に共通の細菌叢が見られるわけではないが、自閉症の子供たちの多くに腸内微生物叢の攪乱が見られるという [161]。腸内微生物叢の攪乱は、脳の働きにまで影響を与えている可能性があるのだ。

　平均的なアメリカ成人の場合、腸内にはおよそ 1200 種類の細菌がいるが、ベネズエラのアマソネス州の先住民の腸内には、アメリカ人が腸内にもつ細菌種数と比べ 3 分の 1 ほど多いおよそ 1600 種が棲んでいる [161]。一般に欧米型の現代文明と隔絶された生活をしている人たちのほうが、欧米型社会に暮らす人たちよりも多様な腸内細菌をもっているようである。これは、食べ物の違いとともに、医療体制の違いにも因っている可能性がある。このことはあとで触れるが、第二次世界大戦後の欧米型社会で盛んに使われるようになった抗生物質が、腸内細菌叢の多様性を破壊している可能性があるのだ。

　1054 人のベルギー人の腸内細菌を調べた研究で、そのなかの 173 人のうつ病のひとの腸内には、コプロコックス (*Coprococcus*) とディアリステル (*Dialister*) という細菌が欠けていることが分かった [200]。この二種類の細菌は健康な人の腸内には通常いるものなのである。これらの細菌が欠けていることがうつ病の原因なのか、あるいはうつ病の結果としてそのようになるのかは不明であるが、このことも腸内細菌叢と脳の関係を強く示唆する。

腸内微生物叢が恐怖を忘れさせる

　アメリカ・コーネル大学のデイヴィッド・アーティス（David Artis）らのグループは、抗生物質を使って腸内細菌を取り除いたマウスと正常な腸内微生物叢をもつマウスを使って、次のような条件付け実験を行なった [201]。特定の音を聴かせながら脚に電気刺激を与えるというものである。これによって、マウスはすくみ行動を示した。これはマウスが恐怖反応を示したと解釈できる。このように条件づけられたマウスは、この音を聴くと、電気刺激を与えなくてもすくみ行動を示したのだ。続いて、音を聴かせるだけで電気刺激を与えるのをやめると、正常な腸内微生物叢をもつ対照群マウスでは次第にすくみ行動は弱まったが、抗生物質を投与されたマウスは、恐怖反応を示し続けたという。つまり、対照群では恐怖消去が起こるのに対して、抗生物

質により腸内微生物叢を破壊されたマウスでは、恐怖が消去されないのである。

　アーティスらはさらに研究を進め、腸内微生物叢の破壊が、神経細胞における遺伝子発現の変化と関連していたことを突き止めた。無菌マウスの脳脊髄液、血清、糞便サンプルなどで減少した四種類の微生物由来の代謝物を特定したのである。これらは、先行研究で神経精神疾患との関連が指摘されていたものである。彼らの研究は、マウスの行動とニューロンの活動に腸内微生物叢とそこで生み出される代謝産物が関わっていることを示している。彼らが特定した微生物由来の代謝物四種のうちの二種は、その減少とヒトの統合失調症や自閉症との関連が指摘されたものであり、もう一種はネズミの自閉症的行動との関連が指摘されていた。

　このように腸と腸内微生物叢が脳の働きに対して影響を与え、逆に脳の状態が腸に影響を与えている。脳 – 腸 – 微生物叢相関は、双方向に働きかけあっているものであるが、どのような機構で影響を与えあっているのであろうか。神経系、ホルモン系、免疫系などを介した連絡ルートが考えられる[202]。神経系としては、迷走神経が最も重要なルートである。

腸内微生物叢と老化

　腸内微生物叢の多様性が健康長寿の指標になり得るという研究がある[203]。年齢を重ねるにつれて腸内微生物叢の構成が少しずつ変化するが、細菌叢の多様性低下が老化と関係しているらしいのである。健康な長寿者の腸内微生物叢では多様性が維持されていて、そのことが老化の進行を食い止める上で重要だという。

　アルツハイマー病症状を呈したマウスの腸内細菌叢を無菌マウスに移植したところ、脳にアミロイド β が蓄積するようになったという研究がある。アミロイド β が脳内で凝集・沈着することがアルツハイマー病の原因と考えられているので、この研究は、腸内細菌がアルツハイマー病と関わっていることを示唆する。

　これはマウスを使った研究であるが、アミロイド β を蓄積しているアルツハイマー病患者の腸内細菌叢を健康なひとのものと比較したところ、アルツハイマー病患者では炎症性の細菌が健康なひとよりも多く、逆に炎症を抑え

る細菌が少なくなっていた。

　またアルツハイマー病のマウスを回転車が設置されたケースで飼育すると、アミロイド β の蓄積が少なくなるという実験もある。マウスが回転車を使って運動すると、アルツハイマー病の進行が抑制される可能性があるのだ。適度な運動が、ストレスの解消になり、そのことが腸内細菌叢にも影響を与えているのかもしれない。

　ヒトでも運動をすると腸内細菌叢の多様性が上がるという研究もある[204]。ただし、そのような変化は運動を継続している期間は持続するが、運動を止めると元に戻ってしまうようである。

宿主の遺伝子が腸内細菌叢に影響する可能性

　われわれはただ受動的に腸内細菌を受け入れているだけではないようである。宿主が共生する細菌を選んでいるということもありそうである。

　ヒトのミトコンドリア・ゲノムの型と腸内細菌叢の間に相関があるという研究がある[205]。最近では、マウスのミトコンドリアに突然変異を起こさせると、その腸内細菌叢が変化することを調べた研究もある[206]。さらに、416組の双子を含むヒトの糞便中の細菌を調べたところ、一卵性双生児は二卵性双生児にくらべて腸内細菌叢がよく似ているという研究もある[207]。

　これらのことは、宿主が共生する細菌を選んでいる可能性を示唆する。ただし、この章のはじめで、一卵性双生児同士が、二卵性双生児よりも腸内細菌叢が似ているということはないという研究を紹介した[24]。このようにこの分野の研究は始まったばかりで、一見矛盾した研究結果が並立しているのが現状である。

第6章

腸内微生物叢と免疫系の働き

生きとし生けるものすべてに倫理的にふるまうことによって、わたしたちは宇宙と
の精神的親類関係をもつ。　　　　　　　　　　アルベルト・シュヴァイツァー [208]

　医学は病原体を排除することで個体の健康を取り戻そうと志向しますが、この世界
はそうした病原体も含め、あらゆる存在の共生によって成り立っています。悪いもの
を排除すれば善いものが残るのではなく、善いものと悪いものの絶妙なバランスのな
かでわれわれの生命は保たれているのです。
　　　　　　光岡知足 (2015)『腸を鍛える：腸内細菌と腸内フローラ』[150]

　ヒトとともに古代からある細菌には、そこに存在する理由があり、ヒトの進化にも
かかわってきた。それらを変えることは何であれ、潜在的対価をもたらすことになる。
われわれは今それらを大幅に変えている。払うべき対価がそこにはある。それを、わ
れわれは今認識し始めたばかりである。
　　　　　　マーティン・ブレイザー（2015）『失われてゆく、我々の内なる細菌』[9]

腸内微生物叢を育てる食べもの

　ヒトの母乳にはおよそ 200 種類ものオリゴ糖が含まれている。その量は
母乳のなかで脂肪と乳糖に次いで多いのに、牛乳には含まれない。ところが
赤ん坊はこの糖を消化できない。それではなぜそんなものが母乳にたくさん
含まれているのだろうか。それは腸内微生物叢の一員であるビフィズス菌の
ためだといわれている [209, 210]。
　赤ん坊の腸内でのビフィズス菌主体の微生物叢形成は、感染症の防御に対
して重要である。このことは、母乳で育てられた赤ん坊にくらべてミルクで
育てられた赤ん坊では下痢や感染症の頻度が高いことや、そのような赤ん坊
の糞便からはビフィズス菌がほとんど見つからないことなどから明らかに
なってきた。現在では、人工ミルクの多くにも人工炭水化物のガラクトオリ
ゴ糖という母乳のオリゴ糖に似たものが添加されている。しかし、アメリカ・
スタンフォード大学のソネンバーグ夫妻 (Justin & Erica Sonnenburg) によ

ると、赤ん坊の腸内微生物叢形成に与える影響という点では、母乳のオリゴ糖には遠く及ばないという[161]。

　母乳のオリゴ糖以外にも、健全な腸内微生物叢を育てるために必要なものはいろいろあるが、食物繊維もその一つである。食物繊維の摂取が健康維持に重要であるといわれるが、それは直接われわれの栄養になるのではなく、われわれの健康維持に重要な働きをしてくれている腸内細菌を育てるために食べなければならないのである。肥満体の人が低カロリーで高食物繊維の食事に切り換えると、体重が落ちて、腸内微生物叢の多様性が高くなるという報告がある[211]。

食物繊維を摂らないと腸内細菌が失われていく

　食物繊維はたいてい複雑な炭水化物であり、中でも多糖類が多い。ヒトのゲノムにコードされた遺伝子では多糖類のうち限られたものしか消化できない。食物繊維はヒトの遺伝子がコードするたんぱく質（酵素）では壊すことのできない高分子といっていいだろう。そのような難消化性成分である食物繊維は、腸内細菌の力で消化される。

　エリカ・ソネンバーグらのグループは、十分な量の食物繊維を摂らないと、腸内細菌が次第に失われていくことを実験的に示した[212]。ただし彼女らの実験は、ヒトではなくマウスを使って行われた。無菌マウスにアメリカ在住の健康なヒトの腸内細菌叢を移植して、食べ物の与え方によって細菌叢がどのように遷移するかを見たのである。

　高繊維食を与えられたマウスの腸内細菌叢は、何世代にもわたって多様性が保たれたが、低繊維食を与えられたマウスでは多様性が低下した。つまり腸内からいくつかの細菌種が失われたのである。しかし与える餌を高繊維食のものに切り替えると、回復しない細菌種はあるものの、多様性はある程度は回復した。ところが、長い期間にわたって低繊維食を与え続けると、世代を重ねるにつれて細菌叢の多様性はさらに低下し、失われた細菌を移植によって与えてあげない限り、高繊維食に切り替えても細菌叢の多様性はもはや回復しなくなっていった。

　つまり、食物繊維を摂らないと腸内細菌叢の多様性は次第に低下し、そのような生活を長く続けると、高繊維食に切り替えても一度失われた多様性は

もはや回復しなくなってしまうのである。

妊娠中の母親の腸内細菌叢がおとなになってからの子供の健康に影響する

　ヒトではないがマウスで、妊娠中の母親の腸内細菌叢が、おとなになってからの子供の健康に影響を与えることを示す研究がある。東京農工大学の木村郁夫らは、母親の腸内細菌が食物繊維を分解してできるプロピオン酸、酪酸、酢酸などの短鎖脂肪酸が、子供がおとなになってからうまくエネルギー代謝できる体質にすることに関与していることを示した[213, 214]。

　食物繊維は腸内細菌の力でプロピオン酸などの短鎖脂肪酸に変換される。この短鎖脂肪酸は大腸で吸収され、血管を通って全身に運ばれてエネルギー源として使われるだけでなく、さまざまな機能を果たす。からだの末梢の臓器の細胞膜上には短鎖脂肪酸を受け取る受容体がある。短鎖脂肪酸受容体 GPR41 や GPR43 などと呼ばれるものである。その中で、GPR41 は短鎖脂肪酸を介して交感神経系を制御して、エネルギーバランスを一定に保つセンサーの働きをしているという[215, 216]。つまり、食べ過ぎても短鎖脂肪酸の血中濃度が上昇して GPR41 を活性化し、交感神経を刺激することでエネルギー消費を高め、肥満が抑えられるのである。

　木村らは、無菌マウスの母親の産んだ子供は、おとなになってから肥満や２型糖尿病などのメタボリック症候群の症状が出やすいことを示した[213]。無菌マウスの母親から産まれた子供に腸内細菌叢を移植しても、肥満になりやすいことは変わらない。このことは産まれた子供を普通のマウスに里親として育てさせても変わらない。無菌マウスでなくても、子宮内には細菌はいないと考えられるので、おとなになってから肥満になることを抑えているのは胎児自身の細菌叢ではなく、母親の腸内細菌叢が生み出す代謝産物だと考えられる。

　さらに、無菌ではない妊娠中のマウスの母親に、食物繊維に乏しい餌だけを与えると、食物繊維を豊富に与えた場合にくらべて、その子供はおとなになってからメタボリック症候群の症状が出やすい。またそのような妊娠中の母親に抗生物質を与えて腸内細菌叢を破壊してしまうと、その後に食物繊維が豊富に含まれる餌を与えても、子供はやはり肥満になりやすい。食物繊維は腸内細菌叢によって消化されるが、無菌マウスではそれが行なわれないの

で、子供の健全な発育に必要な代謝産物が得られないのだ。また、母親に短鎖脂肪酸を与えると、腸内細菌なしや食物繊維なしでも生まれた子どもは肥満になりにくかった。

妊娠中の母親の場合、食物繊維が腸内細菌によって分解されてできるプロピオン酸などの短鎖脂肪酸は子宮にも運ばれ、胎児の体内にも取り込まれる。そうすると、胎児の交感神経、腸管上皮、膵臓（すいぞう）などでは、母親由来の短鎖脂肪酸をとらえる GPR41 や GPR43 などの短鎖脂肪酸受容体の発現が活発になる。これらの短鎖脂肪酸受容体遺伝子が破壊されたノックアウトマウスは、肥満になるという。

つまり、胎児の段階で母親から短鎖脂肪酸が与えられないと、おとなになってからメタボリック症候群の症状が出やすくなるのである。このように、妊娠中の母親の食べ物と腸内細菌叢はこどもがおとなになってからの健康に大きな影響を与えることが分かってきたのである。

また、腸内細菌叢だけでなく、全身のさまざまな場所で微生物が生み出している代謝産物が、われわれの健康に大きく関わっていることを示唆する研究がある[217]。

腸内微生物叢と自己免疫疾患

多発性硬化症という中枢神経の自己免疫疾患による難病がある。この病気には、さまざまな症状が現れるが、最も多いのは視力低下、ものが二重に見える、眼球が震えるなど目の症状であるが、手足のしびれ、運動失調、大小便の排泄困難や失禁、めまいなどの症状もある。このような患者を死後に病理解剖して脳や脊髄を調べると、手で触ってかたく感じられる病変があちこちに見つかるために、多発性硬化症と呼ばれるのである。この病気は、免疫系が自己の中枢神経組織を外敵、あるいは異物として認識して攻撃する結果起こる自己免疫疾患なのだ。カリフォルニア工科大学のサルキス・マズマニアン (Sarkis Mazmanian) らのグループは、マウスを使った実験で、自分の神経系に対する攻撃の強さが、腸内に棲む細菌の種類によって変わることを示した[218]。このように、腸内微生物叢が免疫反応をコントロールしているという証拠がたくさん挙がっている。

再三論じてきたように、ヒトの消化管は、口から始まって肛門に至る一本

の管と見なすことができる。単純化すると、ちくわの真ん中を貫く穴のようなものである。そこは壁に囲まれていて、からだの中にあるように思われるが、トポロジー的にはからだの外なのである。従って腸内細菌叢は、からだの外にあるということになる。

　食べ物は消化管を通る間に体内から分泌される消化酵素によって消化され、得られた養分が腸で体内に吸収される。腸はいわば体内への入口なのだ。そこからは、養分と一緒にさまざまな病原菌も体内に侵入しようとしている。そのような攻撃に備えるためにも、腸が免疫系のなかでも特別重要な働きをしていることは納得できるであろう。

　腸で活動する免疫細胞の数は、血管やリンパ管で活動する免疫細胞の数よりも多く、からだ全体の免疫システムの 70 ～ 80 ％を占めるといわれている [177]。病原菌を含めた細菌に常時さらされている腸に、免疫細胞を集めることには意味があるのだ。ヒト自身の細胞数に匹敵する数の腸内細菌の中から少数の危険な細菌を検知することによって、ほかの腸内細菌叢と調和した生活が可能になっているのである。

清潔にしすぎるから花粉症になる？—— 衛生仮説

　新生児がさまざまな細菌にさらされながら成長する間に免疫系が発達するが、免疫系が健全に発達するには、免疫系が監視すべき細菌に出会うことが必要なのかもしれない。

　1989 年にイギリスのデイヴィッド・ストラチャン (David Strachan) は、面白い説を提唱した [219]。ストラチャンによると、近年になって先進工業国において花粉症やアトピー性皮膚炎が増えたのは、人々が感染症の病原体にさらされる機会が減ったことが原因だという。ヒトの免疫系は、絶えず遭遇する病原体と戦いながら進化してきたが、近年は細菌との接触の機会が減ったために、システムがうまく維持できなくなって、そのために花粉症やアトピー性皮膚炎が増えたというのである。

　そのような状況でも兄弟姉妹の多い子供では比較的喘息やアレルギーが少ないという。さらに、家畜や土壌のもつ細菌にさらされる機会が多い農場で生まれ育った子供は、清潔な環境で育った子供にくらべて喘息やアレルギーが少ないのである [220]。細菌にさらされる機会の多い子供のほうが、

免疫系が健全に発達しやすいようなのだ。

　細菌の細胞外壁膜を構成している物質にエンドトキシンがある。われわれの免疫系はこのエンドトキシンに対して強い反応を起こす。農家の家のなかは、空気中にエンドトキシンがたくさん浮遊していて、農家で生まれた子供たちはそれを常に吸入しながら育つ。家畜の糞などに含まれる細菌や、農作物や靴についた土壌細菌などである。農家の空気と非農家の空気を採取してそれらに含まれるエンドトキシンの量を比較すると、農家ではエンドトキシン量が非農家の四倍近くだったという。そのような環境で育った農家の子供たちの血液には、エンドトキシンの認識を助ける CD14 というたんぱく質が非農家の子供たちの二倍、微生物センサーの働きをする Toll 様受容体 2 が三倍だった。農家の子供たちの免疫系のほうが細菌を感知する能力が高そうなのである。ところが、農家の子供たちから採取した免疫細胞にエンドトキシンを加えて、その反応を非農家の子供たちのものと比較すると、非農家の子供たちの免疫細胞のほうが活発に反応した。つまり、非農家の子供たちの免疫細胞が排除しようとしたものを、農家の子供たちのものは許容したということである。いつも細菌と接触しながら育ったことによって、免疫細胞の許容範囲が広がったものと思われる。このことが、農家の子供たちにアレルギーが少ないことと関係がありそうなのだ[210]。

　ドイツは第二次世界大戦後、1990 年にベルリンの壁が崩壊するまで、西ドイツと東ドイツに分断されていた。二つの国は、政治体制が違っても気候や人種構成などにはそれほどの違いはなかったが、経済的発展は非常に違っていた。西ドイツは経済的に豊かになったのに対して、東ドイツのほうは世界大戦後の貧しいままだったのである。統一されたあとで、二つの地域の子供たちの健康状態を調べたところ、豊かな旧西ドイツの子供はそうでない旧東ドイツの子供にくらべて、花粉症が三倍、そのほかのアレルギー疾患も二倍に達した[196]。どうやら、経済的に豊かになって清潔な生活を享受できるようになるにつれて、花粉症が増えるのは確かなようである。

　実は、1989 年にストラチャンが衛生仮説を提唱する 20 年以上も前に、先に紹介した自己免疫疾患の一種である多発性硬化症に関して衛生仮説と同じような説が提唱されていた[210]。イスラエルで行なわれた調査で、「上水道・水洗トイレ完備で一人一部屋」という環境で子供時代を過ごした人は、「屋

外トイレ、飲み水は雨水、一部屋三人以上」という環境で子供時代を過ごした人よりも、のちに多発性硬化症を発症するリスクが高かった。

このようなことから、花粉症などのアレルギー疾患が「文明病」と呼ばれることがある。しかしこれは、そのような病気のない地域は文明化されていないということを意味するので、適切な言葉ではない。本当はどちらがより文明化しているかは分からない。

糞便を口にするとアレルギーになりにくい？

家畜の糞が埃になって舞っている農家で育った子供はアレルギーになりにくいという話をした。これに似た話として、A型肝炎に感染したことのあるひとは、感染したことのないひとよりもアレルギー疾患のリスクが少ないという研究もある。A型肝炎は糞口経路つまり糞を口に含むことによって感染するといわれている。もちろん意図的に糞を食べるわけではなく、糞便が食物や飲料水に混入していたり、埃として空気中に漂っていたりするために摂取されるということである[210]。そのような環境で暮らすひとは、当然ほかにも多様な微生物を摂取していることが考えられる。

さらに、はしか、おたふく風邪、風疹、水疱瘡（みずぼうそう）、ヘルペスウイルスなど空気感染するウイルスの感染にはアレルギーに対する予防効果は認められないのに対して、A型肝炎だけでなく同じように糞口感染するトキソプラズマ（ネコの糞）、ピロリ菌（ヒトの糞）などの感染にはアレルギーへの予防効果が認められたという研究もある[221]。糞便を摂取することが直接アレルギーへの予防になるのかどうかは分からないが、どうやら多くの微生物に晒されるような環境で生活することがアレルギーへの予防になることは確かなようである。

農家のほうが非農家よりもA型肝炎やトキソプラズマの感染者が多いわけではない。従って、病原菌への感染がアレルギーの予防になっているわけではなく、そのような感染が起りやすい環境に付随している大量の微生物がアレルギーのリスクを減らしているのではないかと考えられる。

花粉症を避けるには花粉を遠ざけなければならないか？

屋外で働いていて花粉に晒される機会が多い農家のひとが、室内で働く会

社員よりも花粉症に罹りやすいということはない。実際にはむしろ逆で、衛生仮説の根拠として挙げられているように、農家のひとのほうが花粉症に悩まされることは少ない。もちろん、花粉症に罹ってしまったら、花粉を遠ざけるように努めなければならないが、そもそもアレルギー症を防ぎたければもっと根本的なことから見直す必要がある。

　小さい頃から屋外で遊び、ペットと触れ合うなど、多様な微生物と触れ合う機会を増やすことが、アレルギーの予防になると考えられる。アメリカ・コロラド州デンバーで行われた調査が、この問題の興味深い側面を浮き彫りにしている。住宅でのエアコンの使用によって、室内における空気中のエンドトキシン（細菌の細胞外壁膜を構成するリポ多糖類）の量が半分以下になっていた。一方、ペットを飼っていない家でも、イヌやネコのフケや毛がある程度家のなかに舞い込んできている。つまり、ペットを飼っていなくても、アレルギーを予防してくれる微生物が少ないのに、アレルギーの元になるアレルゲンが浮遊しているという困った状況があるという [210]。

長い進化の歴史を通じて共生してきた細菌叢の破壊 ——旧友仮説

　衛生仮説は清潔な生活と花粉症の増加の間に相関があるというものだが、これらの間の因果関係は必ずしも明らかではない。衛生仮説を強く主張する人のなかには、少し不衛生な生活をした方が免疫力を高めるのによいという人もいる。そのような考えが正しい可能性はあるが、近年になって少し観点を変えた説が台頭してきた。

　それが「旧友仮説」である [222]。人類進化の長い歴史を通じて付き合ってきた細菌たちに、最近あまり接触しなくなったことが原因ではないかというのだ。そのような「旧友」細菌には、清潔な生活によって遠ざけてしまったヒトや家畜の糞便に含まれる細菌や土壌細菌、抗生物質の使用によって腸内微生物叢から取り除かれてしまった細菌などが含まれる。

　なにしろわれわれの体にある遺伝子のおよそ99％が細菌のものであり、そのような遺伝子が環境に対するわれわれの適応において重要な役割を果たしてきたことは確かである。細菌は30分程度の短い時間で分裂を繰り返す。世代交代が速い分、環境変化にも迅速に対応できる。われわれの体は、多様な細菌と一緒に作り上げている一つの生態系であるが、それを構成している

細菌の多様性が急速に減少してきたことが、花粉症などのアレルギー疾患や自己免疫疾患が増えてきた原因なのかもしれない。

　免疫系は一つの学習装置である。生まれてきたときに、そこにはほとんど情報は蓄えられていないが、成長する過程でほかのひとや環境との接触を通じて情報が蓄えられていき、健全な免疫系が形成される。外界からの情報として重要なのが、細菌など微生物からのものである。生まれた直後から赤ん坊はたくさんの細菌に曝されるが、その多くは人類進化の過程で昔から馴染みの細菌であり、いわば「旧友」といってもよいものである。そのような「旧友」からの刺激が十分でないと、健全な免疫系が形成できないようなのである。

　免疫系が十分に発達すれば、病原性の細菌が侵入しても活動が抑え込まれて悪さができない。アレルギーの原因となる物質をアレルゲンというが、免疫系の発達に問題があると、病原性の細菌だけでなく、免疫系が花粉、埃、特定の食べ物をアレルゲンと見なして攻撃するようになる。多様な「旧友」細菌との出会いを通じて、免疫系はバランスのとれた反応ができるようになるが、そのような出会いがないと、反応する必要のない花粉などのアレルゲンに過剰に反応するようになってしまうのだ。赤ん坊の健全な発達のためには、母親とのスキンシップが大切だというのには、スキンシップを通じて「旧友」細菌との出会いの機会が増えるということもあると考えられる。

　農家で育った子供のほうが非農家の子供よりもアレルギーに罹りにくいという話をした。農家にはウシやウマなど植物食の家畜がいることが多いが、植物食の動物の腸内微生物叢には、ヒトのような雑食性のものにくらべてより多様な細菌叢が見られる。同じヒトでも肉食の傾向が強いひとの腸内微生物叢は単純になる。多様な腸内細菌叢をもった家畜に囲まれて育つことによって、「旧友」細菌との出会いのチャンスが増えるということがありそうである。

　腸内細菌ではないが、オーストラリア・西オーストラリア大学のロビン・ウォーレン (Robin Warren) とバリー・マーシャル (Barry Marshall) は 1980年代に、ヒトの胃のなかのピロリ菌 (Helicobacter pylori) が胃潰瘍や胃がんの原因になることを明らかにした。ピロリ菌が胃潰瘍の原因ではないかと疑ったマーシャルは、自分自身でピロリ菌を飲むという人体実験を行ない、急性

の胃炎を患ったという。その後ピロリ菌が胃潰瘍や胃がんの原因になることが示されたのである。マーシャルとウォーレンはこの業績で 2005 年のノーベル医学生理学賞を受賞した。このようなことから、抗生物質を使ってこの細菌を根絶させることが行われてきた。

ところが最近になって、ピロリ菌にはヒトの健康の役に立っている面があることが、明らかになってきたのである。ピロリ菌をもたない子供は喘息やアレルギーを発症しやすくなるという。この細菌を取り除いてしまうと、免疫系は病原菌など攻撃すべき標的と、花粉など本来は攻撃する必要のない標的とを見分ける力を失ってしまうようなのだ [161]。どうやらピロリ菌もわれわれの旧友だったようである。

ピロリ菌はもともとヒトの病原菌だったようであるが、ヒトとピロリ菌は長いつき合いを通じて現在の安定した関係を築き上げてきた。その結果として、ピロリ菌をもたない子供は喘息やアレルギーを発症しやすくなってしまったのだ [223]。

「旧友」といっても、いつもわれわれにとって良いことばかりをしているわけではなく、ピロリ菌は宿主のヒトが歳をとると胃がんの原因になることもある。これもまた根本的な原因は健全な免疫系が崩壊したためだと考えられる。少なくとも子供時代にはピロリ菌はわれわれにとって「旧友」といってもよい存在なのである。

子供時代にピロリ菌が重要だとしても、成人してからのこの細菌の除去は、抗生物質の使用に伴う弊害以外そのひと個人にとっては問題ないように思われるかもしれない。しかし、成人がピロリ菌をもたなくなれば、子供にこの「旧友」細菌が受け渡される機会がなくなってしまうのである。今日の欧米型社会ではピロリ菌をもつ子供は 10％程度しかいないという [1]。100 年前にはだれの胃にもこの菌がいたことを考えれば、これは危機的な状況なのかもしれない。

ピロリ菌を除去するために使われた抗生物質も問題であった。抗生物質は長期にわたり腸内微生物叢を攪乱する効果があることが報告されている [224]。もともと腸内にいる細菌叢は栄養などをめぐって病原菌と競合する関係にあるので、それが攪乱されるということは病原菌につけ入る隙を与えるということである。抗生物質によって除去された細菌の多くはいずれ戻って

くるが、永久に失われたままになる細菌もいるのだ[225]。腸内細菌叢はさまざまな方法で病原体の侵入を防いでいる。普段から棲みついている細菌を常在細菌というが、彼らが腸内の壁にびっしりと張り付いていて、病原体が入り込む余地を与えないようにしている。病原体との間に餌をめぐる競争もあるし、阻害分子を出して病原体を攻撃する。そもそもヒトが使う抗生物質もそのようなものなのである。それが、病原菌だけでなく常在細菌をも退治してしまうことが問題なのである。

ピロリ菌は、食欲の生理機能に関わるペプチドホルモンのレプチンとグレリンの産生に関与している。これらが欠乏すると肥満や2型糖尿病にかかりやすくなるという[1]。今世紀初頭まで、ピロリ菌は胃潰瘍や胃がんの原因になる病原体と考えられたが、実際には複雑なシステムの一部であり、これを取り除くことは、さまざまな方面に予測できない影響を及ぼすのである。

この章の冒頭に引用した三人の言葉にあるように、悪いものは徹底的に退治してしまおうという近代西洋医学には、意外な落とし穴が潜んでいたのである。

ただし、ピロリ菌がヒトの胃の中から失われつつある状況は、先進工業国ではこの菌が胃潰瘍や胃がんの原因になるとして除去されるようになる前から始まっていた[9, 226]。過去100年間を通じてピロリ菌の感染率が減少しているのである。先進工業国における衛生状態の改善が関与していると思われる。さらに抗生物質の使用がそれに拍車をかけてきたようである。

ピロリ菌は胃潰瘍や胃がんの原因になるということで、失われつつある共生細菌としてたまたま注目されるようになったものであるが、人知れず失われてしまった共生細菌も数多くいたと思われる。

第4章で紹介したような狩猟採集民や伝統的な農耕を続けている人々の腸内細菌叢の研究は、われわれの祖先がもっていてすでに失われてしまったもののなかから、かけがえのない旧友を探し出すためにも重要であろう。

「旧友」細菌との出会いがなぜ少なくなったのか？

旧友仮説によると、近年になって花粉症などのアレルギー疾患や自己免疫疾患が増えているのは免疫系が発達する時期に「旧友」細菌に触れる機会が少なくなったのが原因だという。それではなぜ少なくなったのであろうか。

一つの原因としては、特に都会に住む子供たちは土に触れる機会が少なくなったことが挙げられる。ニューヨークのマンハッタン島の土地の面積は 59 平方キロメートルであるが、屋内の床面積はそのおよそ三倍にもなる 172 平方キロメートルだという [227]。都市生活者はそれだけ土から離れた生活をしているのだ。われわれの祖先は数百万年前に樹上生活から地上生活に移行して以来、ずっと土の上で生活してきた。土のなかには土壌細菌がたくさん生息しているが、われわれの祖先は数百万年間、それらの細菌と接してきたのである。近年のインドア生活の徹底は、人類進化史上の大きな変化であり、ノースカロライナ州立大学のロブ・ダン（Rob Dunn）は、現代人をホモ・インドオルス（*Homo indoorus*；インドアのヒト）と呼んでいる [228]。

　もう一つの原因は、清潔にこだわり過ぎることにあるようだ。このようにいうと、衛生仮説と同じではないかといわれそうだが、「旧友仮説」を主張する人たちが「衛生仮説」という言葉を特に嫌うのは、あたかも病原菌にも触れることを推奨しているようにとられるからなのだ。赤ん坊が自分の指を舐めたりしても、現代日本のたいていの住宅環境においては病原菌に触れる可能性は少ないと思われる。むしろ「旧友」細菌と触れ合うよい機会なのだ。近年になって病原菌を恐れるあまり、消毒薬が過剰に使われる傾向が見られる。消毒薬は病原菌だけを選択的に退治するものではなく、われわれの「旧友」を含めてすべての細菌を退治してしまうのである。われわれの皮膚にもたくさんの細菌が生息しているが、あまりにも頻繁に洗うと「旧友」も失ってしまうことになる。

　極端な衛生仮説支持者のなかには、せっかくの細菌と出会う機会を失うことになるから、手は洗わない方がよいと主張するひともいるが、現代社会ではやはり手を洗うということは感染症を防ぐためには有効な手段であることは確かである。要はあまり極端になってはいけないということである。

　清潔に保つということは、感染症から逃れるためには大切なことである。ペストやコレラなどの感染症がヨーロッパの都市をたびたび襲い、おびただしい数の人が亡くなった。1854 年に勃発したクリミア戦争に看護師として従軍したフローレンス・ナイチンゲール（Florence Nightingale；1820 ～ 1910 年）は、清潔さがコレラなどの病気の抑制につながることを実証した。その当時、病気の原因は、湿地、墓地、下水などから発生する悪臭、つまり

瘴気であると考えられていたが、19世紀の末までに「細菌が伝染病の原因
である」という新しい考えが確立したのである。こうして20世紀を通じて、
消毒薬を使って身の回りを清潔に保つということが行なわれるようになっ
た。このことと、次に紹介する抗生物質の発見と併せて、いまだに脅威が残
るものの、細菌による伝染病が次第に制圧されつつあるように見えるが、そ
れが行き過ぎて「旧友」を失うという状況が生まれているのである。

　さらに深刻な原因として、細菌を退治するために使われる抗生物質が挙
げられる。1928年にアレクサンダー・フレミング（Alexander Fleming；
1881〜1955年）がアオカビから見つけたペニシリンが最初の抗生物質で
ある。しかし、実際には人類として最初に抗生物質を使ったのはフレミング
ではないようである。古代ギリシャ人は、カビの生えたパンを傷口に当てて
感染を防いだという[161]。この処置はカビの出す抗生物質によって感染症を
防いでいたものと考えられる。

　フレミング以来多くの抗生物質が発見され、抗生物質は第二次世界大戦
後になって急速に普及した。現代の日本で、抗生物質の世話になったこと
のないひとはほとんどいないであろう。抗生物質はこれがなければ生きる
ことが出来なかったはずの感染症患者をたくさん救ってきた。また医療で
使われる抗生物質は細菌の発育あるいは機能を阻害するように効くが、た
いていはヒトの細胞にはあまり害を与えないと考えられてきた。例えばペ
ニシリンなどある種の抗生物質は細菌の細胞壁合成を阻害するが、ヒトの
細胞は細胞壁をもたないので影響を受けない。またストレプトマイシンは
たんぱく質合成を阻害するが、これも細菌に固有の性質に作用する。その
意味では抗生物質はあまり副作用がない薬だといえる。そのために広く使
われてきたのである[229, 230]。

　多くの抗生物質はいくつかの特定の病原性細菌を標的にするようにデザイ
ンされているが、たいていのものは広範囲の細菌を退治するので、一つの抗
生物質がさまざまな病気の治療に使われる。そのために、肝心の病原菌を退
治してくれるのはよいが、腸内細菌叢にも深刻な影響を与え、われわれの「旧
友」も一緒に取り除いてしまう恐れがある。通常は抗生物質によって取り除
かれた細菌叢は次第に回復するが、時には永久に失われてしまう細菌もある
のだ[225]。腸内微生物叢の細菌たちは、お互いに複雑な関係を築いているの

で、抗生物質が直接作用しない種類であっても、抗生物質によって取り除かれた細菌の代謝産物に依存して生きているようなものは大打撃を受けるのである。

　免疫系が発達する赤ん坊の時期には特に、抗生物質の使用は必要最小限にとどめなければならない。またどうしても必要な場合には、そのあとで「旧友」細菌を補充してあげるという配慮も必要かもしれない。

　アメリカでは、抗生物質のおよそ 70％がヒトではなく動物に投与されているという [210]。それも感染症を抑えるためだけでなく、家畜の成長を促進する目的のために使われることが多い。低用量の抗生物質を投与されたニワトリが、投与されなかったニワトリよりも大きく育つという実験は、すでに1963 年に行われていた [9]。低用量の抗生物質使用で、家畜の肉量が 20％近くも増量するのである [229]。そのために、アメリカの畜産業界では家畜を大きく育てるために抗生物質を投与するということが広く行われてきた（アメリカでも 2014 年からこのような抗生物質の利用を段階的になくし始めたが）。このことが及ぼす影響は、広範囲に及んでいる可能性がある。抗生物質を投与された家畜の肉や乳を摂取することによる影響、さらにそのような家畜の糞尿を肥料として育てられた野菜を食べることによる影響などである。有機農法だからといって、この深刻な問題から逃れることはできないのだ。

　抗生物質に対する大きな懸念としては、それが効かなくなる耐性菌の発生という問題があるが [229]（**コラム 3**）、腸内細菌叢に与える影響もこのように深刻なのである。たとえ微量であっても、抗生物質は腸内微生物叢に影響を与えるという研究もある。

　また、2016 年からアメリカでは使用禁止になったトリクロサンという抗菌剤は、手の消毒剤や歯磨きなどに広く使われてきた成分であるが、これも腸内細菌に直接影響を及ぼしてきたと考えられる [210]。トリクロサンもこれを使っているひとに対して問題となるばかりでなく、環境に蓄積することが大きな問題になるのである。

　ここで「抗菌剤」という言葉が出てきたが、これは細菌を退治したり、増えるのを抑えたりする薬のことをいう。その中で微生物が作ったものを抗生物質と呼ぶのである。抗生物質は細菌叢を破壊する以外にあまり副作用のな

い薬だと述べたが、必ずしもそうとは限らないようである。オキサゾリジノンという合成抗菌剤があるが、これは真正細菌のリボソームに結合してたんぱく質合成を阻害することによって真正細菌を退治するようにデザインされている。真核細胞のリボソームは真正細菌のものとは少し違うので、オキサゾリジノンがこれを阻害することはない。ところが、オキサゾリジノンがミトコンドリアのたんぱく質合成を阻害することが明らかになってきたのである[231, 232]。ミトコンドリアはわれわれが生きていく上で重要な器官なので、これによりさまざまな障害が発生する。第2章で紹介したように、ミトコンドリアはもともと真正細菌が細胞内共生したものであり、そのたんぱく質合成系は基本的には祖先のものが引き継がれているので、このようなことが起こるのは当然である。オキサゾリジノンのように真正細菌のリボソームに作用する抗生物質は多いので、同じような副作用の危険性が考えられる。

■コラム3　ヒマラヤの氷河でも見つかる抗生物質耐性遺伝子

　ペニシリンを発見したフレミングは、1945年のノーベル医学生理学賞を受賞したが、その受賞講演で、抗生物質によって多くのヒトが救われであろう明るい未来について述べている。そして、「無知な人が不十分な量の薬ですませるようなことがあれば、殺されるに至らない薬にさらされた細菌は耐性を得るだろう」と警告した[233]。まもなくフレミングの心配は現実のものとなった。畜産業で肉の量を増やすためにさえ使われるほど乱用された結果、現在ではほとんどの抗生物質に対する耐性菌が確認されている。

　第4章で、海藻の消化を助ける酵素ポリフィラナーゼの遺伝子が水平伝達で日本人の腸内細菌に入り込んだ話をした。抗生物質に対する耐性遺伝子も同じように細菌の種間を水平伝達する。国立極地研究所の瀬川高弘（現・山梨大学）らは、辺境の地の氷河に生息する細菌にもこの耐性遺伝子が見つかるかどうかを調べた[234]。その結果、北極や南極を含む地球上の広い範囲の氷河から多くの耐性遺伝子が検出された。ただし、南極氷床の表面積雪からはアメリカやソ連の飛行場として利用されていた場所からのみ検出され、ほかでは検出されなかった。しかし、ユーラシアの高山帯（中央アジア、崑崙、ネパールヒマラヤ、ブータンヒマラヤ）の氷河、アフリカ高山の氷河、グリーンランドやアラスカ

の氷河などでさまざまな抗生物質耐性遺伝子が見つかったということで、人間活動のインパクトの大きさが実感できる。

　1927年に飛行機による大西洋単独無着陸飛行を達成したことで有名なチャールズ・リンドバーグは、1933年に北アメリカ・デンマーク間を飛行する際に、グリーンランド上空1万メートルの高度で空中を浮遊しているサビ病菌という真菌の胞子を採集した。コーヒーのサビ病菌は旧世界でしばしばコーヒー農園に壊滅的な被害を与えてきたが、1970年頃に貿易風に乗ってブラジルにまで到達したという [4]。このように微生物の拡散能力には目を見張るものがある。

寄生虫も「旧友」か？

　人類の長い進化の歴史を通じてわれわれの祖先が付き合ってきた「旧友」細菌が失われた結果として、アレルギー疾患や自己免疫疾患が増えてきたという「旧友仮説」を紹介した。ところがわれわれの「旧友」には細菌だけではなく、寄生虫も含まれるようである。科学ジャーナリストのモイゼズ・ベラスケス＝マノフ (Moises Velasquez-Manoff) の著書『寄生虫なき病』[210] は、著者自身がアレルギー疾患と自己免疫疾患の患者であり、自分の病気の治療のために自ら進んでコウチュウ（鉤虫）という寄生虫に感染するところから始まっている。ベラスケス＝マノフは、寄生虫感染がアレルギー疾患と自己免疫疾患に対して有効な治療法であることは認めるものの、現時点でのこの治療法のさまざまな問題点も指摘している。「発展途上国の人々とは腸内細菌も免疫機能もかなり異なってしまっている現代先進諸国の人間が、大人になってから突然、多数の寄生虫を体内に取り込んだらどんなことになるか、誰も考えていない。長期的なコストは、まだ誰にも分からないのである」と述べている。

　日本ではもっと前から、東京医科歯科大学名誉教授の藤田紘一郎がサナダムシとも呼ばれるニホンカイレットウジョウチュウ（日本海裂頭条虫；*Dibothriocephalus nihonkaiensis*）を自分に感染させたことで有名である [235]。藤田自身も花粉症で悩まされていたが、サナダムシを体内で飼い続けるようになってからは、花粉症は起こらなくなったという。サナダムシもわれわれ

の「旧友」だったようである。

　ニホンカイレットウジョウチュウは感染すると軽い下痢や腹痛、体重減少を引き起こすことがあるが、普通ほとんど症状はない。ヒトの小腸のなかで毎日20万個の卵を産むが、糞と一緒に排泄された卵をケンミジンコが食べ、そのケンミジンコをサクラマスが食べ、そのサクラマスをヒトが食べることによって感染が広がるのである。このサナダムシの卵をヒトが食べても、ヒトの体内でサナダムシが育つことはない。ヒトの糞と一緒に排泄された卵は水中で孵化し、ヒトに感染するためには水中を遊泳する幼虫が、第一中間宿主であるケンミジンコに食べられることが必要で、その体内で成長する。次に第二中間宿主であるサクラマスがそのケンミジンコを食べることも必要なのである。そのような二つの中間宿主を経てヒトに感染することによってはじめて増えることができる。

　ヒトカイチュウ（ヒト回虫；*Ascaris lumbricoides*）もまたサナダムシと同様にヒトに対してほとんど悪さをしない。ヒトの食べた栄養を少し横取りする程度なのである。寄生虫は細菌ではなく真核生物がほかの真核生物に寄生するものであるが、これには、赤痢アメーバやマラリア原虫など単細胞の原虫類とサナダムシ（扁形動物）、カイチュウ（線形動物）、コウチュウ（線形動物）など多細胞のものが含まれる。寄生虫にはこのほかにノミやダニなどもいるが、これらは外部寄生虫と呼ばれる。

　北海道のキタキツネが媒介するエキノコックス (*Echinococcus*) という寄生虫がいる。サナダムシと同じ扁形動物である。エキノコックスはキタキツネの小腸に寄生し、糞便中に卵として排泄される。この卵がエゾヤチネズミに食べられると、肝臓で幼虫になる。このエゾヤチネズミをキタキツネが食べると、小腸のなかで成虫になるのである。エキノコックスはこのようにキタキツネとエゾヤチネズミの間を行ったり来たりしているが、その間に宿主の動物にそれほど深刻な悪さをすることはない。ところが、キタキツネの糞が飲料水に混じったりして、一緒にエキノコックスの卵がヒトの口に入ることがある。ヒトの体内に入ったエキノコックスは肝臓で病変を起こす。この病変は非常にゆっくりしたもので、普通10年から15年かかってはじめていろいろな症状がでるという。黄疸ができて、ガンのような症状で死に至ることが多い。

エキノコックスにとってヒトは本来の宿主ではない。宿主を殺してしまうようなことは、寄生虫にとっては賢明な戦略ではないはずである。自分も一緒に死んでしまうからだ。このようにヒトに重篤な病気を引き起こす寄生虫はたいてい本来ヒトを宿主としていないものである。それに対して、サナダムシやカイチュウは長い進化の歴史を通じてヒトと関りをもっていたもので、そのような寄生虫はヒトにとって深刻な悪さをしない。つまりヒトとそれらの寄生虫の関係は、「旧友」と呼んでもよいようなものになっているのだ。ヒトカイチュウの考古学記録で最も古いものは、南アフリカのクルーガー洞窟のもので、今から1万〜7000年前のものである[236]。

　細菌にしても寄生虫にしても、ヒトを殺してしまうような病原体はもともとヒトを宿主としていたものではないはずである。そのような恐ろしい病原体であってもいずれ長い進化のあとには、宿主との間に安定した関係が築かれるであろう。病原体にとっても、宿主を重篤な病気に陥らせることなく、共存関係を続けられるような道を採るほうが、自身の繁殖という点からも有利になるのだ。従って、われわれにとって「旧友」のような関係にある寄生体も、われわれの遠い祖先にとっては「敵」だった時代もあったのである。まさに、「昨日の敵は、今日の友」だ。アブラムシをはじめとした昆虫類の内部共生微生物の研究で有名な故・石川統（1940〜2005年）は、「今日の敵は、明日の友」と言っている[237]。今はヒトにとって恐ろしい病原体であっても、いずれは友になるというのである。

　確かに重篤な病原性をもつものの多くは出会って間もない宿主である場合が多く、たいていの病原体は時間が経つにつれて宿主との間に安定した関係を築く。しかし、いつもそのような方向に進むとは限らず、石川も述べているように、すべての病原体が「旧友」になるわけではなく、またすべての「旧友」がもとは病原体だったわけでもない[137]。

「旧友」ウイルスもいるのか？

　ヒトのゲノムを「第一のゲノム」と呼ぶとすると、われわれの体に棲みついている細菌叢の遺伝子の集合である「第二のゲノム」は「第一のゲノム」のおよそ100倍もある。ところが、「第一のゲノム」を構成するDNAのおよそ8％もまた、過去に侵入してきたウイルスのものである。従って、細

菌や寄生虫と同じようにウイルスもまた、われわれの進化の歴史を通じて深く関わりあってきたものなのだ。

　ヒトのエイズ（AIDS、後天性免疫不全症候群）は、ヒトエイズウイルス（HIV、ヒト免疫不全ウイルス）の感染によって起こる病気である。ヒトエイズウイルス HIV には、HIV1 と HIV2 の 2 種類が知られているが、HIV1 のゲノムの塩基配列は、チンパンジーから分離された SIV（サル免疫不全ウイルス）というウイルスのものに近く、HIV2 はスーティーマンガベイ (Cercocebus atys) というアフリカのオナガザルから分離された別の種類の SIV に近い。従ってこれらのウイルスはアフリカのチンパンジーやスーティーマンガベイからヒトにそれぞれ感染したものと考えられる。ただし、HIV1 の本来の宿主はチンパンジーではなく、アフリカに生息するもっと小型の二種類のサルであるシロエリマンガベイ (Cercocebus torquatus) とクチヒゲグエノン (Cercopithecus cephus) にそれぞれ寄生していたウイルスが組換えを起こしてできたものだといわれている。これらのウイルスは本来の宿主に感染してもエイズを発症させるわけではなく、新しい宿主であるヒトに感染すると深刻な症状をもたらす。従って、例えば HIV2 はスーティーマンガベイにとっては「旧友」ウイルスなのかもしれない。

　ウイルスは海水中にもたくさん含まれている。1989 年に発表された論文では、北大西洋の海水 1 ミリリットル中に 1500 万個のウイルスがいると報告されている[238]。セラミドという脂質は老化防止用のクリームに入っているが、海生のウイルスの遺伝子によるセラミドの合成が、それが共生している藻類の寿命を延ばしているという説がある[4]。それが本当であれば、このウイルスは藻類にとっての旧友だといえるかもしれない。

細菌以外の腸内微生物叢

　腸内微生物叢の話の主役はたいてい細菌であり、微生物叢が細菌叢と同義語として使われていることもある。しかし、ウイルス、真菌、原生生物などもまた腸内微生物叢を構成しているメンバーである。ただし、病原体としての働き以外は、これらの微生物が腸内でどのような役割を果たしているかについては、まだよく分かっていないことが多い。それでも、彼らの存在もわれわれが生きていく上で重要であることが次第に明らかになりつつある。特

に衛生仮説や旧友仮説が指摘してきたように、これらの微生物も健全な免疫系が育つためにも必要なものかもしれないのである。

　たいていの細菌にはウイルスが共生しているので、われわれの腸内にも、腸内細菌に共生しているものを中心にたくさんのウイルスがいる。腸内微生物叢におけるウイルスと細菌との間には個体数変動に相関がある⁽²⁸⁾。しかし、個体数変動のパターンは、捕食者・被捕食者の関係があった場合に予想されるような周期変動ではなく、変動の背後にある機構はよく分からない。炎症性腸疾患 (IBD：Inflammatory bowel disease) という病気がある。クローン病や潰瘍性大腸炎などである。この疾患の原因はよく分かっていないが、患者の腸内細菌叢全体の多様性が減少し、フィルミクテス門の細菌が減少する一方で、大腸菌などのプロテオバクテリア門の細菌が増加しているという。腸内ウイルス叢の変化がこの病気に伴う炎症や腸内細菌叢攪乱の引き金になっているという説がある⁽²³⁹⁾。

　腸内微生物叢の中で真菌も重要な役割を果たしているようである。炎症性腸疾患の患者の腸内の真菌叢が健康なひとのものにくらべて顕著に違っているという報告がある⁽²⁴⁰⁾。真菌の中の二つの主要なグループである担子菌門と子嚢菌門の腸内での個体数には、強い負の相関がある。つまり、一方が増えると他方が減るという関係があるのだ。炎症性腸疾患の患者の腸内では、健康なひとにくらべて担子菌の比率が増える。このような変化が単に疾患に付随した結果なのか、あるいは疾患を引き起こす原因なのかは分からないが、健康なヒトの腸内でも真菌は何らかの働きをしていると思われる。

　口絵1の真核生物の系統樹マンダラで示された主要な系統の多くで動物の体内に共生しているものが見いだされる⁽²⁴¹⁾。そのうち、ヒトの腸内で見いだされるものだけでも、菌界（真菌）、ブラストシスティスなどのストラメノパイル、クリプトスポリジウムなどのアルベオラータ、ランブル鞭毛虫などのメタモナーダ、エントアメーバなどのアメーバ、カイチュウなどの多細胞動物というように分類学的にも多岐にわたるものがある。その中には病原体と見なされるものもいるが、最近はわれわれの健康への貢献が評価されているものが増えている。

　真核生物のうち、真菌や藻類を除く単細胞生物は原生生物と呼ばれているが、これは進化的にまとまったグループではない。ヒトの腸内の原生生物で

一番よく見られるものがブラストキスティス・ホミニス (*Blastocystis hominis*) である。ブラストキスティス（英語読みはブラストシスティス）は、**口絵1** の真核生物系統樹マンダラで示されているコンブなど褐藻と同じストラメノパイルに属する原生生物である。ブラストキスティスは下痢の原因といわれていて、病原体と見なされることが多い。ところが、この原生生物は健康なヒトの腸内でも見られるものであり、腸内細菌叢と同じようにわれわれの健康に対して何らかの役割を果たしている可能性がある [242]。細菌にくらべると数の上では少ないが、腸内原生生物はからだが大きな分、腸内微生物生態系における影響力は大きいかもしれない [243]。

　アメーバ界のエントアモエバ属 (*Entamoeba*) もヒトの腸内原生生物である。この属の赤痢アメーバ (*E. histolytica*) は、赤痢症状を起こす病原体として知られているが、エントアモエバ属の多くの種は病原性をもたない共生体であり、ヒト以外の霊長類の多くの種で見られる [244]。エントアモエバやブラストキスティスは野生の霊長類の多くの種で普通に見られるので、ヒトにとっても旧友といえるものなのかもしれない。

ウイルスを使って病原菌を退治する

　抗生物質は、それなしでは救えなかったはずの多くの命を救ってきた。一方で、多くの抗生物質は標的とする病原菌以外の細菌も一緒に退治してしまうために、腸内微生物叢に深刻なダメージを与えてきた。従って、抗生物質の使用は必要最小限にとどめなければならない。またなるべく病原菌だけに効くような抗生物質の開発も望まれる。

　最近では、病原菌に感染するものを使って退治する方法が注目されている [245]。それは細菌に感染するウイルスのことで、バクテリオファージあるいは単にファージと呼ばれるものである。腸チフスはサルモネラ属のチフス菌 (*Salmonella enterica*) によって引き起こされる病気であるが、1948 年当時この菌に対して効果的な抗菌剤はなかった。その頃、死にかかっていた腸チフス患者に対して、チフス菌に感染するファージを注射したところ、直ったという。しかし、ちょうどその頃に抗生物質が華々しく登場してきたので、このファージ療法はほとんど顧みられずに廃れてしまった。ファージはたいてい特定の細菌にしか感染しないので、特定の病原菌に感染するファージが

手に入れば、ほかの細菌叢にはダメージを与えずに病原菌を退治できることになり、今後有望な薬になることが期待される。

　このような治療法は、農作物の害虫を駆除するために寄生バチを使うのとよく似ている。タイで主要な農作物であるキャッサバを食い荒らすコナカイガラムシが問題になっている。その駆除のために寄生バチが放たれている。このアナギルス・ロペジ (Anagyrus lopezi) という寄生バチのメスは、コナカイガラムシの体内に産卵する。卵が孵化すると、幼虫は宿主の体を食い尽くして殺し、体外へ出るというコナカイガラムシにとっては恐ろしい天敵である [246]。このような害虫の原産国から天敵を持ち込んで害虫の拡散を防ぐ「生物的防除」は、農薬のように害虫以外の生態系も破壊してしまうようなことがなく、今後も発展が期待される方向である。

悪玉菌は退治すべきか？

　腸内細菌に関して、善玉菌と悪玉菌というように二つに分類されることがよくある。悪玉菌はヒトの健康に対して悪い作用をするので取り除かなければいけないものなのだろうか。悪玉菌が悪い作用をするのは、腸内微生物叢が乱れて不健康な状態になったからであり、健康な状態であればこれらの菌が悪い作用をするのは抑え込まれている。そのような釣り合いのとれた状況を目指すべきであり、悪いものを徹底的に除去しようというやり方は、腸内微生物叢全体に対して予測できない悪影響を与える可能性がある。この章の冒頭にも出てきた腸内細菌学の先駆者である光岡知足によると、善玉菌、悪玉菌、日和見菌が２：１：７の割合で存在することが大事だという [150]。

　そもそも悪玉菌だけをやっつけることはできない。抗生物質は攻撃対象が広いものが多く、意図せずに多くの細菌も一緒に殺してしまうのだ。抗生物質の作用は、農業における殺虫剤の作用に似ている。農作物に被害を与える「害虫」を退治するために殺虫剤を使うと、その付近にいる小さな生き物も無差別に殺してしまう。そのため、「害虫」の天敵であるクモやハチなども殺してしまうのである。

　自然の状況では「害虫」によるある程度の食害は避けられないが、天敵によって制御されているために、「害虫」がむやみに増えることはない。ところが、殺虫剤はこのようなバランスのとれた系を破壊してしまうのである。

こうして状況はきわめて不安定になる。こうなってしまうと殺虫剤を使い続けない限り、天敵のいなくなった「害虫」が一挙に大発生することも起こり得る。

　この章の冒頭のアルベルト・シュヴァイツァー（Albert Schweitzer；1875 ～ 1965 年）の言葉は、マイケル・フォックス (Michael Fox) の本に引用されていたものである。フォックスは、「蚊やダニやサナダムシ、そして細菌やウイルスは、われわれに病気をもたらす。われわれに害を及ぼす以外に価値のないものが、なぜこの地球上に存在しているのか」と問う。このような疑問は、人間の利益のみに基づくものの見方であり、そのような偏った見方はそれらの生き物に対する見当違いな評価を導く。生き物はすべて生態系の一員としての長い進化の歴史をもっている。そのような生態系のなかでは、植物と植物食獣、さらに肉食獣といった食物連鎖の関係、寄生虫や病原体と宿主の関係、共生関係など相互依存の関係がある[208]。

　フォックスは次のようなたとえ話を挙げている。吸血性のダニは確かにわれわれにとって迷惑な存在に思われる。ダニに噛まれると不快だし、ツツガムシ病などの病気を媒介するダニもいる。ここでネズミの血を吸うダニが絶滅したとする。ネズミは健康になって繁殖力を増して増えるであろう。ネズミが増えた分、食べ物で競合するシカは減るであろう。そうなると、シカを捕食していたクマやトラが餌に困ることになる。一方、ネズミを捕食するヘビやキツネ、フクロウなどは食べ物が増えた分、個体数を増すことであろう。しかし、ネズミの急速な個体数増加に周りの状況が追いつかないことがある。なにしろネズミは生まれて間もなく繁殖できるようになり、しかも妊娠期間も短いので、餌のネズミがいくら豊富でも捕食者の増加が遅れ気味になる。そうなると、ネズミの個体数は環境が抱え得る限度の臨界密度に達して個体群が崩壊してしまう。そして、ネズミを捕食していたヘビ、キツネ、フクロウなども餓死してしまう。

　この例からも、種によって重要性に差がないことは明らかだ。試しにダニについて見てみたが、ダニが何の役に立っているかと問うのではなく、生態学的全体のなかでダニが占めている位置を認識すべきなのだ。すべての生き物は地球生態系全体のなかの一員であり、そのなかで占める位置は長い進化の結果として獲得されたものなのである。

上で紹介したダニの話と似たようなことは、腸内微生物叢でも見られる。善玉菌と悪玉菌に分けて悪玉菌はみんなやっつけてしまおうという発想はよくないのである。いわゆる「悪玉菌」も抱えながら、なんとかうまく生きていくことを考えなければならない。「無事に過ごす」ということは、順風満帆の状態で勇ましく生きるのではなく、この世界の諸々を抱えつつ、手探りしながら生きていくということなのである。全面解決を目指すわれわれの心の習慣が、よりよい生にとって大きな障害になることがある。悪いものはすべて徹底的に取り除かなければならないという現代医学の行き過ぎが、さまざまな問題を生んできたということをこれまで見てきた。

　ここで述べたことはチベット医学に通じるところがある。宗教史学者の中沢新一は次のように述べている[247]：

　「ゲリラは敵の力を絶滅させようとはしません。そうではなくて、敵と共生しながら、自分をできるだけ長く維持させることが、ゲリラのやり方です。それと同じように、チベットの医学は、病気や死を向こうにまわしながら、その絶滅をめざすことなく、病気や死の動きにあわせて、生命の側の力配置を変化させつつ、相手の力が全面化してしまわないようにして、自分をより長く持続させていこうとするのです。……健康であるためには、病気や死を絶滅させようとする必要はないのです。それに、そんなことができると考えること自体、ナンセンスなのです。」

第7章

共生微生物と宿主のせめぎ合い

腸内細菌のおかげでわれわれは利益を得ている。だが、腸内細菌は安全だという誤った感覚に陥ってはいけない。共生微生物はそれでもなお独立した存在であり、それ自身の利益を促進し、それ自身の進化のために戦っている。われわれのパートナーではありうるが、友人ではない。最高に協調的な共生関係にあっても、対立や身勝手な活動、裏切り行為とは、つねに隣り合わせである。
エド・ヨン（2017）『世界は細菌にあふれ、人は細菌によって生かされる』[112]

病原体と共生体の間に本質的な違いは何もない。まわりの状況次第で変わるのだ。
マーティン・ブレイザー、スタンレー・ファルコウ（2009）[226]

共生とはなにか

本書ではこれまで共生細菌というように「共生」という言葉を繰り返し何度も使ってきたが、「共生」とは何なのか定義してこなかった。共生は英語では symbiosis というが、「共に」という意味の sym と、「生きる」という意味の biosis というギリシャ語とからきている。つまり「共生」とは一種類以上の生物がほかの生物種と一緒に生きているということであり、文字通り「共に生きる」という意味であるが、協力とか協調という意味が込められていることが多い。しかし共生関係は、いつもそのように平和的に進んできたわけではない。むしろたいていの場合、宿主と共生体の間には激しいせめぎ合いがある。この章の初めに引用したアメリカのサイエンスライターのエド・ヨンは、ウシツツキ（図7-1）を例に挙げてこのことを説明している。

ウシツツキはウシ科動物、キリン、サイなどの大型植物食動物の体表につくダニなどの寄生虫を食べてくれる。この関係は宿主とウシツツキの双方にとって利益のある相利共生の例として取り上げられることが多い。ところが、ウシツツキはいつも宿主の役に立ってばかりいるとは限らない。彼らは血液を好むので、宿主に傷があると傷口をついばんでそれを広げることさえ

図7-1 アフリカのウシ科インパラ
Aepyceros melampus とその体表につく
ダニなどを食べるアカハシウシツツキ
Buphagus erythrorhynchus

もあるのだ。

　トム・ウェイクフォード (Tom Wakeford) の『共生という生き方』を翻訳した遠藤圭子は、「楽しいばかりでなにも辛いことのないお付き合いなんて、経験したことがなかった」と記している[78]。

　協調関係にある双方はともに利益を得ることもあるが、その関係はこのように常に緊張関係をはらんでいるのである。第3章で紹介した発光細菌を体内に共生させているダンゴイカは、突然変異を起こして発光できなくなった変異体がいるとそれを感知して取り除くという。宿主のダンゴイカにとって役に立たない共生体は追い出されるのだ。

　共生のような関係は本質的に動的なものである。今日宿主に対して利益を与えてくれている生物が、明日には害を与えるものになり得るなど、共生生物間の関係は変わり得るものなのだ。ただし第6章で紹介したように、重篤な病気を引き起こして宿主の命を奪ってしまうような強い病原性は、一般には共生関係の初期に見られるもので、次第に安定した「旧友」のような関係に移行することが多いと考えられるが、それでも宿主と共生体との関係は本質的に緊張したものなのである。味方でもあり、敵でもある関係とでもいえるであろう。

　共生する複数の生物のうちで一番大きなものを宿主、小さなものを共生体と呼ぶことにすると、宿主と共生体との間で考えられる関係としては、**表7-1**のようなものがある。ただし、このような関係は状況によって変わり得ることに注意しなければならない。第6章で述べたように、ピロリ菌はヒトの子供時代に健全な免疫系を形成する上で重要な役割を果たしているが、歳をとると胃がんを引き起こすことがあるということは、相利共生から寄生・病原性に変わることがあるということである。

　また、線虫の一種のカエノルハブディティス・エレガンス (*Caenorhabditis*

宿主 共生体	利益	中立	害
利益	相利共生 mutualism	片利共生 commensalism	寄生・病原性 parasitism・pathogenic
中立	片利共生 commensalism	中立 neutralism	片害 amensalism
害	捕食 predation	片害 amensalism	抗生・競争 antibiosis・competition

表7-1　宿主と共生体の間のさまざまな関係　文献 (248) に倣ったもの.

elegans) は、細菌食であるから、この線虫と細菌の関係は、**表 7-1** の「捕食」に該当する。ところが、細菌は単に食べられるだけの存在ではないのだ[249]。線虫が若いときは、食べられた細菌はほとんど消化されて腸内にはあまり残らないが、線虫の老化が進むと、腸内で消化されない細菌が増える。線虫の腸内では細菌がほかの細菌を攻撃するために抗菌物質を分泌していて、細菌同士の激しいせめぎ合いがある。そのような場に高病原性の細菌が入ってきた場合に、抗菌物質が線虫にとっても防御的に働いているのかもしれない。

　この線虫は有精卵を産めなくなってからも長い余命がある。有用な菌をその環境に播種したり、自分の体内で増殖させたりして、子孫に有益な環境を提供する役割を果たしているのかもしれない[249]。このように**表 7-1** で示した関係は決して固定したものではないのである。

最も古い共生関係にあるミトコンドリア

　現在知られている共生の中で最も長い歴史をもつのが、およそ 20 億年前に始まったと考えられるミトコンドリアの共生であり、あらゆる真核生物の共通祖先で起こったことである。従って、ミトコンドリアはわれわれにとって最も重要な旧友といえるだろう。この共生は、第 2 章で紹介したようにアスガルド古細菌とアルファプロテオバクテリアとの間で始まった。これは現存するアルファプロテオバクテリアの中の特定の系統に近いものではなく、さまざまな系統に分かれる以前のアルファプロテオバクテリアの共通祖先に近いものだったと思われる[250]。

　アスガルド古細菌の祖先はその後、真核細胞の核・細胞質系に進化し、共生したアルファプロテオバクテリアはミトコンドリアやヒドロゲノソームに

進化した。その間、最初は数百万塩基対あったと考えられる共生体ゲノム中の遺伝子は次第に失われていった。現存のアルファプロテオバクテリアのゲノムがコードするたんぱく質遺伝子の数は、834 個から 8000 個以上と幅があるが、ミトコンドリアのゲノムがコードする遺伝子はこれよりもはるかに少ない[251]。真核生物の細胞内という保護された環境では、多くの遺伝子を保持している必要がなくなったのだ。

さらにアルファプロテオバクテリアのゲノム中にあった多くの遺伝子が、宿主の核ゲノムに移行した。その結果、脊椎動物ではミトコンドリアのゲノムサイズはおよそ 1 万 6000 塩基対しかなく、わずか 37 個の遺伝子しか含まないものになっている。これらの内訳は、2 個のリボソーム RNA 遺伝子、22 個の転移 RNA(tRNA) 遺伝子、電子伝達系を構成するたんぱく質をコードする遺伝子 13 個である。ミトコンドリアを構成するたんぱく質はヒトで1000 種類以上あるのに、そのうちの 13 種類しかミトコンドリア・ゲノムにコードされていないのである[252]。大部分のたんぱく質は、細胞質で合成されたあとでミトコンドリアに輸送されるような仕組みになっている。なかでも注目すべきことは、ほとんどの真核生物でミトコンドリア DNA の複製に関与するたんぱく質の遺伝子が、核ゲノムに移行していることである[253]。

動物の場合、ミトコンドリア・ゲノムの突然変異率は核ゲノムにくらべて高くなっている[254,255]。これにはミトコンドリアでは核がもっているようなDNA の複製エラーを修復する機構がないということもあるが、ミトコンドリアの酸素呼吸によって生じる活性酸素が DNA の変異を引き起こすということもある。そのため活性酸素によるダメージを避けるために、DNA 複製酵素遺伝子のようなものは核ゲノムに移されたのかもしれない[256]。

ミトコンドリアの自己複製に関与するシステムが核・細胞質系に委ねられている理由としては次のようなことも考えられる[257]。

DNA 複製にエラーはつきものであるが、ゲノムに DNA 複製酵素がコードされていてそれが複製エラーを起こせば、そのような遺伝子から作られる複製酵素は機能的に劣ったものになり、次世代の DNA 複製の精度は前よりも悪くなる。これを繰り返すと複製エラーはどんどん増幅されることになる。これを「エラー・カタストロフ」という。これを避けるために、ミトコンドリアの自己複製に必要な遺伝子は精度の保証された核・細胞質系に委ね

分類	種名	ゲノムサイズ （塩基対）	遺伝子数
動物界	襟鞭毛虫 *Monosiga brevicollis*	76,568	53
	ヒト *Homo sapiens*	16,569	37
	ヒダベリイソギンチャク *Metridium senile*	17,443	17
菌界	出芽酵母 *Saccharomyces cerevisiae*	85,779	35
	ツボカビ *Spizellomyces punctatus*	61,347	24
植物界	ゼニゴケ *Marchantia polymorpha*	186,609	71
	シロイヌナズナ *Arabidopsis thaliana*	366,924	54
ディスコバ	レクリノモナス *Reclinomonas americana*	69,034	94
ストラメノパイル	ジャガイモ疫病菌 *Phytophthora infestans*	37,957	62
アルベオラータ	熱帯熱マラリア原虫 *Plasmodium falciparum*	5,966	5
	テトラヒメナ *Tetrahymena pyriformis*	47,296	32

表 7-2　さまざまな真核生物のミトコンドリアのゲノムサイズとコードされている遺伝子数　遺伝子数はたんぱく質遺伝子以外にリボソーム RNA や転移 RNA の遺伝子も含む．文献 (258) の表からの抜粋.

られるようになったと考えられる。動物の場合、ミトコンドリア DNA は核 DNA にくらべて突然変異率が高いが、それはエラー・カタストロフを起こすような自己複製系を含まなくなったために、高い突然変異率でもシステムが維持できるようになったことも関係していると思われる。現在の動物のミトコンドリアは、突然変異で有害なものが生まれれば当然自然選択で取り除かれることはあるが、少なくともそれがむやみに増幅することはないような仕組みになっているのだ。

　現在のミトコンドリアは共生前のアルファプロテオバクテリアとくらべて非常に変わってしまっているが、その変化には遺伝子を失ったり、核に移行させただけではなく、宿主由来と考えられるたんぱく質を使っているということもある[251]。

　表 7-2 にさまざまな真核生物のミトコンドリアのゲノムサイズとそれにコードされている遺伝子数を示した[258]。真核生物全体の中では、植物のミトコンドリアが特に大きなゲノムサイズをもつが、それでも大きい割に遺伝子数は少なく、ゼニゴケでも 71 個である。これは、植物のミトコンドリアではイントロンや遺伝子間にある非コード DNA が長いことによるものであ

る。植物のミトコンドリアの中でも特にゲノムが大きいのが、この表にはないマスクメロン (*Cucumis melo*) であり、274 万塩基対にもなる。これだけ大きなゲノムでも、遺伝子数はゼニゴケよりも少し多いだけの 78 個に過ぎず、核から転移した DNA もかなり含まれている[259]。

　表7-2 に示された遺伝子数にはリボソーム RNA や転移 RNA の遺伝子も含まれるので、たんぱく質遺伝子だけに限るとその数はもっと少なくなる。もともと 1000 個以上のたんぱく質遺伝子をもっていたアルファプロテオバクテリアがその大半を失い（核への移行も含む）、現在のミトコンドリア・ゲノムに残っているのは 69 個以下なのである[260]。動物界では、左右相称動物の共通祖先でたんぱく質遺伝子をさらに失ってわずか 13 個になってしまったが、現在でもほとんどの左右相称動物のミトコンドリア・ゲノムはこの状態を保っている。

　ミトコンドリアの遺伝子数が一番多いのはディスコバに分類されるレクリノモナス・アメリカーナ (*Reclinomonas americana*) であり、ゲノムサイズはそれほど大きくないのにもかかわらず、94 個の遺伝子をもつ。熱帯熱マラリア原虫 (*Plasmodium falciparum*) のミトコンドリアのゲノムサイズはおよそ 6000 塩基対と最小であり、わずか 5 個の遺伝子しかコードしていない。

　真核生物のミトコンドリア内にあるたんぱく質の大部分は、ミトコンドリア・ゲノムではなく核ゲノムにコードされており、細胞質内のリボソームで合成された後でミトコンドリアに輸送される。原生生物の中にはミトコンドリアの代わりに同じ起源をもつヒドロゲノソームをもつものもいるが、それらのヒドロゲノソームはたいていゲノムを完全に失っている。ただし、ゴキブリの後腸に共生するニクトテルス・オウァリス (*Nyctotherus ovalis*) という繊毛虫はヒドロゲノソームをもつが、これにはゲノムが残っている[261]。

なぜミトコンドリアにゲノムが残っているのか

　多くの動物では、ミトコンドリア・ゲノムには電子伝達系を構成するたんぱく質をコードする遺伝子のうちの 13 個が残っているが、これらのたんぱく質を合成するリボソームをつくるためのリボソーム RNA や転移 RNA もミトコンドリア・ゲノムにコードされている。しかし、ミトコンドリアのリボソームを構成するリボソームたんぱく質は核にコードされていて細胞質の

リボソームで合成されたものが輸送されてくる。

　それではなぜミトコンドリアにはゲノムが残っているのだろうか。ミトコンドリアを構成しているたんぱく質のほとんどが、核ゲノムにコードされていて、細胞質で合成された後でミトコンドリアに輸送されていることを考えると、ミトコンドリアの遺伝子をすべて核に移行させてもよさそうに思われる。特に酸素呼吸によって生み出される活性酸素はミトコンドリア DNA にダメージを与えるので、核膜で仕切られて保護されている核ゲノムに移行させたほうがよさそうである。しかし、ヒドロゲノソームでゲノムが欠失している以外、ミトコンドリアのゲノムが完全に失われた例はほとんど知られていない。

　ただし、例外的なものとして、ミクソゾアがある。ミクソゾアの多くは魚類や環形動物などの寄生虫であり、その単純な体制から原生生物だと考えられてきた。ところが、近年は分子系統学から刺胞動物に分類されるようになってきたものである。寄生性になって極端に退化したのである。その中で、ヘンネグヤ・サルミニコラ (Henneguya salminicola) というサケの寄生虫は、多細胞動物でありながら酸素呼吸を行なわないことが分かってきた。この寄生虫は、酸素呼吸しなくても宿主からエネルギーを得ることができるようになったのだ。このミクソゾアにはミトコンドリアのような細胞内小器官は残っているが、そこには DNA はない。つまり、酸素呼吸を行なわなくなったミトコンドリアでは、ゲノムが完全に失われることがあるのだ[262]。

　このように酸素呼吸の能力を失ったミトコンドリアでは、ゲノムも失われることがあるが、そうでなければ必ずゲノムも保持されている。スウェーデン・ルンド大学のジョン・アレン（John Allen；現在イギリスのユニバーシティ・カレッジ・ロンドン）は、それはミトコンドリアの機能と関係していると考えている[263]。

　ミトコンドリアの最も重要な機能は、その内膜で行なわれる酸素呼吸による ATP の生成である。あらゆる生物で、ATP はエネルギーを要する生体内の反応にはいつも使われるものであり、ヒトの場合は ATP の大部分はミトコンドリアで作られる。ATP を生成するミトコンドリア内膜の系を電子伝達系というが、動物のミトコンドリア・ゲノムに残っているたんぱく質遺伝子はこの電子伝達系の中核的メンバーである。動物以外の真核生物のミトコ

ンドリア・ゲノムにも、たいていこれらのたんぱく質の遺伝子は残っている。

　ミトコンドリアのこの活動では、宿主の ATP 要求度に応じて迅速に対応しなければならない。たとえば動物が捕食者から逃げるときには、すぐに多量の ATP が必要になる。アレンによると、そのような状況に迅速に対応するためには、電子伝達系の中核的メンバーの遺伝子をミトコンドリア・ゲノムに残しておく必要があったという。遺伝子が核にあった場合には、一つの細胞内に数百個もあるミトコンドリアの中の足りないたんぱく質を特定して、それを迅速に合成してそこまで送り届けることは難しいが、ミトコンドリア内にその遺伝子があればすぐに対応できるというのだ。

　ミトコンドリア・ゲノムにコードされた遺伝子が電子伝達系の中核的メンバーであるといっても、核ゲノムにコードされたたんぱく質も加えないとそれだけでは電子伝達系は機能しないので、アレンの考えが実際にどこまで成り立っているかはよく分からない部分はある。しかしアレンによると、電子伝達系がこれだけでは機能しなくても、その中心となる構造をあらかじめ自前の遺伝子だけを使ってつくり得ることが大事なのだという。

今でも続くミトコンドリアと宿主とのせめぎ合い

　アルファプロテオバクテリアがアスガルド古細菌の細胞内で共生をはじめた頃は、宿主細胞内でなかば自立的に増殖していたので、宿主と共生体との間で利害が対立することも多かったと思われる。ところが遺伝子の大部分を核ゲノムのほうに移行させてしまった共生体は、核の支配下に置かれていて、「飼いならされたミトコンドリア」とも形容されるように、もはや自己主張をすることはなさそうにも思われるかもしれない[260]。ところが、実際にはミトコンドリアと宿主とのせめぎ合いは今でも続いているのである。

　植物のミトコンドリア・ゲノムは動物のものにくらべると大きいが、それでもシロイヌナズナで遺伝子数 54 というように、自立的に生きていくためにはとうてい足りないものである。タマネギ、イネ、ダイコンなど、さまざまな植物で、ミトコンドリアの異常によって花粉ができなくなる雄性不稔という現象がある[264]。ミトコンドリアはメスつまり胚珠を通じてしか次世代に伝わらないので、オスつまり花粉の存在はミトコンドリアが存続する上でメリットがないのである。メスを通じてしか次世代に受け渡されない共生体

にとっては、なるべくオスが少なく、メスが多い方にメリットがあるのだ。一方、宿主の植物にとって花粉ができないのは大変なデメリットである。そのために野生種では異常ミトコンドリアによって引き起こされる雄性不稔が抵抗性遺伝子によって抑えられていて、花粉が正常に形成されるようになっている。

　このような植物の雄性不稔があることは、20 億年も続いてきたミトコンドリアと宿主の関係であっても、両者のせめぎ合いが今でも続いていることを示している。

　真菌の出芽酵母サッカロミケス・ケレウィシアエ (*Saccharomyces cerevisiae*) では、有性生殖に際してミトコンドリアは両方の親から次世代に伝えられる。ミトコンドリアは酸素呼吸によってエネルギー代謝を行うが、ミトコンドリア・ゲノムに欠陥があると酸素呼吸ができなくなる。それでも出芽酵母は発酵によって成長し複製を続けることはできる。このような細胞の複製は正常のものよりも遅いので、その結果生じるコロニーは小さくなる。このようなミトコンドリアの突然変異は、プチ (petite) 変異と呼ばれる。プチ変異のミトコンドリアは、正常なミトコンドリアのように酸素呼吸ができないので酵母の生育にとっては不利であるが、ミトコンドリアの複製速度という点では正常なものよりも早いので、細胞内のミトコンドリア間の競争では有利になる。

　ミトコンドリアは一つの細胞内にたくさん存在する。さらに一つのミトコンドリア内にも複数の DNA が存在する。ヒトの場合、1 個のミトコンドリアにはゲノムが 5 〜 10 セット含まれている。各細胞中のミトコンドリアの数は細胞の種類によって違うが、肝臓、腎臓、筋肉、脳など代謝の活発な細胞には 100 〜 1000 個のミトコンドリアがある [265]。従って、DNA 複製の過程で突然変異が生じると、一つの細胞内に違った DNA をもつミトコンドリアが複数存在することになり、ときには一つのミトコンドリアの中で配列の違った DNA が共存することもある [266]。従って、細胞同士の競争に加えて、細胞内でのミトコンドリア同士の競争やさらにはミトコンドリア内での DNA コピー同士の競争もある。プチ変異があると細胞同士の競争では不利になるので宿主にとっては不利益であるが、ミトコンドリア同士の競争には有利になる。そのため細胞の適応度が下がっても、このような利己的なミト

コンドリアが増えることがあるのだ。

「コモンズの悲劇」という話がある[267]。コモンズとは一つの牧草地に複数の農民がウシを放牧するような共有地のことである。自分の所有地であれば、ウシが牧草を食べ尽くさないようにウシの数を抑制するが、共有地ではせっかく自分が抑制してもほかの農民がウシを増やすと、自分が損をするので、結局過放牧になって土地が荒れ果ててしまう。これをコモンズの悲劇というが、このような利己的なふるまいを制御して悲劇を防ぐのは容易ではない。細胞内のミトコンドリアのふるまいにも同じような問題があるのだ。この場合、勝手に増殖しようとするミトコンドリアがたくさんのウシを放牧しようとする農民に相当し、細胞の効率的な機能が公共の利益に対応する[268]。

図 2-7 の変形菌（粘菌）アオモジホコリの変形体は 30 センチメートルにも広がった巨大な一つの細胞であるが、その中にある数億個もの核の分裂は同期して起こっているのだという[75]。この変形体は時速数センチメートルの速度で移動するが、この運動を起こすのは細胞内の原形質の流動である。そのような運動は、数億個のミトコンドリアが作り出す ATP に依っているわけであるが、これらのミトコンドリアの間の競争がどのようになっているのか、興味のある問題である。

利己的なミトコンドリアに対する宿主側の対処

利己的なミトコンドリアのふるまいに対して、宿主側も手をこまねいているわけではなく、様々な方法でこれに対処しているように思われる[269]。

その一つは、ミトコンドリア DNA の複製に関与する遺伝子がミトコンドリアをもつ全ての真核生物で核ゲノムに転移していることである[253]。ミトコンドリア・ゲノムから核ゲノムへの遺伝子転移には、その前にミトコンドリア遺伝子のコピーが核ゲノムに組み込まれて両方のゲノムに同じ遺伝子が併存する段階があったと思われる。その後、核ゲノムに組み込まれた遺伝子の情報に基づいて細胞質内のリボソームで合成されたたんぱく質がミトコンドリアに輸送される仕組みが完成すると、ミトコンドリアのゲノムにあった遺伝子は失われたであろう。ゲノムが小さくなると複製速度が高くなるので、ミトコンドリア同士の競争において有利だからである。それが DNA 複製酵素のようなものであっても、ミトコンドリアにとってそれを失うメリッ

トはその時点では高いのである。しかし、ミトコンドリア・ゲノムの自己複製機構を核ゲノムがにぎるということは、結果的にはミトコンドリアの利己的なふるまいを抑制するためには役立っていると思われる。ミトコンドリアは宿主のほうから DNA 複製酵素を供給してもらわないと、勝手に増殖することができなくなってしまったのである。

　二つ目は、利己的なミトコンドリアが次世代に伝わらないようにすることである。宿主にとっては、ミトコンドリアが細胞の生きていく上で必要な機能を果たしてくれないと困る。左右相称動物ではその高い運動性を支えるためにミトコンドリアの活動性が高く、それに伴って大量に産生される活性酸素も原因となって、DNA の突然変異率が高くなり、利己的なミトコンドリアが生まれやすい状況がつくられたであろう。イギリスのユニバーシティー・カレッジ・ロンドンのニック・レーン (Nick Lane) らのグループはこのような状況で協力的なミトコンドリアを次世代に伝えるために、左右相称動物では宿主の側で生殖細胞系列を進化させたと考えている[270]。

　たいていの左右相称動物では、発生の初期段階から体細胞と生殖細胞になる系列とは区別されている。一方、植物などの発生の初期にはそのような区別がなく、どの細胞も生殖細胞になり得る。レーンらによると、植物のようにミトコンドリア DNA の突然変異率の低い生物では、一世代の間では個体内でミトコンドリア DNA の多様性は生じにくいので、どの細胞から生殖細胞をつくってもあまり問題はない。また口絵 2 で示した多細胞動物の進化で左右相称動物よりも前に出現した海綿動物や刺胞動物では、ミトコンドリアDNA の突然変異率が低く、これらの動物では体細胞と生殖細胞が区別されるのは、植物と同じように発生のあとの段階になってからである[271]。

　しかし、ミトコンドリア DNA の突然変異率が高い左右相称動物では、発生の初期から生殖細胞系列として体細胞から区別されて保護された環境に置かれた細胞だけを次世代に伝える仕組みが必要だったという。およそ 5 億4200 万年前のカンブリア爆発の頃に生まれた左右相称動物に満ちあふれた新しい世界では、動物界の中で食う・食われるの関係が生まれ、高い運動能力の競争が始まったのである。そこでは、ミトコンドリア DNA の多様性の出現によって宿主の利益に反したミトコンドリアの利己的な振る舞いが生じることのないようなシステムが必要になってきた。レーンらによると、その

ようなことから体細胞と区別した生殖細胞系列が進化したのだという。

　生殖細胞系列は、オスでは精原細胞に、メスでは卵祖細胞になる。卵祖細胞からできる卵母細胞からは限られた数の卵子しかつくられないが、精子のほうは膨大な数がつくられる。多くの動物ではミトコンドリアは卵子を通してしか次世代に伝わらないので、精子のミトコンドリア DNA に変異が起こっても、次世代にとっては差し支えないことなのであろう。精子のミトコンドリアは、受精するまでの精子の運動性を支える上で重要であるが、たいていの場合は受精後に取り除かれて次世代には伝わらない。

　左右相称動物よりも前に出現した動物の中で海綿動物や刺胞動物ではミトコンドリア DNA の突然変異率が低く、体細胞と生殖細胞が区別されるのは発生のあとの段階になってからだというが、同じく左右相称動物よりも前に出現した有櫛動物はそれらとはだいぶ違っている。**口絵 2** の中の右上にある有櫛動物カブトクラゲの仲間のムネミオプシス・レイディ (*Mnemiopsis leidyi*) のミトコンドリア・ゲノムはこれまでに知られている動物のミトコンドリアの中で最小である [272]。たいていの動物のミトコンドリア・ゲノムは 1 万 6000 塩基対程度であるが、この有櫛動物のものは 1 万塩基対あまりしかなく、たいていの動物がもつ遺伝子の 25 個がなくなっている。その中には、すべての転移 RNA が含まれる。転移 RNA が完全に失われているのだ。また 2 つのリボソーム RNA が非常に短くなっていて、配列もほかの動物のものと違っている。たぶんこのことと関連して、核ゲノムにコードされているリボソームたんぱく質が大きくなっている。リボソームはリボソーム RNA とたくさんのリボソームたんぱく質の複合体なので、ミトコンドリア・ゲノムにコードされているリボソーム RNA が短くなっていることを、核ゲノムのほうで補償しているように見えるのである。

　このカブトクラゲの仲間のミトコンドリア DNA の突然変異率は非常に高いが、この動物では生殖細胞系列は幼生の段階ですでに体細胞と区別されているという [273]。このことも、利己的なミトコンドリアを抑え込もうとする宿主側の戦略かもしれない。

　利己的なミトコンドリアの振る舞いに対する三つ目の対処法は、ミトコンドリアの品質管理である。変異を起こして勝手な振る舞いをしそうなミトコンドリアをもつ細胞を除去する機構である。

　細胞の死であるアポトーシスという現象がある。細胞の死にかたにはもう
一つ壊死とも呼ばれるネクローシスがある。ネクローシスはいわば突発的な
細胞の事故死のようなものであるが、アポトーシスは遺伝的に組み込まれた
細胞死である[274]。ヒトには発生の初期に手の指と指の間に水かきがあるが、
発生が進むと水かきの細胞はアポトーシスによって失われるのである。ま
た、われわれがここで問題にしている利己的なミトコンドリアへの対処と関
係していそうな現象として、哺乳類では突然変異型ミトコンドリア DNA を
多くもつ卵で、その変異が呼吸欠損を起こすような場合、そのような卵はア
ポトーシスによって除去されるということがある[62]。

　ミトコンドリアが、アポトーシスにおいて中心的な役割を果たしているこ
とが明らかになってきた[275]。このことは脊椎動物で明らかになったことで
あり、真核生物全体でどこまで広く成り立つかは不明であるが、アポトーシ
スがミトコンドリアの品質管理をする手段として、進化した可能性があるの
だ[269]。

　宿主側の四つ目の対処法は、片親だけからのミトコンドリアの伝達である。
ミトコンドリアの利己的な振る舞いは、複数のミトコンドリア・ゲノムの間
に違いが生じて、そのために競争が起こるからである。ミトコンドリアが片
親だけから受け渡されるならば、両親から受け渡されるよりもミトコンドリ
ア DNA がより均質になり、ミトコンドリア同士の利己的な競争が起こりに
くくなると考えられるのだ。実際には多くの場合、メス親だけからの伝達に
なっている。ヒトの卵子のもとになる始原生殖細胞は 10 個足らずのミトコ
ンドリアと 100 個足らずのミトコンドリア・ゲノムのコピーしかもたない
が、成熟した卵子になると 20 万個ものゲノム・コピーをもつようになる。
いったんコピー数が 100 個足らずに減少する（ボトルネックという）こと
によって、均質になるのである。

　精子は卵に到達して受精するまでの間に激しい鞭毛運動をしなければなら
ず、運動のための ATP を供給する精子のミトコンドリアには激しい負荷が
かかり、その中の DNA に突然変異が起こる危険性が高い[62]。ミトコンド
リアが片親だけから伝達される場合、たいていはメス親からになっていて、オ
ス親由来のミトコンドリアが排除されるのは、このような事情にもよると思
われる。

片親だけからのミトコンドリアの伝達様式は、利己的な共生体に対処する
ための宿主の採った戦略だと思われるが、共生体と宿主とのせめぎ合いはそ
れで終わるわけではなかった。共生体からの逆襲で、せめぎ合いの舞台は新
しい幕を開けたのである。先に紹介した植物の雄性不稔はそのような例であ
る。

有性生殖が利己的なミトコンドリアに対処するために進化した可能性

　共通の祖先から進化した二種間でたんぱく質をコードしている遺伝子
DNA の塩基配列の違い（距離）は、通常二通りのやり方で測られる。アミ
ノ酸の違いを生み出さないような塩基の違いで測った同義距離（dS；同義
という意味の Synonymous）とアミノ酸の違いを生み出すような塩基の違い
で測った非同義距離（dN；非同義という意味の Non-synonymous で、アミ
ノ酸距離ともいう）である。コドンの三番目の塩基が変わってもアミノ酸は
変わらないことが多いが、アミノ酸を変えないような塩基置換を同義置換と
いう。同義置換が起こっても、たんぱく質としては変わりがないので、その
ような塩基置換はほぼ中立的だと考えられる（生存していく上で違いがな
いということだが、厳密には翻訳の効率などの点で完全な中立とは限らない
が）。一方、アミノ酸を変えてしまうような置換は、たいてい有害であるが、
ランダムに起こる突然変異のうちの一定の割合が中立変異になる。

　その遺伝子がコードしているたんぱく質が重要な機能を果たしているほ
ど、機能的な制約が厳しいため、突然変異のうちの中立変異の割合が小さく
なる。中立的なもののなかからランダムに選ばれた変異が種全体に広まっ
て、分子レベルの進化が進む。これが、木村資生（1924 ～ 94 年）が提唱
した分子進化の中立説である[276, 277]。ここには、生存をより有利にする適
応的な変異は含まれない。木村によれば、そのような変異は稀なため、大部
分の分子進化は中立的なものだという。

　一般に同義置換速度は非同義置換速度よりも速く、たんぱく質の種類にあ
まりよらない。また重要なたんぱく質にくらべてあまり重要でないと思われ
るたんぱく質の非同義置換が速い。これは同義置換がどれもほぼ中立的なも
のであり、重要なたんぱく質ほど非同義置換の大部分が有害な変異であり、
中立的な変異の余地が狭いからだと解釈される。中立的なものにしか変わり

得ないので、中立的な変異の余地が狭いとそれだけ進化速度が遅くなるのである。

　中立説によれば、同義置換がすべて中立的だとすると、非同義距離と同義距離の比（dN / dS 比）が近似的に非同義置換の中で中立変異の占める割合を表していると解釈される。ところが、ミトコンドリア・ゲノムでこれらの距離を異種間で測った場合と、種内の個体間で測った場合とで、食い違いがあることが分かってきた[278]。

　ヒトとチンパンジー、ヒトとゴリラ、チンパンジーとゴリラなど異種間でミトコンドリア・ゲノムのたんぱく質遺伝子で測った dN / dS 比 0.033 ～ 0.040 にくらべて、同種内の個体間で dN / dS 比を測ると、ヒトで 0.198 ± 0.054、チンパンジーで 0.478 ± 0.235、ゴリラで 0.397 ± 0.017 などと 5 ～ 10 倍くらいになるのである。この違いは、短い時間スケールでみると集団内では少しだけ有害な（弱有害という）変異が蓄積しているためだと解釈できる。弱有害な変異は長い進化の時間スケールでは負の自然選択によって次第に取り除かれるので、種間の比較では dN / dS 比が小さくなるが、種内の比較では最終的に落ち着いた状態ではなく、過渡期をみているために大きくなると考えられる。はっきりと有害な変異はすぐに取り除かれるが、弱有害変異は集団内でこのようにたくさん残っているのである。

　集団の個体数が少ないと多少有害であってもそのような遺伝子が集団全体に広まってしまうことがある[279]。小さな集団では偶然的な要素が強く働くからである。動物のミトコンドリアは組換えをしないので、このようなことが続くと、ミトコンドリア・ゲノムは次第に劣化していくように思われる。ところが、核ゲノムのほうで、ミトコンドリアの劣化を補うことをやっている可能性が浮上してきた。

　国立遺伝学研究所の長田直樹（現・北海道大学）と明石裕は、ミトコンドリアの遺伝子で起こった変異の弱有害性が、核遺伝子の変異によって補償されている証拠を捉えたのだ[280]。ミトコンドリアの膜貫通たんぱく質複合体であるチトクロム c 酸化酵素（複合体 IV とも呼ばれる）は、電子伝達系の酵素の一つであり、13 個のたんぱく質から構成される巨大な複合体である。哺乳類では、そのうちの 10 個が核ゲノム由来であり、残りの 3 個だけがミトコンドリア・ゲノムにコードされている。

中立的な進化が成り立っている場合は、有害なアミノ酸の変異を取り除く負の自然選択が働くので、たんぱく質の非同義距離と同義距離の比（dN / dS）は、1よりも小さくなる。しかし、稀には適応的な進化も起こるが、その場合はこの比が1を超えることがある。中立的な変異遺伝子よりも、適応的な変異は集団全体に素早く広まることができるからである。このようなことから、dN / dS比を適応的な進化の検出に用いることができる。

　長田と明石は、霊長類のチトクロムc酸化酵素の中の核ゲノムにコードされたたんぱく質の中で適応進化を起こしている候補となるいくつかのアミノ酸座位を見つけたのだ。X線構造解析でチトクロムc酸化酵素の立体構造は明らかになっている。核遺伝子で適応進化を起こしているとみられるアミノ酸座位はいずれも、この立体構造では、ミトコンドリアにコードされているアミノ酸の中で変異を起こしている座位の近くにあったのである。しかも、核遺伝子で見られる適応進化には、それに先立って立体構造上近い位置にあるミトコンドリア・コードのアミノ酸座位が置換している傾向があるという。つまりミトコンドリア・ゲノムで起こった有害な変異を、核ゲノムのほうで補償しているように見えるのである。

　動物のミトコンドリアは突然変異率が高く、それに伴って進化の過程で変化する速度（進化速度）も高い。またミトコンドリアはたいてい有性生殖しないので、次第に劣化していく傾向にある。このことはメルトダウンとも形容される。長田と明石が示したことは、核遺伝子で見られる適応進化はミトコンドリアの劣化を補償し、メルトダウンを防ぐべく宿主側が奮闘している姿のようにとらえられる。

　第2章で述べたように、真核生物は現在ミトコンドリアをもたないものも含め、すべて進化のどこかの段階でミトコンドリアの共生を経験したことがある。さらに真核生物の核ゲノムはすべて有性生殖を経験したことがあると考えられる[281]。有性生殖では、二つの細胞の接合によって遺伝子が組換えられて、新たな遺伝子の組み合わせをもつ個体が生じる。**口絵1**で示した真核生物の系統樹マンダラの中で、植物界、アメーバ界、オピストコンタ（動物界＋菌界）、さらに多くの原生生物など真核生物全体で有性生殖が認められている。メタモナーダのランブル鞭毛虫 (*Giardia lamblia*) でも有性生殖の証拠が認められる[282]。それぞれのグループの中には、組換えなしで無性的

に増殖を続ける系統もあるが、有性生殖のこのような分布をみると、真核生物の共通祖先で有性生殖が進化したが、その後さまざまに分化した中で二次的に無性生殖に戻った系統があると解釈される。

アメリカのテキサス大学オースティン校のジャスティン・ハヴィルド (Justin Havird) らは、初期の真核生物で有性生殖が進化した理由は、ミトコンドリアの劣化に対処するためだったと考えている [281]。

一部の植物や菌類では、オス親とメス親由来のミトコンドリア DNA がその一部を交換する組換えが起こることが知られているが [62, 75]、ハヴィルドらは初期の真核生物ではそのようなことはなかったと考えている。そのため、ミトコンドリア DNA で起こった有害な変異を修復する機構がなく、ミトコンドリア DNA は劣化する一方であった。これに対処する一つの方法が、長田と明石が発見した、霊長類のチトクロム c 酸化酵素の中の核ゲノムにコードされたたんぱく質の適応進化のようなものであるという。つまり、ミトコンドリア DNA の劣化を補うような核ゲノムの変異を使って対処するということである。その際に、ミトコンドリア DNA の劣化に対処する遺伝子の組み合わせを効率よく見つけ出すことができるのが、有性生殖による組換えであり、有性生殖が進化したのはこのような理由からであるというのが、ハヴィルドらの仮説である。

線形動物と節足動物の細胞内共生細菌ボルバキア

ボルバキア (*Wolbachia*) というアルファプロテオバクテリアは、線形動物や節足動物のさまざまな種を宿主として細胞内共生する真正細菌であるが、線形動物と節足動物の間で共生の仕方に大きな違いがある [283]。

線形動物門のフィラリア線虫の中で共生細菌としてボルバキアをもつのは、オンコセルカ亜科 (Onchocercinae) とディロフィラリア亜科 (Dirofilariinae) の二つの亜科に限られるが、これらのグループのフィラリア線虫の細胞内にはほとんど 100 % の率でボルバキアの単一種が見出される。オスの生殖器官にボルバキアはいないが、メスの卵子の中にはボルバキアがいて、母親だけから垂直伝達されるのである。ある種のフィラリア線虫では何らかの理由でボルバキアが失われたと見られる例もあるが、この共生は進化的にも安定したものである。宿主と共生体の共進化が見られることから、特定のボルバ

キアと宿主との結びつきが進化的な時間のスケールで続いてきたと考えられる。また、一つのフィラリア線虫に別の種類のボルバキアが重複して感染している例は見られないという。

2015年にノーベル医学生理学賞を授与された北里大学の大村智（さとし）が発見した放線菌ストレプトミケス・アウェルメクチニウス (*Streptomyces avermectinius*) が産生するイベルメクチンが、熱帯の河川域で発生するオンコセルカ症に効く。オンコセルカ症の一つが、フィラリア線虫オンコケルカ・ウォルウルス (*Onchocerca volvulus*) による感染症であり、アフリカの熱帯地域でおよそ1800万人が感染していて、それによって多くのひとが失明している。イベルメクチンはこのオンコセルカ症をはじめとしたさまざまな寄生虫の神経・筋肉系に作用して、寄生虫を殺すのである。このような寄生性病原体であるフィラリア線虫にも、共生しているボルバキアがいる。

一方節足動物では、昆虫のほとんどの目だけでなく甲殻類、ダニ、クモなどでもボルバキアの共生が見られる。しかし、節足動物では線虫の場合と違ってボルバキアが見られる同じ種内でも必ずしもすべての個体に共生しているわけではなく、共生しているボルバキアの系統関係が宿主の系統関係と一致するわけではない。類縁関係が遠い昆虫に共生するボルバキアが近縁なものであることもあり、また複数の種のボルバキアが同じ宿主に重複して感染していることもある。

フィラリア線虫の細胞内に共生するボルバキアのように卵を通して確実に次世代に垂直伝達される仕組みがある場合には、宿主と共生体の関係として確立するのは、次の二通りの可能性が考えられる。一つは、宿主の適応度を上げることに貢献すれば、共生体自身の繁殖にもプラスに働くことから、宿主と共生体の双方にとって利益となる双利共生の関係を深めていくという可能性である。ミトコンドリアに進化したアルファプロテオバクテリアと宿主の関係がそのようなものであった（ただし先に見たように、いつも相利共生の関係が保たれるとは限らないが）。

もう一つの可能性は、共生体が宿主の生殖システムを自分の都合のよいように操作することである。昆虫と共生するボルバキアには、このようなものが多い。寄生バチなどでは、メスがボルバキアに感染すると単為生殖で繁殖できるようになることがある[284]。ボルバキアは母親を通じてしか次世代に

受け継がれないので、オスはこの共生細菌の繁殖に貢献しない。宿主が単為生殖できるようになれば、生殖にオスは必要なくなり、ボルバキアにとって有利になるのだ。オスの存在は、ボルバキアの増殖に貢献するメスの餌を奪うものだから、ボルバキアにとっては好ましくないのである。

図 7-2　オカダンゴムシ
Armadillidium vulgare　ボルバキアが感染するとすべてメスになる.

　ミトコンドリアと宿主の関係は相利共生と考えられるが、植物の雄性不稔のように共生体がいつも宿主と協力関係にあるわけではない。

　共生は一般には互いに緊張関係にあるものであり、いつパートナーに裏切られるか分からない。どの動物も単為生殖できるわけではないので、ボルバキアは別の戦略を採ることもある。テントウムシやスジマダラメイガなどの昆虫では、ボルバキアは感染したオスを殺すこともあるのだ[285]。ボルバキアの感染により、胚発生や若齢幼虫の時期にオスだけが死亡するのだ。ボルバキアにとっては、オスを殺してその分メスの食料を増やすことが、自分たちの繁殖に貢献することになるのである。

　日本で普通に見られるオカダンゴムシ（**図 7-2**）の性染色体には、Z と W があり、ZW がメス、ZZ がオスになる。ダンゴムシは節足動物門の甲殻類であるが、このグループの雌雄分化には性ホルモンが関与している。ところが、ボルバキアが感染すると雄性化ホルモンの分泌が抑制されて、ZZ 型のオスがメスとして成長するという[264]。このようなメスが普通の ZZ 型のオスと交尾して生まれる子どもはすべて ZZ 型であるが、ボルバキアが母親から伝わるので全員メスになる。このように、節足動物のボルバキアには、宿主の繁殖を自分に都合のよくなるようにコントロールするものが多い。

　節足動物のボルバキアにはこのように宿主にとって迷惑な寄生と見なされるものが多いが、一方でボルバキアなしでは繁殖できなくなった昆虫もいる。ショウジョウバエの寄生バチであるアソバラ・タビダ (*Asobara tabida*) では、メスに感染したボルバキアを抗生物質で取り除くと、卵子が形成されなくなるという[286]。寄生バチの卵形成にボルバキアが必須なのだ。抗生物質でアソバラ・タビダのボルバキアを取り除くと、細胞死であるアポトーシスが起こる[287]。つまりボルバキアは宿主のアポトーシスを抑制しているのである。

図7-3　キタキチョウ *Eurema mandarina*（埼玉県にて）

トコジラミ (*Cimex lectularius*) というカメムシの仲間の半翅目昆虫は、ボルバキアを入れた器官を体内にもっている。そのボルバキアを除去すると、たいていの個体は成虫になれずに死んでしまうが、そのような個体にビタミンB類を与えると成虫になるという。このボルバキアのゲノム配列を調べてみると、ビタミンB_7を合成する遺伝子がコードされていることが明らかになった。ボルバキアがトコジラミにビタミンB_7を供給していたのである[288]。

キタキチョウのミトコンドリアが絶滅の危機

図7-3で示したキタキチョウ (*Eurema mandarina*) は、私が子供の頃はキチョウと呼ばれていた。ところが、同じくキチョウと呼ばれていた沖縄以南のものは、それ以北のものと形態上の違いに加えてDNAも違っていて別種だということが明らかになり、本州などのものはキタキチョウ、沖縄以南のものはミナミキチョウ（*Eurema hecabe*；単にキチョウともいう）と区別されるようになってきた（実は沖縄にもキタキチョウはいるが、ここでは触れない）。ところが、ミトコンドリアDNAを調べてみると意外なことが明らかになった[289, 290]。キタキチョウの中にミナミキチョウとそっくりのミトコンドリアとそれとは違うミトコンドリアをもつものがいるのだ。ミナミキチョウ型のミトコンドリアをもつキタキチョウを調べてみると、それらは全てボルバキアに感染していた。それとは別の本来のキタキチョウのものと思われるミトコンドリアをもつキタキチョウには、ボルバキアは感染しておらず、そのような個体の分布は本州の東北地方に限られていた。

このような事実は次のように解釈される。まずミナミキチョウにボルバキアが感染し、集団全体に広がった。ボルバキアに感染したメスの子供はすべて感染個体になる。この仲間の蝶では、ボルバキアに感染していないメスは感染したオスと交配しても子供を残せないという細胞質不和合がある。ボルバキアはメスを通してしか子孫に伝わらないので、細胞質不和合もボルバキ

アが生き残るための戦略の一つであると考えられる。そのためにボルバキア感染個体がどんどん増加するのである。

　その後、ボルバキアに感染したミナミキチョウのメスが台風などで飛ばされて本州に侵入したのであろう。それがキタキチョウのオスと交配して生まれた雑種はすべてボルバキアに感染したものになった。いったんボルバキアに感染したオスが増えると、ボルバキアをもたないキタキチョウのメスはそのようなオスと交配しても細胞質不和合のために子孫を残せない。こうしてボルバキアに感染した雑種のメスがどんどんボルバキアに感染した子孫を増やしていくことになる。当初そのような交雑個体の核ゲノムにはミナミキチョウ由来の DNA が多く含まれていたが、まわりのオスはほとんどがキタキチョウだから、交配を繰り返すうちにミナミキチョウ由来の核 DNA は次第に薄まって、大部分がキタキチョウのものになった。ところが、ボルバキアと同じようにミトコンドリア DNA も母親の系統を通じてしか伝わらないので、ボルバキアの感染が広まるにつれて集団中のミトコンドリア DNA はミナミキチョウのものになっていったのである。

　現在、本州の東北地方にはボルバキアに感染していないキタキチョウが残っており、キタキチョウ本来のミトコンドリア DNA を保持しているが、今後ボルバキアがさらに勢力を拡大していけば、キタキチョウのミトコンドリアは絶滅してしまうであろう。ボルバキアのせいでキタキチョウのミトコンドリアが絶滅の危機にあるのだ。

　同じようなことはショウジョウバエの仲間でも知られている。ドロソフィラ・クイナリア (*Drosophila quinaria*) というショウジョウバエには、ボルバキアに感染した個体と、感染していない個体がいる。感染していない個体のミトコンドリア DNA は、核ゲノムで近縁と見られる種のものに近いが、ボルバキアに感染した個体のミトコンドリアはまったく違っているのである。そのようなミトコンドリアに近いものを探してみたところ、見つからないという。これは、ミナミキチョウのミトコンドリアが交雑を通じてキタキチョウの集団に持ち込まれたのと同じようなことがこのショウジョウバエでも起こったが、その後、ミトコンドリアをもたらした元の種が絶滅したものと解釈される [264]。

　「DNA バーコーディング」という世界的なプロジェクトがある。あらゆる

生物種の DNA 配列の一部をデータベースにしておいて、よく分からない種に出会っても、DNA のその部分の配列を読むだけで簡単に種判別ができるというものである。動物の場合は、ミトコンドリアのチトクローム c 酸化酵素というたんぱく質を構成するサブユニット I の遺伝子のはじまりの部分の 650 塩基を登録することが基本になっている。

　キタキチョウやショウジョウバエで見られたようなことがあると、ミトコンドリアだけで種判別を行うことが妥当かどうか、心配になる。しかし、このようなことはそれほど頻繁に起こるわけではなく、たいていの場合はミトコンドリア DNA の部分配列で十分である。大切なことは、ミトコンドリアだけでは種判別を間違う可能性があることを常に心にとめておくことであろう。昆虫の場合はボルバキアによる細胞質不和合のせいで、交雑が起こるとミトコンドリアが別の種のものに置き換わってしまうことが起こりやすいが、同じようなことはボルバキアなしでも起こり得る。実際に、いくつかの脊椎動物でもミトコンドリアが別の種のものに置き換わってしまう事例が報告されている[(291)]。

　DNA バーコーディングのプロジェクトでは、ミトコンドリア DNA の部分配列を登録する際には、DNA 採取に用いられた標本には登録番号をつけて各研究施設で保存し、その番号も一緒に登録するようになっているので、なにか不審な点があれば標本にまで遡ってチェックすることもできるようになっている。データベースに登録されている配列と一致するのに、その動物が登録されている標本とは明らかに違う場合には、キタキチョウやショウジョウバエで見られたような可能性を疑うこともできるのである。

スピロプラスマによるオス殺し

　多くの昆虫の細胞内には、スピロプラスマ（*Spiroplasma*；英語読みはスピロプラズマ）というフィルミクテス門の共生真正細菌がいる。この共生体はメスの卵巣を介して次世代に伝達されるので、性比をメスに偏らせることが自分の増殖という点では有利となる。そのため、宿主のオスを発生途中で殺すというオス殺しが知られている。スピロプラスマが感染したショウジョウバエのオス殺しのためにつくる毒素たんぱく質も同定されている[(292)]。

　スピロプラスマは、カオマダラクサカゲロウ (*Mallada desjardinsi*) にも共

生し、オス殺しを行う。ところが、クサカゲロウのほうもそれに対する抵抗性を進化させている。琉球大学の林正幸らのグループは、千葉県松戸市のカオマダラクサカゲロウの集団の観察で、そのことを示した[293]。

図7-4　カマキリに寄生したハリガネムシ *Chordodes japonensis* （国立科学博物館所蔵標本）

2011 年の松戸の集団では、オス殺しのスピロプラスマが高頻度に感染していて、オスの比率が10.9% しかなかった。ところが、5 年後の 2016年にはその比率が 38.0% にまで回復していたのである。カオマダラクサカゲロウが 5 年の間にオス殺しに対する遺伝的抵抗性を獲得し、その形質が集団中に広まったために、オスが増えたものと考えられる。

　ボルバキアやスピロプラスマのように宿主の生殖操作を行う共生微生物は、このほかにもボルバキアと同じプロテオバクテリア門のリケッチア(*Rickettsia*) やアルセノフォヌス (*Arsenophonus*)、バクテロイデス門のカルディニウム (*Cardinium*) などの真正細菌、真核生物菌界の微胞子虫、ウイルスでも知られている[264, 294]。共生微生物と宿主の間の似たようなせめぎ合いは、さまざまな状況で起こるのである。

カマキリを入水自殺させる寄生虫

　微生物ではないが、多細胞動物の類線形動物門にハリガネムシという寄生虫がいる。彼らは水中で交尾産卵し、孵化した幼生はカゲロウやユスリカなどの水生昆虫の幼虫に食べられる。幼生は昆虫のおなかの中で成長し、殻をつくって休眠状態に入る。この状態をシストという。カゲロウやユスリカは成虫になると、陸に飛び立っていく。ハリガネムシのシストをもったカゲロウやユスリカがカマキリやコオロギなどの肉食昆虫に食べられるのである。ハリガネムシのシストはカマキリやコオロギの体内で数センチから 1 メートルに成長する（**図7-4**）。しかし、ハリガネムシはこのままでは繁殖できない。彼らは水の中でしか繁殖できないのである。彼らの繁殖戦略は宿主を入水自殺させて、自分も水中に戻るということである。宿主が入水自殺する

頃までには、ハリガネムシは大きく成長しており、水に戻ると宿主のお尻から這い出てくる。

　ハリガネムシは宿主の脳を操作して、カマキリやコオロギの光に対する反応を変えさせて、水面が光っている水辺に近づいたらそこに飛び込むように仕向けていると考えられる[126, 295]。ハリガネムシの繁殖戦略と書いたが、もちろん彼らが頭で考えて戦略を練っているわけではない。宿主の行動に少しでも影響を与えて入水自殺させることのできたハリガネムシの子孫が増えて、次第に効率よく宿主を自殺に追い込むことができるようなハリガネムシの形質が進化したということである。

　コオロギと同じ直翅目のカマドウマもハリガネムシの寄生の対象になる。紀伊半島の十津川という渓流の流域で行なわれた調査によると、そこではイワナなどの渓流に棲む魚が得る食べ物のおよそ 60% が、ハリガネムシに寄生されて入水自殺したカマドウマだという[296]。

　カダヤシ目の魚のカリフォルニアキリフィッシュ (*Fundulus parvipinnis*) の脳に寄生する エウハプロルキス・カリフォルニエンシス (*Euhaplorchis californiensis*) という扁形動物門の吸虫がいる。この魚は寄生虫をたくさん抱えていても元気に泳ぎ回る。実は元気過ぎて鳥などの捕食者に見つかりやすくなっているのだ。これを研究したアメリカ・カリフォルニア大学のサンタバーバラ校のジェニー・ショー (Jenny Shaw) らのグループは、寄生虫が魚の脳のセロトニン回路を制御して、本来捕食者を怖がらなければならない状況でも不安にならず、簡単に捕食されるようにしてしまうのだと解釈している[297]。こうして寄生虫は新しい宿主の中で命をつないでいくのである。

　トキソプラズマ・ゴンディイ (*Toxoplasma gondii*) は、褐虫藻やマラリア原虫と同じアルベオラータに属する寄生虫である。この原虫は有性生殖を行うが、それができるのはネコ科動物の腸内に限られる。このトキソプラズマはネコ以外にもさまざまな哺乳類や鳥類に寄生するが、それらの動物は中間宿主であり、最終宿主のネコの腸内でだけ有性生殖ができるのである。ネズミに感染したトキソプラズマが命をつないでいくためには、そのネズミがネコに食べられることが望ましい。実際にトキソプラズマが中間宿主のドブネズミ (*Rattus norvegicus*) の行動を操作して、ネコに食べられやすくしていることが明らかになってきた[298]。

　ただしこの実験では、ほかに寄生虫がいないなどの条件をコントロールするために、野生のものではなく、実験用のリスター系ラット (*Rattus norvegicus*) が使われた。リスター系ラットは野生のドブネズミと行動が似ているという報告があるからである。トキソプラズマに感染させたラットと感染させないラットを用意して、ラットの飼育場の四隅をそれぞれ水、ラットの尿、ネコの尿、ウサギの尿で臭いづけした。ラットが飼育場のどこで過ごす時間が長いかを調べたところ、トキソプラズマをもたないラットはネコの臭いのする場所を避けるのに対して、トキソプラズマに感染したラットはネコの臭いのする場所で長い時間を過ごすようになったのだ。また、トキソプラズマに感染したラットには用心深さがなく、行動が大胆になるという。これらは、ラットに感染したトキソプラズマが宿主の行動を操作してネコに食べられやすくしていることを示している。

　このようなトキソプラズマによる宿主の行動操作の機構も解明されつつある [299]。それにはいくつかの機構があるようで、その一つに、トキソプラズマが居ついたニューロンでは興奮性の神経伝達物質ドーパミンの生産が増えるということがある。そのために、行動が大胆になると考えられるのである。しかしその後の研究で、トキソプラズマに感染したラットは、ネコに引き寄せられるのではなく、単に行動が大胆になるだけなのではないかとの指摘もある [300]。この研究ではラットの代わりに、もっと小さなマウスが用いられた。トキソプラズマに感染していないマウスは、ネコ科のボブキャットやイヌ科のキツネを避けるのに対して、感染しているマウスはボブキャットとキツネの両方の臭いに引き寄せられた。さらに普通は避けている捕食者になり得るラットに対しても、トキソプラズマに感染したマウスは引き寄せられたという。つまり、感染したマウスはネコ科動物の臭いにだけ引き寄せられるのではなく、捕食者に対する恐れを感じなくなって、大胆な行動をするようになっただけではないかと考えられるのである。これでもネコ科の腸内に入り込むチャンスは増えるのだから、トキソプラズマの繁殖戦略に十分貢献する行動の変化ではある。

　ところでトキソプラズマはなぜネコ科動物の腸内でしか有性生殖できないのだろうか。ネコ科動物にはリノール酸を代謝するデルタ - 6 - デサチュラーゼという酵素の活性が欠けているために腸内にリノール酸がたまりやすいの

である。そのような環境こそトキソプラズマが有性生殖するために必要なのだ。そのため、トキソプラズマに感染したラットのデルタ-6-デサチュラーゼ活性を阻害し、餌としてリノール酸を与えると、トキソプラズマが有性生殖するようになるという[301]。

　共生体が宿主動物の行動様式を操作して自分の子孫の繁栄を図っている例は、このほかにも文献[126, 302]にたくさん紹介されている。

細菌叢内での異種間の防御戦略

　ヒトが健康な生活を続けるためには、健全な腸内微生物叢を保つことが大切だといわれる。腸内にはさまざまな細菌が生息しているが、彼らが安定した生態系を形成していなければならないということである。しかし、そこにも細菌同士の厳しい死闘があることが明らかになってきた[303]。

　異なる種類の細菌間の関係はさまざまである。ほかの細菌が排出する物質を利用して生きる細菌にとっては、その"ほかの細菌"は食べ物を提供してくれるありがたい存在である。しかし、周りにいる細菌が自分の役に立つものばかりではない。同じ食べ物や生息場所をめぐって競い合う関係にあることが多いのだ。多くの細菌には分泌機構があり、エフェクターと呼ばれる毒素を分泌させて競争相手を攻撃する。分泌される毒素の中には、宿主に対して病原性を発揮するものもあるが、そのような毒素ももともとはほかの細菌を攻撃するために進化したものが多いと考えられる。

　腸内はさまざまな細菌が高密度で生息する場所なので、そこには細菌間の厳しい競争があると予想される。ヒトの腸内細菌叢に見られるバクテロイデス目の細菌の多くは、6型分泌機構という毒性のあるたんぱく質エフェクターを分泌する機構をもっていて、これを使ってほかの細菌を攻撃する。彼らは、自分自身をその毒から守るための免疫機構ともいえる細菌間防御遺伝子クラスターをもっていることが明らかになってきた[303]。腸内微生物叢は腸内フローラという美しい言葉でも表現されるが、細菌間のこのような相互作用を通して形成されているのである。

抗生物質耐性の進化

　上で述べた腸内細菌同士のせめぎ合いだけでなく、地球上のあらゆる生態

系において微生物同士のせめぎ合いがある。これは軍拡競争にたとえられることがある。人類が20世紀を通じて感染症を抑えていく上で大いに力になった抗生物質は、微生物同士のせめぎ合いの武器として進化したものなのである。第6章の**コラム3**でも紹介したように、今日、抗生物質の使い過ぎによる薬剤耐性が大きな問題になっている。

　しかし、人類が抗生物質を使い始めるよりもはるか以前から、細菌類はさまざまな薬剤耐性を進化させていたことが分かってきた[304]。カナダの北極圏に近い3万年前の永久凍土堆積物から、さまざまな抗生物質に対する耐性遺伝子が見つかったのである。攻撃と防御は軍拡競争における車の両輪のようなもので、どちらも必然的に進化したと考えられるので、自然界で防御機構としての耐性が進化したのは当然であろう。

腸内細菌と宿主とのせめぎ合い

　ヒトの腸内細菌の大部分は大腸にいるが、それよりは少ないが小腸にもたくさんの細菌が棲んでいる。われわれが米を食べると、米の中のデンプンが消化される。デンプンはブドウ糖（グルコースともいう）という単糖がたくさん連なった多糖であるが、消化によって多糖がエネルギー源として利用しやすいブドウ糖に分解されるのである。ところが、消化管の内部で行われる管腔内消化では二糖の麦芽糖（マルトースともいう；ブドウ糖分子2個が結合してできる二糖類の一種）までしか分解されない。二糖麦芽糖の単糖ブドウ糖への分解は、吸収される直前に小腸の吸収上皮細胞の細胞膜で行なわれるのである。これを膜消化という。

　なぜ管腔内消化でブドウ糖にまで分解しないのだろうか。ほかの理由もあるが、理由の一つが腸内細菌との競争だという説がある[305]。小さくしたほうが吸収しやすいので、あらかじめブドウ糖にしてしまうと小腸内の細菌に食べられてしまうからだというのである。なるべく細菌に食べられにくい状態にしておいて（もちろんそれでもある程度は食べられるだろうが）、小腸上皮細胞で吸収される直前にブドウ糖にしてしまうのだという。

　たんぱく質の消化に関しても似たような事情がある。たんぱく質はアミノ酸がたくさん連なったものである。管腔内消化ではアミノ酸が数個から20個くらいのオリゴペプチドにまでしか分解されない。摂取したたんぱく質を

自分自身のたんぱく質に変えるには、いったんアミノ酸にまで分解する必要
があるが、そのような最終的な分解も、膜消化で行なわれ、分解後ただちに
アミノ酸として吸収される。

　宿主であるヒトと腸内共生細菌との間にも、このような食べ物をめぐるせ
めぎ合いがあるのだ。

感染症の歴史

　本書の主題は微生物と動物との共生であり、その中でも微生物の働きが動
物の生きていく上で役に立っている面が強調されてきた。しかし、**表7-1** に
も挙げたように共生には病原性のものもあり、人類の歴史は感染症との闘い
の歴史でもあった[124]。ヒトがかかる集団感染症の多くは、ヒトが野生動物
を家畜化して定住生活を始めるようになってから、動物から持ち込まれたも
のと考えられる[306]。現在は宿主と共生体の双方に利益があるような共生、
つまり相利共生であっても、進化的にみれば、共生の初期には共生体が病原
菌として働いていたものも多いと思われる。

　ペストは、ペスト菌 (*Yersinia pestis*) という真正細菌がネズミなどからノミ
やシラミを介してヒトに感染して引き起こされる。中世ヨーロッパではペス
トは黒死病と恐れられ、14 世紀の大流行では、当時 8000 万人だったヨー
ロッパの人口の 60％ が死亡し、世界全体では 7500 万人から 2 億人が亡く
なったという[124]。歴史的にはペストは少なくとも三回の大流行を起こして
きたが、各地の古い遺跡の人骨から採取されたペスト菌 DNA の分子系統学
的な解析によって、過去の大流行がどのように拡がったかを追跡する研究が
行われている。

　そのような研究の中で初期のものでは、中国から採取されたペスト菌
DNA の多様性が高いことから、三回の大流行とも発生地は中国であり、シ
ルクロードや海上交通を通じてヨーロッパやアフリカに持ち込まれたと結論
された[307]。しかし、その後に行われたもっと大規模な解析によると、カス
ピ海沿岸、コーカサス地方、中央アジアなど広範囲の地域で発生した可能性
が指摘されている[308]。

　ペストとならんで人類の歴史を通じて猛威をふるってきた天然痘は、天然
痘ウイルス (*Poxvirus variolae*) という DNA ウイルスによって引き起こされる

感染症であり、一定数のヒトが集団で定住生活するようになって以来の恐ろ
しい疫病であった。定住生活するに伴って、そのほかにもさまざまな感染症
が人々を悩ませてきた。

　16 世紀はじめに、スペインのエルナン・コルテス（Hernán Cortés；
1485 ～ 1547 年）やフランシスコ・ピサロ（Francisco Pizarro；1470 ～
1541 年）がわずかな数の部下を率いて圧倒的な人口を擁するメキシコのア
ステカ帝国やペルーのインカ帝国を征服できたのは、スペイン人が持ち込ん
だ天然痘がアステカ帝国やインカ帝国の人々に大打撃を与えたためだといわ
れている [309, 310]。スペイン人にはある程度の免疫があったが、新世界の人々
にとってはまったく新しい感染症だったために、コルテスやピサロはほとん
ど戦わずして勝利をおさめることができたのである。さらにスペイン人が持
ち込んだ麻疹（はしか）、インフルエンザ、チフスなどの感染症もそれに追
い打ちをかけた。コロンブスがアメリカ大陸を発見した当時の南北の新大陸
の人口はおよそ 8000 万人だったと推定されているが、わずか 50 年後には
1000 万人に激減したという [311]。

　その後のヨーロッパでも天然痘の猛威は続き、1707 年には 1 年間でア
イスランドの人口 5 万人のうちおよそ 1 万 8000 人が天然痘で死亡した。
ところが、1796 年にイギリスの医師エドワード・ジェンナー（Edward
Jenner；1749 ～ 1823 年）がワクチンによる予防法を確立して以来、天然
痘は次第に制圧されるようになった。そして、1979 年にはついに天然痘の
根絶が宣言され、そう遠くない将来、ほかの感染症も根絶されるだろうとい
う楽観的な見方が広まった。

　このような楽観的な見方には、細菌による感染症に対する抗生物質の劇
的な効果も大きく関与していた。ところが、その後も感染症と人類の戦い
は終局に向かう気配はない。マラリア原虫 (*Plasmodium*) によるマラリアは
依然として大きな脅威であり、2016 年になっても世界で 2 億人以上が発
症し、44 万 5000 人が亡くなっている [124]。また、結核菌 (*Mycobacterium
tuberculosis*) によって引き起こされる結核は、数千年にわたって人類にとっ
ての大きな脅威であった。ワクチンや抗生物質の登場で一時は制圧されつつ
あるかに見えたが、薬剤耐性をもつ結核菌が現われて、その脅威は現在でも
続いている。

近年特に問題になっている感染症に RNA ウイルスによるものがある。たいていの生物のゲノムは二本鎖 DNA であるが、RNA ウイルスのゲノムには一本鎖 RNA のものと二本鎖 RNA のものとがある。インフルエンザウイルス、コロナウイルス、エボラウイルス、ラッサウイルスなどが一本鎖 RNA ウイルスである。一本鎖 RNA ゲノムは DNA ゲノムよりも変異しやすく、次々にヒトが免疫をもたない新しいタイプのウイルスが生み出されているのである。

　1918 年に世界で猛威を振るったスペイン風邪とも呼ばれるインフルエンザは、5000 万人もの命を奪ったという。この死者数は、現在の世界の人口比では 2 億人に相当する。致死率の高いスペイン風邪は終息したが、その後もインフルエンザウイルスは変異を重ね、新しいタイプのインフルエンザが次々に出現してわれわれを脅かし続けている。

　1981 年になって、一本鎖 RNA ウイルスの一種であるヒト免疫不全ウイルス（HIV）などによって起こるエイズ（AIDS、後天性免疫不全症候群）が新しい感染症として登場した。エイズは全世界に広がり、特にサハラ以南のアフリカ諸国に深刻な被害をもたらした。2016 年末までに世界中で 3500 万人以上の死者を出した[124]。

　また、2014 年に西アフリカから始まったエボラウイルス (*Ebolavirus*) によるエボラ出血熱の大流行では、世界で 2 万 7079 人が感染し、1 万 823 人が死亡した。死亡率は 40％ に達した[311]。エボラ出血熱や次に紹介するコロナウイルスによる感染症は、近年になって突如出現したもので「新興感染症」と呼ばれる。これらは、野生動物が保有していたウイルスによるものであり、エボラウイルスはもともと熱帯林の奥深くでコウモリと共生していたものと考えられる。

　アフリカでエボラ出血熱の流行が始まった地域では、果実食のオオコウモリを食べる習慣があり、そこからヒトに感染した可能性がある。実際に野生のオオコウモリからエボラウイルスが検出されている[312]。このほかに、オオコウモリがかじって唾液が付着した果実を地上に落とし、それをゴリラ、チンパンジー、サルなどが食べることがある。こうしてエボラウイルスに感染した霊長類の肉をヒトが食べて感染した可能性も考えられる。ヒトのエボラ出血熱が流行した時期には、その地域に棲むゴリラやチンパンジーの死亡

率が高く、死体からエボラウイルスが検出されたという[311]。これらの霊長類はヒトと同じように、ウイルスに感染すると重篤な病気になるが、ウイルスと本来の宿主であるオオコウモリの関係は安定したもののようである。

このような感染症は昔からあったが、以前は孤立した地域の風土病と見なされるようなものだったと考えられる。ところが、熱帯林が切り開かれて野生動物が人々の生活圏に出没するようになり、さらに人々が密集して生活するようになったことが、感染を広げるきっかけになったのだ。交通機関の発達に伴って、それが短期間で世界中に広まる恐れが出てきたのである。

コロナウイルス感染症

21 世紀に入ってから新たな脅威になったものにコロナウイルス（coronavirus; CoV と略記）による呼吸器感染症がある。コロナウイルスは最初 1960 年代に 2 種類のものが風邪の患者から得られたが（HCoV-229EとHCoV-OC43）、21 世紀に入ってからも風邪のような症状を引き起こす別の 2 種類のコロナウイルスが見つかっている（HCoV-NL63とHCoV-HKU1）。これら風邪のウイルスと同じコロナウイルスの仲間が致死性の高い感染症を引き起こすようになってきたのである。2002 年に中国広東省から広まった SARS（重症急性呼吸器症候群）や 2012 年にサウジアラビアから広まった MERS（中東呼吸器症候群）が世界各地で猛威を振るった。2019年 12 月に中国湖北省の武漢で発生が確認された COVID-19（2019 年新型コロナウイルス感染症）は、翌年には日本を含む世界中に広がり、われわれの生活に大きな影響を与えた（本書を脱稿した 2020 年 3 月時点ではまだ進行中であるが）。

ウイルス・ゲノムの配列データの分子系統学的な解析によると、COVID-19 を引き起こし、最初 2019-nCoV（2019 年新型コロナウイルス）と呼ばれたウイルスは、同じコロナウイルスの中でも MERS コロナウイルス（MERS-CoV）よりも SARS コロナウイルス（SARS-CoV）にはるかに近縁であり、ウイルス分類国際委員会のコロナウイルス部会によって「SARS コロナウイルス 2 型（SARS-CoV-2）」と命名された[313]。しかし、SARS は病気の名前であり、COVID-19 は SARS とは違った病気であることから、ウイルスの名前としては SARS とは区別して「HCoV-19（2019 年ヒトコロナウイ

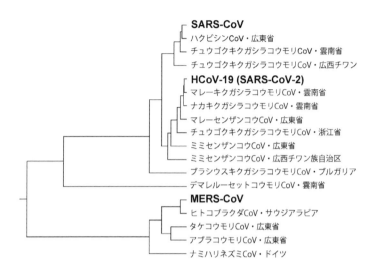

SARS-CoV
└ ハクビシンCoV・広東省
  └ チュウゴクキクガシラコウモリCoV・雲南省
  └ チュウゴクキクガシラコウモリCoV・広西チワン
HCoV-19 (SARS-CoV-2)
  └ マレーキクガシラコウモリCoV・雲南省
  └ ナカキクガシラコウモリCoV・雲南省
  └ マレーセンザンコウCoV・広東省
  └ チュウゴクキクガシラコウモリCoV・浙江省
  └ ミミセンザンコウCoV・広東省
  └ ミミセンザンコウCoV・広西チワン族自治区
  └ ブラシウスキクガシラコウモリCoV・ブルガリア
  └ デマレルーセットコウモリCoV・雲南省
MERS-CoV
  └ ヒトコブラクダCoV・サウジアラビア
  └ タケコウモリCoV・広東省
  └ アブラコウモリCoV・広東省
  └ ナミハリネズミCoV・ドイツ

図7-5　コロナウイルスの系統樹　文献 (315) の図を単純化したものに，文献 (316, 317, 318, 319) の情報を加えた．ヒト感染症コロナウイルスは太字で示したが，その中で HCoV-19 （2019 年ヒトコロナウイルス）[314] は COVID-19 を引き起こす 2019-nCoV （2019 年新型コロナウイルス）のことで，SARS-CoV-2 （SARS コロナウイルス 2 型）とも呼ばれる [313]．動物から採取されたウイルス名の後ろに添えられた地名はブルガリア，サウジアラビア，ドイツ以外はすべて中国．感染宿主の動物名：チュウゴクキクガシラコウモリ (*Rhinolophus sinicus*)，マレーキクガシラコウモリ (*Rhinolophus malayanus*)，ナカキクガシラコウモリ (*Rhinolophus affinis*)，ブラシウスキクガシラコウモリ (*Rhinolophus blasii*)，デマレルーセットコウモリ (*Rousettus leschenaultia*)，タケコウモリ (*Tylonycteris pachypus*)，アブラコウモリ (*Pipistrellus abramus*)，ハクビシン (*Paguma larvata*)，マレーセンザンコウ (*Manis javanica*)，ミミセンザンコウ (*Manis pentadactyla*)，ナミハリネズミ (*Erinaceus europaeus*)．

ルス）」と呼ぶべきだという意見がある [314]。最終的にどちらの名前に落ち着くかは分からないが [400]、本書では HCoV-19 と呼ぶことにしておく。

　SARS-CoV、MERS-CoV、HCoV-19 などのコロナウイルスは、コロナウイルス亜科の中のベータコロナウイルス属 (*Betacoronavirus*) に分類されるが、この属のウイルスはすべて哺乳類にしか感染しない。

　図7-5 にこれらヒトに感染するベータコロナウイルスのほかに、コウモリやさまざまな動物から採取されたベータコロナウイルスを含めた系統樹を示す。世界中の野生コウモリからさまざまなベータコロナウイルスが採取されている。この図では、コウモリから採取されて解析されたベータコロナウイ

ルスのごく一部しか示していないが、コウモリは洞窟などで大集団をつくっ
て生息する種類が多いので、ウイルスが宿主とするには格好の動物だと思わ
れる。コウモリの大集団は、時には数百万頭にも達することがあるのだ。南
アメリカ、アフリカ、アジアなど 20 か国のコウモリを含めた野生動物から
採取したコロナウイルスの分子系統学的な解析によると、コロナウイルスは
100 個の系統的なグループに分けられるが、そのうちの 91 のグループはコ
ウモリを宿主とするものを含むという [320]。

　コロナウイルスはコウモリとの長い共生を通じて安定した関係を築き上げ
ており、コウモリに感染してもたいていは発症しないものと考えられる。コ
ウモリでは、コロナウイルスが感染しても重篤な症状を引き起こさないよう
にするための機構が進化しているようである [401]。空を飛ぶコウモリは翼手
目というグループを構成するが、翼手目には 1000 種近いものが含まれ、哺
乳類の中ではネズミなどの齧歯目に次いで大きなグループである。このよう
にコウモリは種類が多いので、それと共生するコロナウイルスの種類も多い
のだ。

　この図から、SARS-CoV と HCoV-19 が非常に近縁なことは確かであるが、
それぞれにもっと近縁なヒト以外の動物を宿主とするウイルスがいること
が分かる。SARS-CoV に近縁なものは中国広東省の食肉市場のハクビシン
(*Paguma larvata*) から採られており [316]、HCoV-19 に最も近縁なものは中国
雲南省のマレーキクガシラコウモリ (*Rhinolophus malayanus*) という野生コウ
モリから採られている [318]。従って、SARS-CoV から HCoV-19 が進化したわ
けではなく、コウモリを宿主とするコロナウイルスの中からヒトに感染する
ものが独立に出現したと考えられる。2002 年の SARS の場合は、ハクビ
シンからヒトに感染したものとされているが、ハクビシンは感染すると発症し
てしまうことから本来の自然宿主ではなく、もともとコウモリを宿主として
いたコロナウイルスが、中間宿主のハクビシンを介してヒトに感染したもの
であろう。

　もともとコウモリを宿主としていたコロナウイルスが、ヒト以外の動物に
も重篤な感染症を引き起こすこともある。2017 年に中国で家畜のブタに感
染し、2 万 4000 頭以上を死に追いやったブタ急性下痢症候群コロナウイル
ス (SADS-CoV) がその一例である [321]。このウイルスはナカキクガシラコウ

アミノ酸座位 ウイルス	455	486	493	494	501	505
HCoV-19 (SARS-CoV-2)	*Leu*	*Phe*	*Gln*	*Ser*	*Asn*	*Tyr*
マレーキクガシラコウモリ CoV	Ser	—	Ser	Thr	Val	*Tyr*
ナカキクガシラコウモリ CoV	*Leu*	Leu	Tyr	Arg	Asp	His
マレーセンザンコウ CoV	*Leu*	*Phe*	*Gln*	*Ser*	*Asn*	*Tyr*
SARS-CoV	Tyr	Leu	Asn	Asp	Thr	*Tyr*

表7-3　コロナウイルスのスパイクたんぱく質の受容体結合領域のアミノ酸変異 [318, 322, 323, 324, 325]　スパイクたんぱく質の中でコロナウイルスが感染して細胞に侵入する際に重要な働きをするアミノ酸座位について示した．HCoV-19 と同じアミノ酸は，斜体太文字で示した．

モリを宿主とするコロナウイルス（**図7-5** に出てくるものとは別系統）に近縁なものである。SADS-CoV は、SARS-CoV や HCoV-19 などのベータコロナウイルス属とは別のアルファコロナウイルス属 (*Alphacoronavirus*) に分類されるもので、ヒトの風邪ウイルスである HCoV-229E や HCoV-NL63 に近縁である。

　「コロナウイルス」という名前は、その表面にラテン語で corona が意味する王冠のような突起をもち、それが太陽のコロナのようだということから付けられた。その突起は「スパイクたんぱく質」と呼ばれるたんぱく質でできている。このたんぱく質はコロナウイルスが感染した宿主細胞に侵入する際に重要である。HCoV-19 に最も近縁なものが雲南省のマレーキクガシラコウモリを宿主とする CoV だと述べたが、実は HCoV-19 のスパイクたんぱく質は、このコウモリ CoV のものに近縁ではなく、むしろ**図7-5** では遠い関係にあるマレーセンザンコウの CoV のものに近いのだ。**表7-3** にスパイクたんぱく質の中で感染に際して特に重要な6か所のアミノ酸座位の変異を示したが、HCoV-19 にくらべてマレーキクガシラコウモリの CoV では1カ所のアミノ酸しか一致しないのに対して、マレーセンザンコウの CoV は6カ所が完全に一致するのだ。

　このことは、違う種類のウイルスが同じ宿主に感染して、そこで組換えを起こした可能性を示唆する [318, 322, 323, 324, 325]。一つの可能性としては、もともと CoV をもっていたマレーセンザンコウにマレーキクガシラコウモリか

自然宿主	中間宿主		ヒト宿主	
コウモリ	→	？	→	HCoV-NL63
コウモリ	→	ラクダ	→	HCoV-229E
ネズミ	→	ウシ	→	HCoV-OC43
ネズミ	→	？	→	HCoV-HKU1
コウモリ	→	ハクビシン	→	SARS-CoV
コウモリ	→	ラクダ	→	MERS-CoV
コウモリ	→	マレーセンザンコウ？	→	HCoV-19 (SARS-CoV-2)

表7-4　ヒトに感染するコロナウイルスの自然宿主と中間宿主　HCoV-NL63, HCoV-229E, HCoV-OC43, HCoV-HKU1 は, ヒトに感染するコロナウイルスで, 風邪のような症状を引き起こす. 文献 (327) の表に, HCoV-19 を追加.

ら二重に感染し、二種類の CoV が細胞内で組換えを起こしたのかもしれない。別の可能性としては、マレーセンザンコウとマレーキクガシラコウモリの CoV が一人のヒトに感染し、ヒトの細胞内で組換えを起こして感染力を高めたのかもしれない (318)。マレーキクガシラコウモリの CoV はそのままではヒトへの感染力は強くないが、マレーセンザンコウの CoV のスパイクたんぱく質の一部を組換えで取り込んだために、ヒトへの感染力が高まったものと考えられるのである。

　HCoV-19 は、ヒトの受容体との結合力を SARS-CoV にくらべて 10 倍以上も高めてヒトへの感染力を高めたと考えられる (402)。ここでは組換えを考えたが、表7-3 で挙げた 6 カ所のうち、コウモリの CoV と違っている 5 カ所のアミノ酸座位でマレーセンザンコウの CoV と同じ変異が収れん的に起こり、ヒトへの感染力を高めた可能性も指摘されている。このような現象を「収れん進化」という。特にこの 6 つのアミノ酸座位を含むスパイクたんぱく質の受容体結合領域の塩基配列データを用いて、アミノ酸を変えない同義置換だけで系統樹を描くと、コウモリ CoV の方がマレーセンザンコウ CoV よりも HCoV-19 に近縁になる (403)。この章の p.126 で述べたように、同義置換はほぼ中立的だと考えられるので、アミノ酸レベルで収れん進化が起こっていても、同義置換によって描かれた系統樹は真の系統関係を反映しやすいのである。従って、スパイクたんぱく質遺伝子で、組換えではなく収れん進化が起こった可能性もあるのだ (404)。

収れん進化は新しい宿主内の環境に適応することによって起こると考えられるので、もしもこのシナリオが本当だとすると、どこでそのような進化が起ったのだろうか。もしかすると以前にコウモリからヒトに感染した CoV が、ヒトの細胞内で適応進化を遂げて感染力を高めたのかもしれない。あるいはヒトに似た受容体をもつ動物に感染し、そこでヒトからヒトへの感染力を高めるように進化したのかもしれない。ゲノムデータの分子時計による解析では、HCoV-19 とそれに最も近縁なコウモリ CoV との分岐は、1948 年〜 1982 年の間だったと推測されている[404]。一本鎖 RNA ウイルスの突然変異率は高いので、この時期から 2019 年までの数十年間にもこのウイルスは、人知れずに分岐を繰り返しながら進化を続けてきたと思われるが、その間の様子はまったく不明なのである。

　いずれにしてもスパイクたんぱく質が変異を起こすことによって、ヒトへの感染力を高めることがあるのだ[325]。このような変異の機構を明らかにすることは、今後同じような動物由来のヒト感染症ウイルスの出現に備えるためにも重要である。

　COVID-19 を引き起こす HCoV-19 に近縁なウイルスがコウモリを宿主としていることは確かであるが、コウモリからヒトに直接感染したとは考えにくい。最初に武漢で感染が確認された 2019 年の 12 月は（最初の感染は 11 月と思われるが）、コウモリの活動が鈍る時期である。COVID-19 は野生動物の肉を扱う市場で感染が始まったと疑われている。HCoV-19 に一番近縁なウイルスの宿主はマレーキクガシラコウモリであるが、このコウモリは食用には供せられないようである。マレーセンザンコウが中間宿主として疑われているが、中国に野生で分布するセンザンコウはミミセンザンコウと呼ばれる別種であり、マレーセンザンコウは分布しないので、外国から違法に輸入されたものと思われる。

　SARS や MERS は致死率が高かったが、SARS のほうは幸いにして短期間で終息した。一方、MERS は 2019 年末現在まだ中東では感染者が出ている。それにくらべて COVID-19 は基礎疾患のあるひと以外の致死率は比較的低いが、症状のないヒトからの感染も多く、拡大の範囲がほかの二つよりも格段に拡がった[326]。本書で繰り返し述べてきたように、宿主を殺してしまうような病原体は、自分自身も生き残れない。もともとこれらのウイルスは野

生動物の体内で安定した共生体だったものが、ヒトという新しい宿主に入り込んだ結果、強い病原性を発揮するようになったものと思われる。

表 7-4 にヒトに感染するコロナウイルスの自然宿主とヒトに感染する前の中間宿主を示した。その多くは、コウモリを自然宿主とするものである。図 7-5 では SARS-CoV に一番近縁なものはハクビシンの CoV であり、MERS-CoV に一番近縁なものは、サウジアラビアで家畜として飼われているヒトコブラクダ (*Camelus dromedarius*) の CoV なので、これらの動物を中間宿主として、そこからヒトに感染したと考えられている [316, 317]。ヒトの MERS は家畜のヒトコブラクダの子供に蔓延していた風邪のウイルスに由来するものだったようである [310]。それがヒトに感染して重篤な病気を引き起こすようになったのだ。

ヒトに感染するコロナウイルスには SARS-CoV、MERS-CoV、HCoV-19 以外に風邪のウイルスが 4 種類知られている。ここで、風邪のコロナウイルスの免疫持続期間が短いことが気がかりであるが [405]、HCoV-19 もいずれはヒトとの間でもっと安定した関係を築き、将来は風邪ウイルスのようなものとして生き残るかもしれない [406]。また野生動物と共生しているコロナウイルスの種類は膨大な数に上るので、その中からヒトにとっての新たな感染症が出現するということが繰り返されるであろう。

ヒトに感染するコロナウイルスの多くが、コウモリを自然宿主としていることから、コウモリをヒトにとって迷惑な存在ととらえるむきもあるかもしれない。しかし、コウモリが生態系の中で果たしている役割は大きい。植物の種子散布や花粉の媒介、節足動物の捕食などがあり、彼らの働きがなければ生態系は成り立たない [328]。重篤な感染症を引き起こす新興コロナウイルス感染症の出現は、人々の生活圏から離れていたコウモリの生息地域の開発が進み、ヒトや家畜などとの接触が増えてきたことも関係しているように思われる。さらに交通手段の発達により、一気に世界中に広がるパンデミックが起こりやすい状況が揃ってしまったのだ。

ヒトの感染症の多くは、およそ 1 万年前に農耕と牧畜が始まり、人々が密集して定住生活をするようになってからのものである。アメリカの歴史学者であるウィリアム・マクニール (William McNeil) によると、ヒトが一緒に生活する動物と共有する病気の数は、ブタ、ウシ、イヌでそれぞれ 42、

50、65 だという[309]。これらの病気はたいてい本来の宿主にとっては重篤なものではなかったが、新しい宿主を獲得して高い致死率を現すようになった。また高密度で定住するようになったヒトは、病原体にとって格好の宿主となったと考えられる。新たにヒトに感染するようになってから、最初は致死率が高かった病原体の中には、宿主との間で次第に安定した関係を築き上げて、「旧友」に近い関係にまで進んだものもあったと思われる。しかし、およそ1万年という時間は、一部の病原体にとっては、宿主との間で安定した関係を築くにはまだ十分でなかったであろう。

ウイルス学者の加藤茂孝は、感染症に臨むに際して必要な対策を、津波対策になぞらえて次のように述べている：「津波の対策として有効なのは、いかなる巨大な津波でも防げる巨大堤防で日本列島を取り囲むことではなく、津波発生の素早い予報・周知と前もって一時避難の場所を設定し、日頃から避難訓練をすることである」[310]。感染症対策にもこれに似たところがありそうである。第6章の最後に紹介した宗教学者の中沢新一の言葉がここでも生きてくる[247]。

新たな感染症がいつでも出現しうる状況にあって、われわれはそれにどのように対処すればよいのだろうか。天然痘の場合は無事にこれを根絶できたが、病原細菌に対する抗生物質や、ウイルスに対する抗ウイルス薬などに対する耐性をもった病原体の出現で、たいていの場合われわれと病原体との闘いには終わりがない。そのような場合、根絶を目指すよりも、重篤化しないような方策を第一にして、折り合いをつけながら病原体と付き合っていくしかないように思われる。

第8章

生物が陸上に進出するにあたって共生が果たした役割

地衣類の進化

　生命は誕生から長い間、海の中で進化したが、最初に陸上に進出したのが地衣類だと考えられてきた。2019 年になってこれとは異なる考えが出てきたが[(329)]、ここではまず従来の考えを紹介しておこう。

　古細菌の細胞内に真正細菌であるアルファプロテオバクテリアが共生してミトコンドリアになったことはすでに紹介したが、このような共生は真核生物進化の歴史で繰り返し起こった。

　ミトコンドリア（あるいはそれと同じ起源をもつヒドロゲノソーム）は、進化の過程で真核生物のいくつかの系統で失われたが、もともとはすべての真核生物の共通祖先がもっていたものである。もう一つ重要な細胞内共生体として葉緑体がある。こちらは、単細胞藻類の細胞内に酸素放出型の光合成を行う真正細菌シアノバクテリアが共生したものである。このような単細胞藻類から植物が進化し、さらに真核生物のいくつかの系統では二次的に葉緑体をもった藻類を細胞内に共生させるという進化も起こった。アルベオラータの中の渦鞭毛虫門の多くは葉緑体をもつ単細胞藻類を細胞内に取り込んでいる[(108)]。

　また、菌界（真菌）の中でも、植物界の緑藻と共生するようになったものがいる。それが地衣類である。地衣類の多くは宿主が菌界の中の子嚢菌類であるが、同じ菌界のハラタケ綱の担子菌の場合もある。また共生体は緑藻の場合が多いが、シアノバクテリアのこともある。真菌は自らの生存に必要な栄養をほかの生物から得る従属栄養であり、通常は独立栄養の植物やそれに依存して生きる動物などのからだを分解して栄養を得ているが、藻類と共生

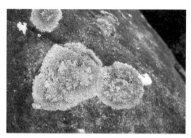

図8-1　岩の上でも育つ地衣類　ウスイ
ロキクバゴケ *Xanthoparmelia coreana* と
思われるウメノキゴケ科地衣類.

することによって生態学的には独立栄養
の役割を果たすようになったのである。
宿主の真菌類が藻類に生活の場と水や無
機物を与え、その代わりに藻類から光合
成産物を得ている。

　イギリスのヘレン・ビアトリクス・
ポター（Helen Beatrix Potter；1866 〜
1943 年）は、絵本『ピーターラビット』
の作家として有名であるが、1890 年代
にはロンドンのキュー王立植物園で地衣類の研究を行なっていた。彼女は地
衣類が一種類の生き物ではなく、真菌と藻類という異なる生き物の共生体だ
ということに気がついたのである。しかし、そのような考えは当時の学界で
は受け入れられず、学界から締め出された彼女は絵本作家としての道を歩む
ようになった[78]。実は地衣類が真菌類と藻類の共生だというポターの考えは、
すでに 1869 年にスイスの植物学者、ジーモン・シュヴェンデナー（Simon
Schwendener；1829 〜 1919 年）によって唱えられていたが、異なる生物
が永続的な共生関係を築くことができるという考えは当時の学者には受け入
れられなかったのだ。

　シュヴェンデナーとポターの考えは、20 世紀に入って徐々に認められるよ
うになった。1930 年には SF 作家の父と呼ばれるハーバート・ジョージ・ウェ
ルズ（Herbert George Wells；1866 〜 1946 年）は、進化学者のジュリアン・
ハクスリー（Julian Huxley；1887 〜 1975 年）と共著で書いた『生命の科学』
と題した本の中で、「地衣類が単一の要素からなる生物でないことは、酪農場
が単一の要素からなる組織でないのと同様である」と述べている。

　地衣類は、極地、高山、砂漠から熱帯雨林などさまざまな環境に分布し、
ほかの生物が生活しにくい厳しい環境に耐えて生きる。普通の植物が生きら
れない岩石の上などでも育つが（**図 8-1**）、水中では生育しない。地衣類は
同一種でも、生育条件によって成長速度が非常に異なるが、一般には成長が
遅い。北極圏やヨーロッパアルプスでのチズゴケの成長速度は、100 年間
で 10 〜 20 ミリメートルだという[330]。このように遅い地衣類の成長速度
を使って考古学遺跡などの年代推定を行う方法を「ライケノメトリー」とい

う。つまり、licheno（地衣類を使った）metry（測定法）である。イースター島のモアイ像の年代をこのライケノメトリーで推定したところ、モアイ像が作られたのはおよそ 400 年前という結果が得られている。地衣類の生育速度は気候条件などで変動するので推定の誤差も大きいが、大雑把な年代を知るには便利な方法である。

　生命は誕生から長い間、海の中で進化したが、最初に陸上に進出したのが地衣類だと考えられる。中国の貴州でおよそ 6 億年前の地衣類とみられる化石が見つかっているが、この化石が本当に地衣類のものなのかどうかについては、まだ議論が続いている。しかし、遅くとも 5 億 4100 万年前から始まるカンブリア紀には、地衣類が陸上に進出したと思われる。植物が陸上に進出するのはそのあとの時代、4 億 8500 万年前から始まるオルドビス紀である。

　地衣類が陸上に進出した頃の陸上には土はなく、岩だらけでとても普通の植物は生きられない所であった。そんな環境に地衣類はなぜ進出できたのだろうか。森林総合研究所の藤井一至によると、地衣類はクエン酸やリンゴ酸などの酸性物質を放出して、周りの岩を溶かして生存に必要なリンやカルシウム、カリウムなどを獲得するという[(331)]。こうして溶かされた栄養は地衣類に吸収されるが、残りは地衣類の遺体と一緒に砂や粘土と混ぜ合わされ、地球上で最初の土が生まれたという。地衣類に遅れて陸上に進出したコケ類（植物界）も地衣類と同じように岩を溶かすことができる。このように地衣類やコケ類は土壌の形成にも重要な役割を果たしており、彼らに続いてシダ植物などが陸上で繁栄できる条件を整えてくれたように考えられてきた。

地衣類の起源は陸上植物よりも遅かったという新しい説

　以上のように、これまでは地衣類は陸上植物が出現する以前に陸地を開拓したと考えられてきた。ところが最近、アメリカ・フィールド博物館のマシュー・ネルセン（Matthew Nelsen）らは、地衣類の出現は陸上植物よりも遅かったというまったく新しい説を提唱している[(329)]。彼らの根拠は分子系統学である。

　ネルセンらは、地衣類をつくる（これを地衣化するという）真菌類と藻類の系統を含めて、真菌類と藻類の大規模分子系統樹解析を行なったのであ

る。地衣化する真菌類や藻類はそれぞれ系統的にまとまったグループをつくるわけではなく、真菌類や藻類全体の中で独立に何回も進化している。ネルセンらが注目したのは、地衣化した真菌類や藻類のいくつかの系統がいつ頃現れたかということである。現存するシダや種子植物など維管束植物の共通祖先が出現したのがおよそ4億2500万年前のシルル紀と考えられるが、彼らの解析によると、地衣化した真菌類や藻類の系統の出現年代の推定値はどれもこの年代よりも新しくなるのである。

このような解析結果から、ネルセンらは地衣類の出現は維管束植物よりも後だったと主張しているのだ。中国の貴州でおよそ6億年前の地衣類とみられる化石が見つかっているという話をしたが、そのような化石の解釈には任意性があり、地衣類の出現が古かったという確実な証拠にはならないという。単に細菌がマット状に集まっただけのものかもしれないのだ。

一方、ネルセンらの解析には次のような問題もある。年代推定の誤差の問題もあるが、もっと重要なことがある。彼らは現在地衣化している真菌類や藻類のいくつかの系統の出現年代だけを問題にしている。地衣化した後で共生関係を解消してそれぞれ独立に生きるようになった真菌類や藻類もいたかもしれないのに、そのことは考慮されていないのだ。一度地衣化した真菌が単独で生活しているという報告はほとんどないが、共生藻類の多くは地衣化しなくても生活できる。地衣類の共生藻類は垂直伝達されるわけではなく、世代ごとに環境から取り込まれるものであり、地球環境の変化とともに宿主と共生体の組み合わせはそれに合わせて変わってきたのである[332]。また、地衣類の共生体と宿主の間で共進化を示す系統関係の事例は見つかっていない。

地衣体の中の真菌類と藻類の関係はフレキシブルなのである。地衣類という生物の一つの系統があるわけではなく、共生関係の一つの型に過ぎないのだ。もちろん、初期の地衣類の中には絶滅したものもあったはずである。このように考えると、地衣類と陸上植物のどちらが早かったかという問題は、まだ決着がついていないとするのが妥当であろう。

陸上植物が進化するにあたっての細菌の役割
陸上植物の進化は、緑藻類の一部が陸上に進出してコケに進化したことか

ら始まる。緑藻類の中の接合藻類のアオミドロやホシミドロなどが系統的には陸上植物に一番近縁なので、接合藻類と陸上植物との共通祖先から分かれた後で、現在の陸上植物の系統が陸上に進出したものと考えられてきた。ところが、接合藻類の中にはある程度まで陸上生活に適応したものがあることから、植物の陸上への進出は、接合藻類と陸上植物との共通祖先の段階から始まった可能性も指摘されている。

　このような状況で、中国・深圳農業ゲノム研究所のシーフェン・チェン(Shifeng Cheng) らがアオミドロとホシミドロという2種類の接合藻のゲノムを解析したところ、面白いことが分かった[333]。これらの接合藻のゲノムに、植物のストレス応答制御たんぱく質に相当する遺伝子がたくさん見つかったのである。植物が陸上に進出するにあたっての最大の問題は、乾燥によって生きていく上で大切な水を失うということであった。乾燥した陸地は、水の中で進化してきた生き物にとっては過酷な環境だった。このような乾燥に対するストレス応答の仕組みを現在の陸上植物は備えているが、同じものが接合藻にも見つかったということである。従って、植物の陸上への進出は、接合藻類と陸上植物との共通祖先の段階にまでさかのぼることが示唆される。

　しかもストレス応答制御たんぱく質遺伝子は、土壌細菌から水平伝達で取り込まれたと考えられるという。どのような経緯でこの水平伝達が起こったのかは不明であるが、植物に先立って陸上に進出していた細菌が乾燥に対するストレス応答制御たんぱく質を進化させていたのかもしれない。陸上に進出しつつあった接合藻類と陸上植物との共通祖先は、近くにいた細菌からこれらの遺伝子を取り込んで、乾燥した陸地での生活に適応していったものと考えられる。

陸上植物が進化するにあたっての真菌の役割

　真菌類のキノコには枯れ木や落ち葉に生える「腐朽菌」と生きている木の根に共生して生える「菌根菌」がある。腐朽菌は枯れた木や落ち葉を分解して、生態系における物質循環に大きな役割を果たす。植物だけでなく動物の遺体や排泄物を分解したり、生きた動植物から栄養を獲得するものもある。一方、菌根菌は植物が生きていく上で重要な働きをする。菌根菌のキノコに

は、アカマツに共生するマツタケのほかにトリュフ、アミタケ、ホンシメジなどがあるが、特定の木の根にしか共生しないため、人工栽培が難しく、高級な食材になっている。

　菌根菌は英語でも文字通り myco（菌）-rrhizal（根）fungi（菌）という。菌根菌は、菌糸から土壌中のリン酸や窒素を吸収して植物に供給し、代わりに植物が光合成で作った栄養分を得る。このような菌根菌は、もともと水の中で進化した植物が陸上に進出するにあたって大きな助けになったと考えられる。菌根菌は維管束植物だけでなく、維管束植物に先立って進化した根をもたないコケ植物でも見いだされているので、植物が上陸するにあたって重要だったと考えられる [334,335]。土壌中に菌糸を張り巡らせて養分を吸収する菌根菌はその後進化した維管束植物の根の働きもしたのであろう。

　4億年前のデボン紀の植物からアーバスキュラー菌根菌という真菌類の化石が見つかっている [336]。その当時の陸地は、岩石とそれが削られてできた砂や粘土からなる、養分や水分を保持できない痩せた土地であった。つまり土と呼べるようなものがなかったのだ。その上、最初に陸上に進出した植物には根が十分に発達していなかったために、周りから養分や水分を吸い上げる能力は低かったはずである。菌根菌は、このような植物が陸地で生き延びる上で大きな助けとなり、彼らも植物から光合成産物を分けてもらって大きな恩恵を受けていたと考えられる。アーバスキュラー菌根菌は、多くの陸上植物の根に共生する真菌であり、現在およそ150種が同定されている [337]。この菌は90％以上の植物種の根に共生し、土壌中のリンなどの養分を宿主に供給している [338]。

　アーバスキュラー菌根菌は、菌糸を植物の根の表層の細胞に侵入させて、樹枝状に伸ばす。これに対して、マツタケは菌糸を根の細胞内に侵入させないことから、「外生菌根菌」と呼ばれる。外生菌根菌に感染した樹木は成長が促進され、さらに侵入してくる病原菌から根の細胞を守る働きもあるといわれている。菌根菌が宿主植物の病原菌に対する抗生物質をつくる例も知られている [337]。

　このような共生菌をもたない維管束植物は、たいてい食虫性やほかの植物への寄生、あるいは水生など別の栄養獲得戦略を採用するようになったものだという [339]。

　一方、植物遺体を分解する腐朽菌は、植物が生きていく上で直接役には立っていないように思われるかもしれない。しかし、腐朽菌などの分解者がいなければ、枯れた植物はそのまま地面を覆い、新しく植物が芽生える場所がなくなるばかりでなく、物質の循環も起こらなくなり、植物が生きていく上で必要な養分が手に入らなくなるのである。

病原性と相利共生は紙一重

　本書では病原体が宿主との安定した関係に移行する例を繰り返し紹介してきた。ここでは、窒素循環に重要な働きをしている根粒菌について、そのような例をもう一つ紹介しよう[338]。

　植物の細胞が異常な分裂を繰り返して腫瘍をつくるクラウンゴールという植物の病気がある。これには、アグロバクテリウム・トゥメファキエンス (*Agrobacterium tumefaciens*) という真正細菌が関与している。この腫瘍形成を誘導する TIP(Tumor Inducing Principle) は、アグロバクテリウムがもつプラスミドと呼ばれる DNA 因子であることが分かってきた。アグロバクテリウムがもつプラスミドは、1万〜2万5000塩基対程度の長さの DNA である。これが植物の染色体に移行して腫瘍を引き起こすのである。

　最近の分子系統学的な知見から、この真正細菌の学名がリゾビウム・ラディオバクテル (*Rhizobium radiobacter*) と変更された。マメ科植物などに共生して、空気中の窒素を固定して宿主に供給する根粒菌にはいろいろな種類のものがあるが、その中でもリゾビウム属は主要なものである。植物の腫瘍を起こす細菌と根粒菌とが同じ仲間の細菌だったのだ。機能的にかけ離れた二つの細菌が同じ仲間だとは、DNA を調べるまでは気づかれなかったのである。根粒菌のリゾビウムがマメ科植物と共生するにも別のプラスミドが必要だという。同じ仲間の細菌が、プラスミドのやり取りを通じて、腫瘍を引き起こしたり、窒素固定をしたりなど、さまざまに変化している可能性があるのだ。

植物を感染症から守る真菌

　動物の場合、感染症の多くは細菌やウイルスによるものであるが、植物では真菌類の糸状菌によるものが多い。糸状菌は菌糸と呼ばれる管状の細胞でできた真菌の総称であり、一般にカビと呼ばれるが、これは系統的にまとまっ

たグループではない。

樹木の病害の一つにニレの立枯病がある。オフィオストマ・ウルミ (*Ophiostoma ulmi*) という子嚢菌がその病原菌である。これに感染したニレは短期間に枯れてしまう。この病原菌の胞子は、樹皮の中で子供を育てるキクイムシによって運ばれる。立枯病に罹ったニレの樹皮内で羽化したキクイムシの子供が、別のニレに病原菌を植えつけるのである。

しかし、フォモプシス・オブロンガ (*Phomopsis oblonga*) という子嚢菌がニレの樹皮にいると、生まれてくるキクイムシの数が著しく減るという [340]。真菌の共生が別の真菌による病気を防いでいるのだ。

土壌中の微生物

土の土たるは、不潔を排斥して自己の潔を保つでなく、不浄を包容し浄化して生命の温床たるにある
——徳富蘆花 (1913)『みみずのたはこと』[341]

ダーウィンはミミズが畑の土を食べ、それから養分をとった残りを糞として排泄することによって、空気が通りやすい肥沃な土壌を作っていることを40年にもわたる観察によって示した [342, 5]。ダーウィンは目に見えるミミズを研究したが、土壌中には目には見えない微生物がたくさん生息している。このような目では見えない多様な生き物の世界は、ダーウィンの時代にはまだあまり知られていなかったが、植物の生育にとって大切な働きをしている。多様な土壌微生物が作物の生育を支えているのである。

またミミズの体内でもたくさんの微生物が活動している。ミミズは1日に体重の10～30%の土を飲み込み、砂嚢のなかで細かく砕いたあとで、腸内細菌のちからで栄養分として吸収できるかたちに変えてもらっているのである。動物や植物は多細胞化して、さまざまな形態を進化させた。しかし、物質代謝に関しては限られた能力しかもっていないのである。一方、細菌は基本的に単細胞であり、形態的な多様性も限られている。ところが、代謝に関しては、実に多様な能力を進化させてきた。ミミズをはじめすべての動物や植物も細菌のこの能力を利用して生きている。また、作物が元気よく育つ

肥沃な土壌を維持するためにも、細菌の力は不可欠なのである。

　土壌中には細菌だけでなくカビ、酵母、キノコなどの真菌類やミミズ（環形動物）、モグラ（哺乳類）、ヤスデ、トビムシ、ダンゴムシ（節足動物）、センチュウ（線形動物）などの小動物が生息している。10アール（33メートル四方）の畑の深さ10センチメートルの土の中には、およそ700キログラムの土壌生物がいるという[337]。もちろん、与える有機物の量や作物の種類によって土壌生物の量は変わるが、このうちおよそ70%が真菌、25%が細菌、5%が土壌動物である。10アールあたりの真菌の菌糸の長さは、合計すると6500万キロメートルになるという[343]。これは、地球から月までの距離の170倍に相当する。

　一個体あたりの細胞は小さいため、重量で占める細菌の割合は真菌よりも少ないが、個体数では圧倒的に多く、土壌1グラムにおよそ10億個の細菌がいる。わずか10グラムの土壌中に、地球上の全人口を超える細菌が生きているということである。これに対して、カビや酵母、キノコなどの真菌の個体数を見積もることは困難である。なぜならば、キノコは菌糸を地中に張り巡らせていて、一つの森全体に広がっている菌糸がたった一つの個体だということもあるからである。いずれにしても、重量では真菌は土壌生物のなかでは一番大きく、土壌中の物質循環に貢献している。ただし、水田では酸素濃度が低く、酸素を必要とするカビが少なくなっている。

　カビなどの真菌や細菌などの土壌微生物の多くは、植物の根の周囲（これを根圏という）に集まる。植物は根から有機物を分泌し、さらに老化して枯死した根毛が脱落するなどするので、根圏には有機物が豊富に存在するからである。微生物濃度は、根の表面で最大で、0.3ミリメートル離れると100分の1になり、1.8ミリメートル離れると1000分の1になる。従って、根圏は一般的には数ミリメートルの範囲内だといわれている[337]。1株のライムギの根には、細かな根毛が140億本ついている。この根毛を繋ぎ合わせるとなんと地球の北極と南極の間の距離に相当する[344]。

　原生林では、植物の実や葉を食べた動物の糞や遺体は、さまざまな生き物の作用で無機物に分解されて、再び植物に取り込まれる。また植物の生み出す落ち葉や倒木などの遺体も、最終的には無機物に分解されて植物の肥料になる。これが生態系における物質循環である。ところが、農業で生み出され

た作物は、農地から取り除かれてしまうので、取り除いた分を戻してあげるということがない限り、農地は次第に痩せていく。化学肥料が出始めた当初は、その効果があまりにも大きく、一見万能であるかに思えたが、その後いろいろな問題が浮かび上がってきたのである。

土壌微生物が作物の病気を防ぐ

化学肥料だけに頼った農業は、土地を劣化させる。これには化学肥料に含まれないわずかだけ必要な栄養素が枯渇するという問題があるが、それだけではない。かつて化学肥料を推進する立場の人たちは、不衛生な下肥や堆肥は寄生虫や害虫をはびこらせて、作物を壊滅させるだろうと主張していた。ところが、20世紀の初頭になってイギリスの有機農業の創始者であるアルバート・ハワード（Albert Howard；1873〜1947年）は、そのような考えとは逆に病原体が堆肥化で死滅することを証明したのである[345]。

また、1902年にドイツの農学者ローレンツ・ヒルトナー（Lorenz Hiltner；1862〜1923年）は、土壌を滅菌することによってむしろ植物は病気にかかりやすくなることを示した。彼は次のように植物を二種類の異なる土壌で栽培する実験をしたのである：「一方の土は消毒して微生物をすべて殺し、もう一方は消毒せずにおく。それから既知の病原体をそれぞれの型の土に入れる。消毒した土で栽培した植物は病原体にやられ、消毒しなかったほうの植物は健康に育つ」[345]。

土壌中の多様な微生物が植物の発病を抑止していることによってこのような違いが生じることを、ヒルトナーは示したのである。殺虫剤、除草剤、殺菌剤などの農薬をむやみに使うことは、土壌微生物の生態系を破壊し、その結果として作物の健康にもかえって悪い影響を与える。このことは、抗生物質のむやみな使用が、われわれの腸内細菌叢を破壊し、健康に悪い影響を与えていることと似ている。

家畜の糞などを微生物によって完全に分解した肥料である堆肥の使用が、作物だけでなくそれを食べる動物の健康にも影響することを示唆する話がある。1940年代にヨーロッパでウシやブタなどに感染する口蹄疫の大流行があった。堆肥を施していた牧草地でウシを飼っていたある有機農場が、化学肥料と未熟厩肥（十分に分解させてない有機物を与えることで、植物に悪い

影響を及ぼすことがある）を使う農場と隣り合っていた。化学肥料と未熟厩肥の農場で口蹄疫が発生した。口蹄疫に罹った隣の農場のウシと一緒にいたにもかかわらず、有機農場のウシたちは口蹄疫に感染しなかったという[344]。このような一例だけで結論を下すことはできないが、堆肥で健康に育ったウシは口蹄疫に対しても抵抗性をもつということは十分に考えられることであろう。

　ほとんどの土壌微生物は、枯れた植物遺体や家畜やヒトの糞尿など生命のない有機物を分解して、植物が利用しやすいかたちにしてくれるが（腐生微生物）、生きている植物の体内に入り込んで有機物を得るようになったものがいる（共生・寄生微生物）。そのなかで有名な細菌が、根粒菌と呼ばれるものである。根粒菌は主にマメ科植物の根に棲みついて、根から糖などの有機物をもらい、逆に宿主である植物の根に窒素化合物を供給してお互いに利益を得ている。また、マツタケはアカマツの根にリンや窒素などの無機物を供給する代わりに、アカマツから糖類をもらって生きている。

　根粒菌の場合、大気中の窒素をアンモニアにして（窒素固定）、それを植物に供給する。根粒菌による窒素固定には大量の酸素が必要なため、マメ科植物の根粒のついた根は地表に近い浅い部分だけであり、通気性のある土壌が必要である[343]。

第9章

反芻動物と共生微生物

反芻動物の胃

　植物食に特化した真獣類（有胎盤哺乳類）には、奇蹄目（ウマ、サイ、バク）、長鼻目（ゾウ）、クジラを除いた鯨偶蹄目（ウシ、シカ、キリン、ブタ、カバ）などがある。そのなかで、鯨偶蹄目のなかの反芻類と呼ばれるグループは現在特に繁栄しているものである。口絵3に鯨偶蹄目の系統樹マンダラを示した。

　その中で、背景が緑色になっている反芻亜目というマメジカ科、キリン科、プロングホーン科、シカ科、ジャコウジカ科、ウシ科から成るグループが独特の消化様式を進化させた。彼らは草や木の葉など哺乳類が産する酵素では消化できないセルロースを多く含むものを食べる。彼らの胃は四つの区画から成る。第一胃がほかの区画にくらべて圧倒的に大きなもので、ルーメンと呼ばれる。ウシの成獣の場合、第一胃は胃全体の80％の容積を占める[346]。哺乳類の消化酵素では消化されない植物をたくさんの共生微生物の力で消化分解する場である。

　ルーメンとそれに続く第二胃は、激しい収縮を繰り返して胃内容を攪拌する。この二つの区画を併せて反芻胃というが、反芻胃と咽喉頭の連携運動によっていわゆる吐き戻しが起こる。こうして再咀嚼が起こることによって、食べた植物塊がさらに細かく破砕される。この反芻により食べたものの質量当たりの表面積が広くなり、より多くの微生物が取り付きやすくなることによって発酵分解の効率が高まり、より多くの養分を体内に取り込むことが可能になる[142]。

　東京大学の遠藤秀紀によると、第三胃は洗濯機にたとえると脱水装置だと

いう[346]。反芻胃で微生物代謝のすんだ食塊から水と水溶性の内容物を絞り出して吸収し、残りを第四胃に送る。第四胃が胃酸分泌を行う普通の胃であり、それ以外の第一胃から第三胃までを前胃という。ルーメンから送られてくる微生物の消化が第四胃から始まる。反芻動物が食べた植物を分解して栄養として取り入れた微生物を、今度は宿主が自分自身の栄養として消化するプロセスが始まるのだ。ここから先の消化は、植物食動物というよりは微生物食動物のものになる。

反芻胃に生息する共生微生物

　反芻胃には真正細菌、古細菌（メタン生成菌）、原生生物（繊毛虫や鞭毛虫）、真菌など嫌気性の微生物がたくさん生息していて、反芻動物が食べたものを消化している。このルーメン発酵によって、微生物の増殖と栄養素の転換が起こり、合成された必須アミノ酸に富む良質の微生物たんぱく質は、反芻胃の下流にある消化器官で消化吸収され、宿主動物のたんぱく質となる[142]。ほとんど草だけを食べているウシがヒトにとって良質なたんぱく質源となるのも、ルーメン発酵のおかげなのである。

　ただし、現在ではわれわれがたんぱく質源として利用している家畜の肉用牛や乳牛は、草だけでなく、コムギやトウモロコシなど穀類から作られる濃厚飼料を大量に与えられている。生草、乾草などの粗飼料にくらべて濃厚飼料はたんぱく質を豊富に含むため、肉用牛の成長を早め、乳牛の乳量を大幅に高めるために使われるようになったのだ。もともと野生動物の家畜化は動物とヒトとが食べ物をめぐって競合しては成り立たないものだったはずである。ヒトの残飯や排泄物を与えたり、ヒトの利用できない草原の草や穀物として育てたイネ科植物の茎や葉を食べさせることによって成り立った。ところが、近年のウシの飼育ではヒトが食べられる穀物が大量に与えられるようになり、ウシはヒトと競合する存在になってきたのである。

　ウシは長い進化の歴史を通じて、草を食べ、それを微生物の力でルーメン発酵させることによって良質なたんぱく質に変換することができるようになった。ほとんど草だけを食べて生きていくことができるウシに、たんぱく質豊富な濃厚飼料を大量に与えられるようになったということは、反芻胃の機能を維持する上で問題が多い。また、濃厚飼料が大量に与えられるように

なったために起こると思われるウシの疾病も多い[142]。高炭水化物の濃厚飼料を過食すると、ルーメン内の乳酸産生菌が増殖して乳酸が増加するためpHが5以下に低下し、繊維分解菌や繊毛虫が死滅するという。牛海綿状脳症（BSE、いわゆる狂牛病）の問題が起こるまでは、成長が早まるということで肉骨粉がウシの飼料としても利用されたのである。長い進化の歴史を通じて出会ったことのないものを食べさせると、思いもよらない作用が現われることがあるのだ。

反芻胃には、細菌のほかに繊毛虫や鞭毛虫など単細胞の原生生物がたくさん生息している。その中で、繊毛虫が原生生物の大半を占めるが、ルーメン内容液1ミリリットル当たり10^5から10^6個になる。繊毛虫は、10^{10}個以上を占める細菌にくらべると数の上では少ないが、細胞のサイズが大きいため、ルーメンの微生物バイオマスの50%を占める。

反芻類は進化の過程でからだを大きくさせてきた

口絵3に鯨偶蹄目の系統樹マンダラを示した。分岐の順番と年代は文献[347,348]に従った。以前は偶蹄目と鯨目の二つに分けて分類されていたが、カバがほかの偶蹄類よりもクジラに近縁であることが明らかになり[349]、偶蹄類が系統的にまとまったグループでないということで、クジラと一緒に鯨偶蹄目に統合されたのである。鯨偶蹄目の中で一番種数の多いのが反芻類であるが、マメジカ科、キリン科、プロングホーン科、シカ科、ジャコウジカ科、それにウシ科が反芻類に含まれる。この中でマメジカが一番小さく、なかには重さ0.7キログラムのものもいるが、現生の偶蹄類はほとんどが大型哺乳類である。従って、祖先も大きかったのではないかと想像されるが、実際には偶蹄類の古い化石はみんな小型なのだ。現生の偶蹄類からの予想と、化石証拠との間にこのような食い違いが見られるのである。

近年、現生動物のゲノムデータから共通祖先のさまざまな形質を推定することが試みられ、そのためのさまざまな統計的方法が開発されている[350]。その際に着目するのは、遺伝子の進化速度である。遺伝子の変化は、さまざまな制約のもとで起こるが、個々の遺伝子の進化速度は形質の進化と相関があるはずである。共通の形質をもつ現生種で似たような振るまいをする遺伝子は、そのような形質の発現に関与していると見なして、祖先の枝でも同じ

ような振るまいをする遺伝子が見いだされたら、同じ形質をもっていた可能性が高いとすることができる。そのような方法の一つを、鯨偶蹄目のゲノムデータに適用した結果、予想とは異なり、鯨偶蹄目の祖先はみんな小さかったということになった[351]。このことは、偶蹄類の古い化石がみんな小さいということとも整合する。

　鯨偶蹄目全体の共通祖先は、ミミズや昆虫などを主に食べる食虫性の動物だったと考えられる[350]。その中でクジラ以外の鯨偶蹄目の多くの系統は、植物食になっていった。セルロースを多く含む木の葉やイネ科植物の葉を主に食べる動物から反芻性が進化したが、反芻動物はルーメン内での微生物の発酵によりセルロースなどを分解して栄養を獲得する。その際、発酵を効率よく行うための温度調節が重要だと考えられる。小さなからだでは温度調節が難しく、そのために反芻動物のからだが大きくなったと考えられるのである。

　反芻動物以外の偶蹄類もブタなど雑食性のものを除いてたいていはセルロースの多い植物食である。そのため消化管内での微生物による発酵が消化にとって重要であり、温度調節のために大きなからだになっているものと思われる。

反芻動物の効率の良い栄養摂取法の収れん進化

　ウシなどの反芻動物は、反芻胃で起こる微生物のルーメン発酵による代謝産物をその微生物を消化することによって得ている。従って、反芻動物は微生物食といってもよいものである。これによって、もともとたんぱく質などの栄養の乏しいイネ科植物の葉などからも、必須アミノ酸に富む良質のたんぱく質を得ることができるのである。このように効率のよい栄養摂取が可能なのは、ルーメン発酵が消化管の最上流部分で行なわれるために、そこで栄養をたっぷりとため込んだ微生物を下流で十分消化吸収できるからである。

　ところが第3章で紹介したように、例えばヒトやウサギでは大腸内で細菌がビタミンB_{12}を合成しているが、消化管の一番下流にある大腸はそれを吸収できない。糞として排泄されてしまうのである。ウサギは自分の糞を食べてビタミンB_{12}を摂取しているのだ。これらの動物では、消化管内の微生物叢はほとんど消化管の最下流部の大腸に集中しているために、せっかく作っ

図 9-1　テングザル *Nasalis larvatus*　ウシなどの反芻動物と同じように反芻胃をもつ.

てもらった栄養が吸収できなくて、糞として排泄されてしまうこともあるのだ。

　ウシなどの反芻胃は進化史上における画期的な発明だったと考えられるが、同じような構造が霊長類のテングザルの仲間と鳥類のツメバケイでも独立に進化した。これを「収れん進化」という。テングザルの仲間はコロブス類と呼ばれるが、leaf-eating monkey といわれるようにもっぱら木の葉を食べる。図 9-1 で示すようにテングザルは大きな太鼓腹が特徴であるが、これはセルロースに富んだ木の葉を微生物によって発酵させるための大きな前胃をもつからである。腸内微生物叢は糞便を使ってある程度まで研究できるが、野生動物で前胃の微生物叢を調べるのは簡単ではない。京都大学の早川卓志（現・北海道大学）らのグループは、はじめてボルネオに生息する野生のテングザルの前胃内容物からその細菌叢を調べた[352]。

　彼らは、餌となる植物の多様性の高い川辺林と、単調なマングローブ林の野生個体、それに飼育個体（野外の餌付け個体も含む）、それぞれ 2 個体ずつの前胃内細菌叢を比較した。その結果、川辺林で多様な植物を食べているテングザルは、単調なマングローブ林の個体にくらべて、前胃内細菌叢の多様性が二倍以上も高いことが分かった。また飼育個体の前胃内細菌叢の多様性はマングローブ林のものと同程度であるが、ヒトの腸内細菌叢で見られるものが多く含まれているという。ヒトに近い環境で暮らすテングザルは、ヒトの食べ物の消化に必要な細菌を前胃内に共生させているのである。

　ここで調べた 6 個体のテングザルから検出された前胃内の細菌は合計で 2700 種類に上るが、すべての個体に共通する細菌は 153 種類に過ぎなかった。この 153 種類の細菌の多くは、テングザルにとって

図 9-2　ツメバケイ *Opisthocomus hoazin*（国立科学博物館・2015 年・大アマゾン展、山口吉彦コレクション）.

生息環境によらずに必要なものと思われる。テングザルはこのほかに環境によって異なる細菌叢も取り入れているのである。

　アマゾン川流域に生息するツメバケイ（**図9-2**）が鳥類では唯一反芻動物に似た消化システムを進化させた。そのためにツメバケイのことを「空飛ぶウシ (flying cow)」ともいう。彼らは食道に続く嗉嚢で食べた植物の葉を発酵させる。ツメバケイもテングザルのように主に植物の葉を食べるのである。そして嗉嚢がウシなど反芻動物のルーメンと同じ役割を果たしている。ツメバケイの嗉嚢の細菌叢を調べてみるとウシのルーメン内で見つかるものと極めて近縁なメタン生成菌が何種類か見つかる[353]。嗉嚢はもともと鳥類が食べたものを消化する前に一時的に蓄えておく器官として進化したが、ツメバケイが葉食性になるにあたって、嗉嚢をさらに大きくし、その中に発酵に必要な微生物を取り入れることによって、共生微生物にセルロースを分解してもらうように進化したのである。

第 10 章

昆虫の共生微生物

栄養的に偏った食事の弊害を除く細胞内共生細菌

　アブラムシ（**図 10-1**）は植物の茎にストロー状の口吻を差し込み、植物の樹液を吸って餌としている。樹液は糖分を多く含んでいてカロリー的には足りるが、必須アミノ酸の含有量が少ないため、これだけを餌としていては、栄養失調になってしまう。実際には、アブラムシの体内の菌細胞と呼ばれる特殊化した細胞内にガンマプロテオバクテリアの仲間のブクネラ (*Buchnera*) という共生細菌がいて、これがアルギニンやトリプトファンなどの必須アミノ酸を合成して、アブラムシに供給しているのである[354]。このようにアブラムシは細胞内共生細菌を抱えることによって、栄養失調に陥ることを免れているのだ。

　昆虫の場合、特定の種類の植物しか食べず栄養的に偏ることが多いので、共生細菌の確保はその昆虫にとって重要な問題である。抗生物質などを使って、実験的に体内の共生細菌を取り除くと、正常な成長や繁殖ができなくなることが、いくつかの例で確かめられている。このように宿主に対して必要な栄養を補ってあげている共生細菌もまた、自身の生存や繁殖に必要な栄養を宿主から得て、お互いに持ちつ持たれつの関係にあるのだ。

　アブラムシに共生しているブクネラは、菌細胞内に生息している。もともとはアブラムシの消化管内に棲んでい

図 10-1　アブラムシ（半翅目）のお尻から分泌される甘露を求めて集まるアリ

たブクネラが、特殊化した細胞内に棲むようになったものと考えられる。ア
ブラムシとブクネラの間のこのような関係は、およそ 2 億年もの間、連綿
と続いてきたものである。ブクネラ以外にもさまざまな昆虫で細胞内共生す
る細菌が知られているが、このような共生は昆虫のさまざまな分類群で独立
に何回も起こったと考えられる [355]。このように宿主の細胞内に共生するよ
うになった細菌のゲノムの大きさは、独立して生きている細菌にくらべて一
桁程度小さくなっている。ストレスの少ない宿主の細胞内では、生きていく
ために必要な遺伝子が少なくてすむのである。同じように細胞内共生した細
菌がミトコンドリアに進化するにあたってゲノムサイズが小さくなったこと
はすでに紹介した。

　アブラムシだけでなく、植物の樹液という栄養的に偏った餌に頼るセミ、
ウンカ、カイガラムシなどもそれぞれ特有の細菌を共生させて栄養を補って
いる。

　ブクネラの細胞内共生の場合、卵が母親の体内で発達する段階で共生細菌
は受け渡されている。細胞内に共生するようになった細菌は確実に次世代に
受け渡されるが、そうでない場合については、後で紹介するようなさまざま
な方法で受け渡される。

　脊椎動物の血液を吸うのに特化した昆虫も多い。第 3 章のチスイコウモ
リのところでも述べたが、樹液と同じように血液も食べ物としては栄養的に
偏ったものである。このような昆虫の多くは細胞内共生細菌をもっている。
アフリカ睡眠病の病原体である原生生物のトリパノソーマを媒介するツェ
ツェバエも細胞内にウィグレスウォルティア属 (*Wigglesworthia*) の細菌を共
生させていて、共生細菌に足りない栄養を補ってもらっている。

　ツェツェバエとこの細菌との共生は 5000 万年〜 1 億年前のツェツェバ
エの共通祖先の時代から続いており、共生細菌は卵を介して垂直伝達されて
きた。そのため、宿主のツェツェバエの種分化に合わせて、共生細菌も一緒
に種分化してきたという共進化が認められる [356]。また長い間の共進化の結
果、共生細菌は宿主の細胞の外では生きていけなくなってしまい、ゲノムサ
イズはおよそ 69 万 8000 塩基と非常に小さくなっている。それでももちろ
ん、ビタミン合成に関わる遺伝子など宿主の栄養を支えるのに必要な遺伝子
は保持している [357]。

ゴキブリの細胞内共生細菌

　樹液や血液のような栄養の偏った餌にもっぱら頼っている昆虫以外にも、餌の栄養がそれほど偏っていないはずの雑食性昆虫にも、細胞内共生細菌をもつものがいる。普通の腸内細菌にくらべて細胞内共生は宿主と共生体との結びつきが強く、一般に長い歴史をもっている。雑食性のゴキブリは、一つの例外的な属を除いてどれも脂肪組織中に菌細胞をもち、ブラッタバクテリウム属 (*Blattabacterium*) というバクテロイデス門 (Bacteroidetes) の真正細菌を共生させている。ブラッタバクテリウムは尿素のかたちで宿主から窒素分を受け取って、それを使ってアミノ酸やビタミンを合成している。ゴキブリとブラッタバクテリウムの共生は 2 億年続いているというが、なぜ雑食性のゴキブリがそんなに長い間細胞内共生菌を維持し続けたのだろうか。栄養価の高い餌が常に得られるとは限らないため、栄養欠乏時に備えて窒素分の貯蔵と再利用のシステムを進化させたのかもしれないという [358]。

　シロアリはゴキブリの一系統から進化したものであり、シロアリの中で最初にほかから分かれたムカシシロアリも菌細胞をもち、ブラッタバクテリウムを共生させている。ところがムカシシロアリと分岐したほかのシロアリは、ブラッタバクテリウム属との共生を解消し、その代わりに多様な真正細菌を含め、メタン生成古細菌、原生生物から成る腸内微生物叢をもつようになった [359]。

シロアリの腸内細菌

図 10-2　イエシロアリ
Coptotermes formosanus

　シロアリ（**図 10-2**）は木材を食べるために、日本では木造住宅に被害を与える害虫と見なされることが多い。シロアリの腸内には細菌だけではなく真菌、原生生物などさまざまな微生物が棲みついていて、シロアリが食べた木材の消化の役割を担っているのである。第 3 章では、シロアリの腸内に共生する超鞭毛虫類やトリコモナスなどの嫌気的な原生生物の細胞内にメタン生成古細菌が共生している話をした。ヒトの

場合、腸内微生物叢の重量は 1.5 キログラム程度といわれているが、シロアリの腸内微生物叢の重量はシロアリの体重の 3 割にもなる。この腸内微生物叢は、親から子に、口移しや食糞によって引き継がれるといわれていた。実際、2005 年に理化学研究所の本郷裕一（現・東京工業大学）らが、いくつかの種のシロアリとその腸内細菌について分子系統樹解析を行なったところ、共生細菌は宿主の種に特異的であり、さらに宿主と共生体の間の共進化が認められた[360]。従ってシロアリの腸内細菌叢は主に垂直伝達で子孫に伝えられ、宿主の種分化に合わせて共生細菌も種分化してきたと考えられる。

このようにシロアリの腸内細菌叢は垂直伝達で伝えられるのが基本であるが、進化的な時間スケールでみた場合には他種のシロアリや環境からの水平伝達の影響も見られる。2018 年に沖縄科学技術大学のトマス・ブーギニョン (Thomas Bourguignon) らは、94 種のシロアリについて腸内細菌の大規模な DNA 解析を行なって、シロアリは垂直伝達と水平伝達の両方の方式を使って腸内細菌叢を獲得していることを明らかにした[361]。垂直伝達だけだとレパートリーが限られてしまい十分ではないようなのである。ほかのコロニーのシロアリの糞を食べたり、強いシロアリが弱いシロアリを食べたりするので、細菌叢が水平伝達することもあるようなのだ。

垂直伝達は共生細菌を次世代に確実に伝えるために有効であるが、一つ大きな問題がある。それは、伝達される集団サイズが小さいということである。集団が小さいために、偶然による有害突然変異が蓄積しやすく、次第に遺伝的劣化が進む。有性生殖はそれを回避する手段であるが、無性生殖の細菌ではその手段が使えない。環境からの水平伝達による取り込みがあれば、共生細菌間で自然選択が働き、遺伝的劣化が防げるのであろう[358]。

シロアリの食べる枯れた木材は、炭素源は豊富だが窒素源に乏しい食料である。食材性のシロアリの腸内には窒素固定細菌が共生していて、空気中の窒素を固定している。またシロアリは老廃物として尿酸をつくるが、これは後腸で細菌によって分解され、窒素源として再利用される。これら窒素固定や尿酸の再利用で確保した窒素源を使って腸内の微生物がアミノ酸やビタミンを合成するのである。しかし、後腸で作られるアミノ酸やビタミンはそのシロアリが吸収して利用するわけではなく、そのまま糞として排泄されてしまう。このことは、第 3 章で紹介したヒトやウサギの大腸で作られたビタ

ミンB_{12}が糞として排泄されるのと同じことである。ウサギはそれを食べて利用するが、社会性のシロアリの場合は、他の個体がその糞を食べて腸内微生物を摂取し、中腸でそれを消化吸収すると考えられている[362]。

シロアリに共生する原生生物

シロアリはゴキブリの中のキゴキブリの系統から進化したものである。シロアリの多くはもっぱら木材だけを食べるが、熱帯地方ではそのようなシロアリが昆虫のバイオマスのおよそ3分の1を占めるほど繁栄している。木材は消化しにくいセルロースを大量に含むが、彼らの多くは、木材のセルロースを分解するのに腸内に共生する原生生物の助けを借りている。

ただし、すべてのシロアリが腸内原生生物を共生させているわけではない。ゴキブリから分かれて社会性を進化させたシロアリは、さまざまな系統に分かれたが、その中の一つの系統から、いわゆる"高等"シロアリというものが現われた。それ以外のシロアリは、"下等"シロアリと呼ばれている。"下等"というのは、劣っているという意味ではなく、系統樹の根元近くから分かれ、シロアリの祖先型形質を残しているという意味であり、"高等"は祖先型とは違った新しい形質を進化させたものという意味である。進化生物学では通常、祖先型形質を残しているものを"原始的"（この言葉にも"下等"と同じようなニュアンスがあるが、あくまでも祖先型という意味である）、祖先型とは違った形質を進化させたものを"派生的"というが、ここではシロアリ研究者の用語を踏襲することにする。

下等シロアリはもっぱら木材を食べる食材性であるが、高等シロアリは食材性以外にも真菌の担子菌を栽培するキノコシロアリなど食性が多様化している。腸内原生生物を共生させているのは、下等シロアリで、高等シロアリはそれを失っている。高等シロアリは腸内細菌の力を借りてセルロースを分解していると考えられる。

20世紀の末近くまで、セルロースの分解は細菌、真菌、それに昆虫や反芻動物などに共生する微生物にしかできないと考えられていた。木材分解者として有名なシロアリも、自分で分解しているわけではなく、すべて腸内の細菌や原生生物に分解してもらっていると考えられていたのである。ところが、1998年になって下等シロアリのヤマトシロアリ (*Reticulitermes speratus*)

のゲノムにセルロース分解酵素の遺伝子がコードされていることが明らかになった[363]。

　シロアリが木材をかじって咀嚼することによって、セルロース繊維の表面積が増加してセルロース分解酵素が働きやすくなるが、シロアリ自身の酵素による分解は部分的なものである。残ったセルロースは腸内に棲む原生生物の細胞内に取り込まれて分解される。このような二重の分解機構により、シロアリはほとんどすべてのセルロースを分解利用できるのである[364]。原生生物を取り除くと、シロアリはセルロースを消化できず、生きていけなくなる。

　実際には木材はセルロースだけでなく木材の 20 〜 30% を占めるリグニンを含む。リグニンはセルロースを固めて、高い樹木を支えるのに必要な物質である。リグニンとセルロースは複雑に絡み合って存在しているので、リグニンがあるとセルロースも分解するのが難しい。ところがシロアリに共生する原生生物はセルロースを分解するところまではできるのである。分解されないリグニンは糞として排泄される。

　ところで、リグニンを分解できるようになったのは、真菌類・担子菌門の中のハラタケ綱 (Agaricomycetes) である。2 億 9000 万年前の石炭紀が終わる頃に、リグニン分解能をもったハラタケ綱が現われたとされている[365]。それまで樹木は分解されずに地中に埋没して石炭になったが、それ以降は枯れた樹木が分解されるようになり、良質の石炭はできなくなったのである。高等シロアリのキノコシロアリでは、彼らが巣の中で栽培するシロアリタケ属 (Termitomyces) の坦子菌キノコがリグニンを分解しているようである[364]。このシロアリタケもハラタケ綱に属するキノコである。キノコシロアリは祖先がやっていたように腸内共生微生物に木材を消化してもらう代わりに、キノコに木材を消化してもらった後でそれを食べるように進化したのである。

■コラム 4　マトリョーシカ型共生

　下等シロアリ腸内の原生生物の中で大型のものは、細胞あたり 10^3 から 10^4 個もの細胞内細菌をもち、核内に共生細菌が認められることもある[364]。細胞内共生の研究者らは、このような共生微生物の中にさらに小さな

微生物が共生している入れ子構造の共生を、人形の中に小さな人形が何重にも入っているロシアのマトリョーシカになぞらえて、マトリョーシカ型共生と呼んでいる[366]。

　このようなマトリョーシカ型共生は、いろいろな場面で見られる。シアノバクテリアが真核細胞内に共生して葉緑体に進化したが、その宿主の系統が口絵1で示した植物界である。緑藻類や陸上植物を含む緑色植物亜界や紅藻植物亜界などが含まれる。ところが、細胞内に葉緑体をもつ真核生物はこれ以外にも多い。

　アルベオラータのマラリア原虫などは、現在は光合成機能を失っているが、アピコプラストという葉緑体の痕跡が見られる。ただし、これは葉緑体をもった単細胞の紅藻が二次的に細胞内共生したもので、その葉緑体が退化してアピコプラストになったと考えられる。マラリア原虫に近縁なものに、同じアルベオラータの渦鞭毛藻がある。これもマラリア原虫のものと同じ由来と考えられる紅藻の葉緑体をもち、今でも光合成を行なっている。このようにして二次的に葉緑体を獲得して独立栄養になった生物が、その後、従属栄養の寄生性（病原性）になったのがマラリア原虫なのである。

　このような葉緑体の二次共生は口絵1で示した系統のうちアメーバ界とオピストコンタ（後方鞭毛生物ともいう；動物界＋菌界）を除く植物界以外のすべての系統で認められるという[367]。またオピストコンタの中でも、動物界刺胞動物門のサンゴでは、紅藻の二次共生で葉緑体を獲得した渦鞭毛藻を細胞内に共生させている。三次共生と呼んでもよいであろう。さらに高次の葉緑体の共生もあるというから、まさにマトリョーシカ型共生が見られるのである。

アリの食性と共生細菌

　雑食性のアリにも細胞内共生細菌をもつものがいる。クロオオアリの仲間のオオアリ族 (Camponotini) は、中腸近くの菌細胞内にブロッホマニア (*Candidatus* Blochmannia) というガンマプロテオバクテリアを共生させている。この共生もおよそ4000万年続いてきたものと思われ、アブラムシの細胞内共生細菌ブクネラと同じように、ゲノムサイズが小さくなっている[368]。この共生細菌もやはり宿主から離れて生きていくことはできなくなっている

のである。

　ブロッホマニアを除去した働きアリに1齢幼虫を飼育させると蛹化成功率が激減するが、必須アミノ酸を与えると回復するという。また、蛹の時期から成虫にかけてブロッホマニアの窒素代謝系遺伝子の発現が高まる。これらのことから、この共生細菌は成虫が生きていくためには必要ないが、幼虫に高栄養食を与える成虫の栄養補給や、餌をとれない蛹の時期に重要な役割を果たすようである[358]。

　アリには捕食性（肉食）から植物食までさまざまな食性をもったものがいる。栄養学的には、植物食だけだと、肉食にくらべて窒素が不足しがちである。植物食のアリの腸内にはリゾビウム目のアルファプロテオバクテリアが見いだされる[369]。これは、マメ科植物の根粒菌と呼ばれる共生細菌と同じ仲間である。根粒菌はマメ科植物と共生し、空気中の窒素を固定して宿主に供給していることで有名であるが、アリも同じような仕組みで窒素を栄養として取り入れている可能性がある。

　肉食性から植物食性までさまざまな食性をもったアリの系統樹を描いてみると、植物食性のアリが系統的に一つのグループにまとまるわけでなく、肉食性のさまざまな系統から植物食性のアリが繰り返し独立に進化してきたことが分かる。そのように植物食に進化したアリの腸内には、リゾビウムが共生細菌として見いだされるのだ。つまり、アリは新たな共生細菌を取り込むことによって、食性を変えてきたと思われる。

腸内共生細菌を肛門から排出するカプセルで受け渡すカメムシ

　カメムシの仲間の半翅目・カメムシ亜目の昆虫でも腸内細菌が重要な働きをしているが、その細菌叢の獲得の仕方は様々である。**口絵4**にカメムシ亜目の系統樹マンダラを示した。

　その中のマルカメムシ（*Megacopta punctatissima*；マルカメムシ科 Plataspidae；**図10-3**）も、腸内に共生細菌をもっていて、それを除去すると、半分以上が幼虫のときに死んでしまい、

図10-3　マルカメムシ *Megacopta punctatissima*（半翅目マルカメムシ科）

残りはなんとか成虫になっても繁殖できないという[371]。マルカメムシのメスは、卵を産むときに、その横に共生細菌の入ったカプセルを一緒に用意する。このカプセルは肛門から排出されるが、幼虫は孵化するとすぐにそのカプセルに口吻を突き刺して、共生細菌を吸い込むのである。このようにして、腸内共生細菌が母親から子供に垂直伝達されるのだ。マルカメムシの共生細菌もアブラムシの共生細菌ブクネラと同様に、アルギニンやトリプトファンなどのアミノ酸を合成する遺伝子をもっている。マルカメムシ科は世界でおよそ500種が記載されているが、これらはみんなカプセルで共生細菌を子供に受け渡している。マルカメムシと共生細菌の分子系統樹解析を行うと、マルカメムシ科の共通祖先がもっていた共生細菌が、宿主のマルカメムシの種分化にあわせて種分化してきたことが分かる[355]。このように、マルカメムシのカプセルは、親から子に着実に共生細菌を伝えるための安定した仕組みとして機能している。

　母親が作ったカプセルを通して子供に共生細菌を伝えるという仕組みがあるので、実験的にカプセルを取り除いてこの垂直伝達を阻害することができる。産業技術総合研究所の細川貴弘（現・九州大学）らがそのような実験をしたところ、共生細菌叢を獲得できなかった個体では、成長の遅延、外骨格を形成するクチクラ層の軟化などの異常が見られ、繁殖することなく死亡したという[355]。つまり、共生細菌叢はマルカメムシが種として存続するためには絶対必要なものなのである。

　マルカメムシ科ではカプセルを通じて共生細菌が受け渡されていることを利用して、細川らは面白い実験を行なった[372]。マルカメムシはクズという野生マメ科植物の汁を吸っているが、ダイズなどのマメ科作物の畑があるとそちらに侵入して害を与える。一方、沖縄など南西諸島には、タイワンマルカメムシ (Megacopta cribraria) というマルカメムシと同属だが別種のものが分布している。こちらはタイワンクズ専門でダイズには害を与えない。細川らが実験して調べたところ、タイワンカメムシもダイズで成長して、交尾し、卵を産むところまではいくが、孵化できずに半分以上が死んでしまうという。そこで、この両種の間で何が違うのかを調べるために、共生細菌カプセルを取り替えてみたところ、ダイズではマルカメムシの卵がうまく孵化しなくなり、逆にタイワンマルカメムシの卵はちゃんと孵化するようになったとい

う。つまり、ダイズを食べてうまく繁殖できる性質は、マルカメムシ自身がもっているのではなく、共生細菌が与えていたのである。新たな共生細菌を取り込むことによって、革新的な形質が進化するということは、動物の進化機構を考える上で重要な視点を与える。

腸内共生細菌を卵殻に塗りつけて受け渡すカメムシ

　共生細菌カプセルはマルカメムシ科だけで見られ、その共通祖先で進化したものと思われる。**口絵 6** は、マルカメムシ科とは別のカメムシ科の幼虫である。カメムシ科の大部分の種は、産卵時にメスが卵の表面に共生細菌入りの分泌物を塗布する。孵化した幼虫は、この写真のように直ちに卵表面を舐めて共生細菌を摂取する。

　日本全国で普通に見られるチャバネアオカメムシ（**図 10-4**）の場合も孵化した幼虫は母親が卵の表面に塗った共生細菌を舐めて摂取する。ところが北海道、本州、四国、九州のチャバネアオカメムシは同じ種類の共生細菌（共生細菌 A）をもっているのに対して、種子島、屋久島から日本最西端の与那国島まで連なる南西諸島のチャバネアオカメムシは島ごとに違った共生細菌をもっているという [373]。本土の共生細菌 A と南西諸島で主流の共生細菌 B のゲノムサイズは、それぞれ 390 万塩基、240 万塩基だが、南西諸島で見られる共生細菌 C ～ F のゲノムサイズは 460 万～ 550 万塩基と大きく、大腸菌など環境中にも生息している細菌と同程度なのである。先にアブラムシの細胞内に共生しているブクネラという細菌のゲノムが小さくなっているという話をしたが、チャバネアオカメムシの共生細菌 A や B も自立して生きていくために必要な遺伝子を失っていて、カメムシと共生していないと生きられないのに対して、共生細菌 C ～ F は土壌中からも見つかる。つまり、こちらは自立して生きていく能力があるのだ。共生細菌 A や B は、チャバネアオカメムシとの間で長い共生の歴史があったことがうかがわれるが、ほかの共生細菌は最近になってチャバネアオカメムシが環境中から取り込んだものと考えられるので

図 10-4　チャバネアオカメムシ
Plautia stali（半翅目カメムシ科）

ある。

石垣島のチャバネアオカメムシには、共生細菌Bをもつ個体以外にそれぞれ共生細菌C、D、Eをもつものがいる。共生細菌を取り除いたチャバネアオカメムシの幼虫に石垣島の土壌を与えると正常に育ち、腸内に共生細菌C、D、Eが確認できたという。細川らによると、もともとは環境中から毎世代共生細菌を獲得する環境獲得が進化し、そこからカメムシ科で多く見られるように母親が卵の表面に共生細菌を塗り付ける

図 10-5　ホソヘリカメムシ
Riptortus pedestris（半翅目ホソヘリカメムシ科）

ことによる親から子供への垂直伝達が進化し、さらにマルカメムシ科の祖先系統で共生細菌カプセルをつくるようになったと考えられる[373]。

腸内共生細菌を毎世代環境から取り込むカメムシ

これまで紹介してきたカメムシの腸内共生細菌は、親から子へ垂直伝達されるものだった。ところが、チャバネアオカメムシの例をみると、長い進化の歴史の間には、垂直伝達だけではなく環境から共生細菌を取り込む機構があることが分かる。ところで、親からの垂直伝達がいっさいなく、毎世代ごとに環境から共生細菌を取り込んでいるカメムシがいることが分かってきた。それが、マルカメムシ科やカメムシ科とは別のホソヘリカメムシ科のホソヘリカメムシ（図 10-5）である[355]。

ホソヘリカメムシもダイズを食い荒らす害虫として知られているが、母親と子を同じプラスチック容器のなかで飼っても、子供の腸内には共生細菌が伝えられない。いろいろな研究の結果、ホソヘリカメムシの共生細菌は環境中に生息しているものであり、ダイズ畑の土を入れた飼育容器で幼虫を飼うと、育った成虫のほとんどの個体が腸内に共生細菌を保持していることが分かる。つまり、ホソヘリカメムシは毎世代ごとに環境中から共生細菌を取り込んでいるのである。

■コラム 5　微生物農薬の昆虫への効き方が腸内細菌によって変わる

　腸内共生細菌が昆虫でも重要な働きをしている例をいくつか紹介した。ここでは微生物農薬の昆虫への効き方が昆虫の腸内細菌によって変わることを紹介する[374]。枯草菌の仲間でバキルス・トゥリンギエンシス (*Bacillus thuringiensis*) という細菌、あるいはこの細菌が産生する結晶性たんぱく質毒素は、世界中でよく使われている微生物農薬で、この細菌の種名の頭文字をとって BT 剤と呼ばれる。BT 剤にはいろいろな菌株があるが、菌株ごとにガ、甲虫、ハエなどに特異的に効くので、殺虫剤として使われるのである。

　マイマイガという森林害虫の幼虫は、通常は BT 剤が散布されると死んでしまう。ところが、抗生物質を与えて腸内細菌を除去した上で BT 剤を与えると、死ななくなるという。メカニズムは不明だが、BT 剤の殺虫活性の発現には、マイマイガがもっている腸内細菌が重要な役割を果たしているのである。

第 11 章

発酵食の歴史

　我々の体内に微生物を共生させることは生物学的な必須事項であり、発酵の技術は
この基本的な事実を実践する人類の文化なのだ。余分な食糧を活用するためには、そ
れを微生物生態系の存在下で保存するための戦略を持たなければならない。それが発
酵だ。
　　　　　　　　　　　　　　サンダー・E・キャッツ (2016)『発酵の技法』[375]

発酵と腐敗

　発酵とは微生物の力でヒトにとって有益なものを作り出す過程である。あ
る試算によると、世界中で人類が消費する食料全体の 3 分の 1 までもが発
酵によって作られたものだという [375]。一方、腐敗も同じように微生物の力
によるものであるが、こちらはヒトにとって有益でないもの、あるいは有害
なものを作り出す。発酵と腐敗はどちらも微生物の代謝によるものである
が、両者の区別は単にヒトにとって有益か有益でないかという点に過ぎな
い。しかもこの区別は非常にあいまいである。

　ヒトは古い時代から微生物の力を借りて作った発酵食品を食べたり飲んだ
りしてきたが、その利用の仕方は文化圏によって大きく異なる。第二次世界
大戦末期の 1944 年にフランスのノルマンディー上陸作戦後、アメリカ兵は
カマンベール・チーズの熟成庫からの臭いで、そこに死体があると思い込ん
だという。つまり、このアメリカ兵にとってカマンベールの熟成は、発酵で
はなく腐敗だったのである。このように、発酵と腐敗の境は、食べるひとの
出身地や文化圏によって大きく異なる [376]。東京農業大学名誉教授の小泉武
夫によると、発酵と腐敗を区別するのは、科学ではなく文化であるという。

　文化は英語で culture というが、culture には耕すとか栽培するという意
味もあり、細菌や真菌などの微生物を培養するという意味もある。発酵のた
めに微生物を培養するやり方も文化によって異なる。

　文化によって違うというだけではなく、それぞれの文化圏が一つの宗教の

もとで統一を保つために、あえてほかの文化圏の発酵食品を排斥することも行なわれた。ゲルマン諸国がキリスト教化された頃、発酵食品であるビールは北方の異教徒の飲み物であり、同じ発酵食品のワインが高貴な飲み物であるとされた。西ヨーロッパでビールが復権したのは宗教改革の時代からである。

　発酵食品の好みは文化圏によって異なるだけでなく、年齢によっても変化する。ヒトと発酵食との関係は、学習を通じて育まれることが多い。共同体の中での学習を通じてほかのメンバーと同じものを食べることによって、同じ共同体の一員になれるのである。人々は発酵食品を通して、自分たちのアイデンティティーを認識する。そのような発酵食の多くは、ほかの文化圏のひとにとっては、腐敗したものとして排斥される。スウェーデンの発酵ニシンであるシュールストレミングは、世界一臭い食べ物と評されることもあるが、エール・フランスや英国航空の機内に持ち込むことはできないという。これには強烈な臭いだけでなく、シュールストレミングの缶詰が破裂する恐れがあるということもあるのだ。缶の中で発酵が進むので、発生したガスのために缶が破裂寸前になっている。缶の中ではハロアナエロビウム属 (*Haloanaerobium*) の真正細菌がシュールストレミングの熟成を行なっていて、水素ガス、二酸化炭素、硫化水素、そして酪酸、プロピオン酸、酢酸を作り出しているのである[375]。

発酵食の起源

　ヒトは火をつくる技術を獲得し、それによって、固くてすじだらけの根を食べられるようにしたり、毒のある根や葉を無毒にしたりできるようになった。チャールズ・ダーウィンは、「火の発見は、人類の発明発見のうちで、おそらく言語を除いて最も重要なものだと思われる」と述べている[377]。食べ物を消化しやすいものに変える火の発見は、ヒトの進化に大きな影響を与えた[378]。しかし、発酵食品の発見もそれと同じように重要だったと思われる。

　ヒトが火を使用した最古の痕跡はおよそ 50 万年前といわれるが、発酵食の起源がそれよりも古かったかどうか確かなことは分からないが、もっと古かったかもしれない。発酵食に関しては、古くなった穀物や果実を食べてみ

ると酒に変わっていたというようなことが発端だと思われるが、そのような
ことは野生のゾウでも発酵したヤシの実を食べて酔っぱらうということでも
見られるので、かなり古いものであろう。

　発酵は、火を使わなくても肉や野菜を柔らかくするし、食品の腐敗を防
ぐ。火による加熱はビタミンを破壊することもあるが、発酵はむしろ栄養
価を高めることもある。オーストラリア原住民のアボリジニは、肉片を木
の枝に吊るし、肉が膨張して緑色になり、ガスが発生してシューシュー音
をたてるようになるまで待った。そのあと二日間、流水にさらし、木の葉
でくるんで土の窯で焼いたという。発酵による肉の熟成を行なっていたの
である。ジャーナリストのマリー゠クレール・フレデリック (Marie-Claire
Frédéric) によると、火を使った加熱よりも発酵が先だったという手掛かり
があるという [376]。

　パプアニューギニア北西部では、人々の主食はヤシ科のサゴヤシ
(*Metroxylon sagu*) であり、髄の部分を粉状にした上で発酵したペーストにし
て保存する。このペーストをヤシの葉で包み、水を満たした穴に浸して土で
覆う。すると、乳酸発酵が進んで、数か月間保存できるようになるのだ。こ
の地方では、水の中で加熱することに対して発酵に由来する言葉が使われる。
水の中で食べ物を加熱するときは、地中に掘った穴に熱した石を投げ込んで
行なわれるが、発酵も同じような穴で行なわれ、どちらもぷつぷつと気泡が
生じるからだという。

　アフリカ熱帯地方のスーダンだけで80種類以上の異なる発酵食品があり、
スーダンのほとんどすべての食品が発酵されているという [375]。熱帯の暑さ
の中では、微生物による食物の急速な変成は避けられないことである。発酵
は、その変成作用によって腐敗ではなく、美味を作り出すための戦略なので
ある。

酒の起源

　野生の植物から発酵食をつくることが、それらの植物を家畜化する動機と
して大きな役割を果たしたという説がある [376]。ヒトは最初野生のブドウか
らワインを作っていたが、後にそのブドウをたくさん得るために栽培するよ
うになったというのである。

　ゲルマン諸国がキリスト教化された頃、ビールは北方の異教徒の飲み物であるとして排斥されたという話をしたが、『ケンブリッジ・食べ物の世界史』によると、今から 5500 年前頃のイラン西部のザグロス山脈にあるゴディン・テペ遺跡でオオムギを発酵させてビールを作っていた証拠があるという [(379)]。この遺跡は現在のイラクに相当するメソポタミアの東隣りにある。

　一方、ブドウから醸造するワインについては、今から 7400 〜 7000 年前のザグロス山脈ハッジ・フィルツ遺跡で作られていた証拠がある。しかし、ビールの起源はサハラ以南のアフリカで、ナイルの谷を経由してエジプトに伝わり、5500 年前までにメソポタミアに定着したとの説もある [(376)]。いずれにしても、ビールが北方の異教徒の飲み物だというのは、あくまでもずっと後のゲルマン諸国がキリスト教化された頃の話なのである。

　ビールの起源がどこかについては不明であるが、ゴディン・テペ遺跡の周辺の現代のトルコ、イラク、イランにまたがるクルディスタンと呼ばれる地域で今から 1 万年近く前にビールが作られていたという話もある [(380)]。いわゆるメソポタミアと重なるこの地域は狩猟採集生活をしていた遊牧民が最初に定住して穀物を栽培したところであるが、穀物の栽培はビールをつくるためだったという [(376)]。野生のイネ科植物の実を使ってビールをつくる試みは、世界各地で独立に行われたと思われるが、メソポタミアではビールつくりのためにムギの栽培が始まったというのである。ブドウの栽培ももともとは実を食べるためではなくてワインをつくるためだったというのだ。

　生水には有害な微生物が含まれている恐れがあるが、ビールには生存に必要な水とともに栄養も含まれている。ビールを表す表意文字は、今から 5100 年前頃にメソポタミアで成立した最初の楔形文字資料のなかに現れる [(381)]。その文字は水と穀物粒を満たした壺を表している。

　今からおよそ 9000 〜 8600 年前の中国河南省の賈湖遺跡で、ツル科のタンチョウ (*Grus japonensis*) の尺骨で作られた笛が見つかっている。その笛は埋葬された人骨と一緒に出土したものである。また同じ場所で見つかった壺には、米と蜂蜜、それにサンザシやブドウの実を発酵させた酒が入っていたことが分かっている [(382, 383)]。中国で土器の製作が始まったのが、メソポタミアよりも 5000 年ほど早いおよそ 1 万 5000 年前だという。樹の洞などで自然に発酵した酒をたまたま手に入れるのではなく、ヒトが意図的に酒を醸造

するためには、まずそのための容器が必要であった。土器の製作により中国では世界に先駆けて酒の醸造を行うための素地が整えられていた。そもそも土器が作られたきっかけが、酒の醸造のためであった可能性もある。

　ただし、われわれは遺跡に保存されているものばかりに目を奪われ過ぎている可能性もある。実は遺跡には残らない容器を用いた酒の醸造も可能だったのである。そのような容器として最有力なものが、ヒョウタン (*Lagenaria siceraria*) である。ヒョウタンは世界中の多くの文化で何千年も前から発酵容器として使われてきた[375]。

　ヒョウタンはアフリカ原産であり、アフリカ起源の現生人類 (*Homo sapiens*) が世界中に分散するにあたって、ヒョウタンに水を入れて運ぶことによって長距離移動が可能になったことは大変重要であった[384]。ヒョウタンは日本にも縄文時代早期の 9600 年前頃には伝わっていたという。土器はヒョウタンをモデルにして作られたとも考えられ、少なくとも定住生活に入るまではヒョウタンのほうがはるかに使いやすい容器だったことは確かであろう。ヒョウタンは遺跡の中で残りにくいので、最古の酒の醸造がヒョウタンを使って行われたとすると、その歴史をたどるのは難しい。

　賈湖遺跡ではさらに、これまでに発見された中で最古のおよそ 8600 年前の文字が見つかっている。賈湖契刻文字と呼ばれるこれらの文字は、現在の漢字の祖先型である今から 3000 年以上前の殷の甲骨文字と同じようにカメの甲羅や骨に刻まれていたが、文字の意味は解読されていない。甲骨文字は占いなどの宗教的儀式と関連して用いられたとされているが、賈湖契刻文字も宗教的儀式に関わる可能性が高いという。

　ヒトがビールやワインを作って飲むようになるはるか以前から、動物たちはアルコール発酵した果実を食べてきた。野生のゾウでも発酵したヤシの実を食べて酔っぱらうなど、多くの動物で見られる。ヒトもビールやワインを作って飲むようになる前には、自然に発酵した果実を食べることによって、エチルアルコールを摂取していたものと考えられる。

ハネオツパイの日常的飲酒

　ゾウなどの動物がエチルアルコールを摂取することはあるが、日常的に飲酒の習慣をもつ動物はヒトだけだと考えられていた。ところが 2008 年にド

イツの研究者が中心になってマレーシアの熱帯雨林で行なった調査で、ハネオツパイ（**図 11-1**）もブルタム（*Eugeissona tristis*）というヤシの花から分泌される蜜が発酵してできるエチルアルコールを日常的に摂取して、ヤシの花の受粉を助けていることが明らかになった[386]。この花の蜜が発酵してできる酒には、最大で 3.8%、平均で 0.6% のアルコールが含まれる。ハネオツパイが主要なエネルギー源として毎日摂取する酒に含まれるエチルアルコールは、ヒトに換算するとワインをグラスで 9 杯飲むことに相当

図 11-1　ハネオツパイ
Ptilocercus lowii [385]

するという。これは普通のヒトならば酔っぱらってしまう量であるが、彼らは平気である。しかし、ハネオツパイがこれだけ大量のアルコールを摂取し続けてもなぜ平気なのかはまだよく分からないという。

　ツパイはヒヨケザルと並んで霊長目に一番近縁な哺乳類だから、ヒトの遠い祖先もアルコール摂取の習慣をもっていたかもしれない。パナマでチュンガと呼ばれるヤシ（*Astrocaryum standleyanum*）の実は、コクモツリス（*Sciurus granatensis*）、ハントゲネズミ（*Proechimys semispinosus*）、キンカジュー（*Potos flavus*）、マダラアグーチ（*Dasyprocta punctate*）、クビワペッカリー（*Tayassu tajacu*）やシロガオサキ（*Pithecia pithecia*）（**図 11-2**）によって食べられる。このように動物に食べられることによって、ヤシの種子は遠くまで運ばれ分布が拡大できるのである。このヤシの熟した実にはエチルアルコールが 0.9% 程度含まれるが、極度に熟した実には 4.5% も含まれる[387]。シロガオサキは熟し過ぎた実よりも、糖分がまだ残っていてアルコールを少し含むような果実を好んで食べるという。われわれの祖先にも、果実食の時代があったと思われるが、発酵したてのアルコールの匂いに引き寄せられて、アルコールを含む果実を食べていたのかもしれない。

図 11-2　シロガオサキ *Pithecia pithecia*

酵母の起源

　1857 年にフランスのルイ・パスツールは、酵母がアルコール発酵を行うことによってブドウの糖分がワインになることを発見した。真菌の出芽酵母サッカロミケス・ケレウィシアエ (*Saccharomyces cerevisiae*) がビール、ワイン、日本酒などの酒を造るのに使われる。出芽酵母とは、細胞分裂のときに親細胞の表面から小さな娘細胞が出芽することからきている。「*Saccharomyces*」は、砂糖を食べる菌という意味で、ラテン語の糖「saccharum」とギリシャ語の菌「myces」からきており、「*cerevisiae*」はビールを意味するラテン語からきている。パンを発酵させるのに使われるパン酵母もビール酵母と同じ種である。またワインを造る際にはサッカロミケス・バヤヌス (*Saccharomyces bayanus*) など別の酵母が使われることもある。これらの酵母は、発酵によりエチルアルコールを産生するのである。

　新奇な形質が進化するにあたって、共生とならんで重要な機構として、大野乾（1928 ～ 2000 年）が提唱した「ゲノム重複説」がある [388]。通常の遺伝子進化は、その遺伝子が重要な機能を果たしているものであれば、その機能を保つことが必要であるから、その上でさらに新しい機能が進化することは難しい。ところが、ゲノムがそのまま二倍になれば、従来の機能は一方で保ったままで、もう一方は自由に変化できるようになる。そのような自由度が、新奇な形質が進化する際に重要であろう。

　酵母が進化するにあたって、サッカロミケス属やカンディダ属 (*Candida*) など、いくつかの属の共通祖先でゲノム重複が起こったことが分かっている [389]。アメリカ・ペンシルベニア大学考古学人類学博物館のパトリック・マクガヴァン (Patrick McGovern) は、果実をつける樹木が地球全体で繁栄し始めた頃、サッカロミケスの祖先は、ゲノム重複の成果を利用してゲノムの再編成を行ない、酸素なしで増殖できるようになり、新たに獲得したアルコール産生能力によって競争相手を駆逐したと考えている [383]。腐敗や病気の原因となる多くの微生物は、アルコール濃度が 5% を超えるような環境では生きられないが、新たに進化したこの酵母はその二倍のアルコール濃度でも生きられるようになったのである。

　今日世界中の酒造りで使われている酵母サッカロミケス・ケレウィシア

エのさまざまな株と自然界から採取した株を併せて 1000 株以上のゲノムデータを使って系統樹解析をしたところ、中国や台湾のいくつかの野生株の枝が系統樹の根元近くから順次出ている系統樹が得られた[390]。これを解析した研究者たちによると、この種はもともと中国起源であり、「出中国」のあと世界各地に自然分布を広げ、それぞれの地域で家畜化されて発酵食品や発酵飲料造りに利用されるようになったという。

　ここで、真菌の「家畜化」と書いたが、英語では「domestication」という。この言葉は生き物を飼いならして、長い時間をかけて少しずつ改良していくことを意味する。domestication は、日本語では動物の家畜化あるいは植物の栽培化と訳されるが、真菌の場合にはどちらにすべきか迷ってしまう。第2章で述べたように、系統的には真菌は植物よりも動物に近縁なのであるが、最近では真菌だけでなく植物の栽培化も含めて家畜化ということもある。本書では「家畜化」で統一することにする。

日本の国菌 —— ニホンコウジカビ

　日本酒を造るのに酵母サッカロミケス・ケレウィシアエが使われることを紹介したが、もう一つ日本酒造りに重要な役割を果たす生物がいる（実はさらにもう一つ乳酸菌という真正細菌もいるが、ここでは触れない）。それが同じ真菌のニホンコウジカビ (*Aspergillus oryzae*) である。酵母は 5 〜 10 マイクロメートル（0.005 〜 0.010 ミリメートル）であり肉眼では見えないが、コウジカビは胞子の大きさが 3 〜 10 マイクロメートルであるが、成長すると 2 〜 5 ミリメートルの菌糸の先に緑色の胞子が着生し、肉眼でも見えるようになるので、文字通りの微生物とはいえないかもしれない。酵母は糖をアルコール発酵させるが、それに先立ってコウジカビは米のデンプンを分解して酵母の餌である糖を用意する。ニホンコウジカビ (*A. oryzae*) は日本固有であり、われわれの祖先が野生種のアスペルギルス・フラウス (*A. flavus*) を選抜・育種してできたものである。この間に野生種がもっていたカビ毒を生産する遺伝子群の機能は失われた[391]。

　酒を造ることを「醸す」というが、これは「噛むす」からきたものだという。古代の酒は、蒸した米を若い娘が噛んで作ったからである。唾液のアミラーゼによってデンプンが糖分に分解し、天然の酵母がアルコール発酵を行

なって酒ができたのである。やがて、蒸した米にカビが生えると、口で噛まなくても同じような酒ができることに気がついたのであろう。しかし、カビの中にはカビ毒をつくるものもいたので、性質の良いカビを選んで次の酒造りに使うようになったと考えられる。

　コウジは漢字で普通は「麹」と書くが、「糀」という漢字もある。こちらは、米にニホンコウジカビの白い胞子がまるで花が咲くように生えることから作られた和製漢字である [392]。ニホンコウジカビを使った日本酒は日本独自のものであり、大陸からの酒造り法がそのまま伝わったものではないようである [393]。大陸で麹をつくるためのカビは主にクモノスカビ (*Rhizopus*) であり、コウジカビではない。また、大陸の麹は原料を生のまま粉を水で練り固めてカビを生やすのに対して、日本では蒸した米を粒のままでカビを生やす。

　大陸の酒造りに使われるクモノスカビは、穀物を分解する過程で大量の酸を作り出す。これがほかの微生物を寄せつけない働きをするので、紹興酒などの酒は長期熟成できる。それに対してニホンコウジカビは酸をあまり作らないので、雑菌が入りやすい [392]。そのようなわけで、中国の酒には何十年も熟成させるものがあるが、日本ではそのようなものはほとんどない。

　日本の国鳥はキジ、国蝶はオオムラサキであるが、国菌はニホンコウジカビである。ニホンコウジカビは日本酒造り以外でも、味噌や醤油造りでも使われる。この真菌が日本食文化を支えているのである。ニホンコウジカビの属するアスペルギルス属 (*Aspergillus*) の真菌をコウジカビというが、焼酎の醸造にはアスペルギルス・リュウキュウやこれから派生したアスペルギルス・カワチなどが使われる。

　日本酒に含まれるエチルアルコールが真正細菌アルファプロテオバクテリアのアケトバクテル・アケティ (*Acetobacter aceti*) などの酢酸菌によって酢酸発酵を受けると酢ができる。酢は食べ物に味を与えるだけでなく、食べ物を保存するのにも役立つ。世界各地ではいろいろな酢が作られている。英語ではビネガー (vinegar)、フランス語ではビネグル (vinaigre) というが、これは vin（ワイン）＋ aigre（酸っぱい）、つまり「酸っぱくなったワイン」という意味である。「酢」という漢字からもこれが「酒」からきていることが分かる。

微生物発酵茶 —— 中国黒茶

図 11-3　チャノキ *Camellia sinensis*
（ツバキ属）

緑茶や紅茶はすべてツバキの仲間の
チャノキ（**図 11-3**）の葉から作られるも
のである。煎茶や玉露などの緑茶は発酵
過程を経ないので不発酵茶と呼ばれる。
発酵を経ないので葉の緑色が保たれるの
である。

ウーロン茶は発酵を途中で止めて作ら
れるので半発酵茶、紅茶は完全に発酵さ
せてつくるので発酵茶という。ウーロ
ン茶は発酵の度合いによって白茶、黄茶、青茶などに分けられる。しかし
これらの「発酵」は、茶葉に含まれる酵素によって「発酵」させるもので、
微生物はほとんど関与していないので、本当の意味の発酵ではない。

中国では同じチャノキの葉から、微生物を使って発酵させてつくる茶があ
る。プーアル茶など黒茶と呼ばれるものである。こちらは、紅茶やウーロ
ン茶などの「発酵」と区別して、微生物発酵茶と呼ばれることもある[394]。
黒茶の発酵に関与する微生物は、コウジカビの仲間のアスペルギルス属
(*Aspergillus*)、ペニキリウム属 (*Penicillium*)、カンディダ属 (*Candida*) などの
真菌である。緑茶は新しいものがよいとされるが、黒茶は逆に古いほうがよ
い。保存しておいても緑茶のように品質が劣化することはなく、時間が経つ
と味がまろやかになり、豊かなフレーバーが出る。ワインのように何十年も
保存できるのである。

日本の高知県・嶺北地方にも微生物発酵茶であるが、黒茶とはまったく違
う碁石茶という変わった茶がある。碁石茶は最初のむしろ上での好気性発酵
と後の樽の中での嫌気性発酵の二段階の発酵を経て出来上がる。好気性発酵
にはアスペルギルス属などの真菌、嫌気性発酵には乳酸菌ラクトバキルス・
プランタルム（*Lactobacillus plantarum*）という真正細菌が使われる。この乳
酸菌は碁石茶に酸味だけでなく、旨味も与える[392]。

あとで紹介する長野県木曽のすんきという漬物も、この乳酸菌発酵によっ
て作られる旨味をもつ。

納豆菌

　糸を引く納豆は日本独特のものであるが、大豆を納豆菌バキルス・スブチリス・ナットー (*Bacillus subtilis* var. *natto*) で発酵させたものである。この納豆菌の属するバキルス・スブチリスというフィルミクテス門真正細菌の種は、枯草菌ともいう。納豆菌はイネの葉に生息しているので、よく干した稲藁に蒸した大豆を包むことによって納豆が作られた。納豆菌はさまざまなビタミンを生産するが、大豆そのままにくらべて納豆は、ビタミンB$_1$、ビタミンB$_3$、ビタミンB$_6$ が 1.2 〜 5 倍に上昇し、ビタミンKは 50 倍以上増加する [391]。この糸引き納豆を日本人がつくり出したのは室町時代中期とされているが [393]、植物学者の中尾佐助によると、似たような納豆はほかにもあるという [395, 396]。ジャワ島のテンペという糸引き納豆は、大豆をよく煮て柔らかにし、その一握りをバナナの葉などで包んでクモノスカビの一種リゾプス・オリゴスポルス (*Rhizopus oligosporus*) で発酵させたものである。また東ネパール、シッキム、ブータンなどヒマラヤ中腹の地域では、ネパール語でキネマという日本の糸引き納豆そっくりなものがある。

　拙書『ウンチ学博士のうんちく』[5] でも紹介したが、北アフリカの遊牧民ベドウィンは、赤痢に罹るとラクダの糞を食べるという。第二次世界大戦中にナチスドイツが北アフリカに侵攻した際に、ベドウィンのこの赤痢治療法を知って調べたところ、ラクダの糞には枯草菌が含まれていて、これが腸内の赤痢菌を退治してくれるということが分かったのである。ドイツ軍はさっそく枯草菌を培養して、その培養液を兵士に飲ませて赤痢の流行を止めたという。しかし実は、ドイツ軍がベドウィンのラクダ糞食療法をヒントとして枯草菌療法をあみ出す前に、日本ではすでに赤痢やチフスに対する納豆菌療法が提唱されていたのである [397, 398]。

保存食

　保存食には発酵させたものが多い。漬物もその一つだが、たいていの漬物には塩が使われる。塩は腐敗を防ぐための強力な武器なのである。発酵デザイナーの小倉ヒラクの『発酵文化人類学』には、長野県木曽のすんきという変わった漬物が紹介されている [392]。すんきは塩をまったく使わない漬物なのだ。

　11 月下旬から 12 月にかけて、赤カブの葉っぱを 60 ℃ 弱のお湯にさっとくぐらせたものを樽に仕込み、20 ～ 30 ℃ で数日～ 2 週間寝かせるだけだという。赤カブの葉っぱにはさまざまな種類の乳酸菌がついているが、ほかの雑菌もいる。60 ℃ 弱のお湯にくぐらせることによって、乳酸菌以外の雑菌が取り除かれるのだ。20 ～ 30 ℃ で寝かせている間に、乳酸菌の発酵によって酸が出て酸性になることによって、塩がなくても保存性が得られるのである。すんきには、この酸味だけでなく、シジミにも含まれる旨味成分のコハク酸が含まれている。このような成分は塩を使う漬物にはない。すんきの旨味成分を生み出す乳酸菌は塩を使う漬物では生きていけないのである。

　木曽は海から離れていて塩は貴重品なので、やたらと使うことはできない。そのような制約の下で、人々はそれを克服する工夫をして独創的な技術を生み出してきたのである。

水産発酵食品

　魚介類は死ぬと体内の酵素による自己消化が進行し、微生物による腐敗が始まる。それを防ぐためにさまざまな発酵食品が作られてきた。塩辛なども微生物による発酵を利用しているが、自己消化酵素の働きが大きい。それに対して、主に伊豆諸島で作られる「くさや」は多様な真正細菌の発酵を利用したものである。くさやはアオムロ、ムロアジ、トビウオ、サバなどの干ものであるが、独特の匂いと風味をもつ。普通の塩干魚は塩水に浸漬したあとで乾燥させるのに対して、くさやをつくる際には「くさや汁」という塩水を繰り返し使う。くさや汁は 100 年以上にもわたって同じ汁が繰り返し用いられるという。このくさや汁自身が発酵産物なのである[(399)]。

　くさや汁には、クロストリディウム属 (*Clostridium*)、サルキナ属 (*Sarcina*)、ペプトストレプトコックス属 (*Peptostreptococcus*) などのほかに、それよりも数は少ないが多様な細菌が見出される。これらの細菌の作用で、独特の匂いと風味が得られるとともに、普通の塩干魚よりも保存性がよくなる。

　江戸時代、伊豆諸島では上納塩を作っていたが、その取り立てが厳しく、島では塩が極度に不足していたという。そのため、塩干魚をつくるのに、塩を節約するためにやむなく同じ塩水を繰り返し使うようになり、そこからくさやが生まれたのである。木曽の漬物すんきが貴重な塩を使わずになんとか

漬物を作ろうという人々の工夫から生まれたように、伊豆諸島のくさやも同じような制約の下で生まれたのである。

毒抜きのための発酵

　発酵食品の多くは、独特の味や風味を得るためと同時に、保存のために作られるという面が大きい。ところが毒抜きのための発酵もある。小泉武夫の『発酵』で紹介されている石川県の「フグ卵巣の糠漬け」がその一つである⁽³⁹³⁾。フグの卵巣には猛毒のテトロドトキシンが含まれるが、これを発酵によって解毒してしまうのである。まずフグの卵巣を30％以上の塩濃度で塩漬けして一年間保存する。一年ほど過ぎてからそれを取り出して糠に漬け込むが、そのときにコウジカビとイワシなどの塩蔵汁を加え、さらに二年以上熟成発酵させる。これにより、猛毒は消えてしまい、これを食べたことによる食中毒はないという。これは糠漬けの期間中に、テトロドトキシンが糠中に移行して薄められるとともに、発酵微生物の作用を受けて分解されてしまうことによると考えられる。

　沖縄ではかつて飢饉の際に十分に毒抜きをしないソテツの実を食べて多くの人々が亡くなるソテツ地獄があった。ソテツの実には豊富なデンプンが含まれるが、有毒のサイカシンも含まれる。これも微生物の発酵で毒抜きできるのである。

発酵による肉の熟成

　われわれはビフテキを食べるときに、普通はそれが発酵食品だとは思わないが、最近では熟成肉と銘打って発酵過程を経たものが出回っている。と畜直後は死後硬直のために肉は硬くてあまりおいしくないが、時間が経つと次第に柔らかくなる。それは肉に含まれるたんぱく質分解酵素が働いて自己消化という過程で肉の繊維が分解して柔らかくなるとともに、アミノ酸（グルタミン酸は旨味成分）が遊離して旨味が引き出されるからである。

　熟成肉の製造法にはこのような自己消化という過程も含まれるが、たいていは微生物による発酵過程も含まれる。これを発酵熟成という。発酵微生物としては、コウジカビ、ハリエダケカビ (Helicostylum) などさまざまな真菌が使われる。熟成中の肉の表面や内部では発酵菌と腐敗菌の間の激しいせめ

ぎ合いがある。発酵菌のおかげで腐敗菌の活動が抑えられているのだ。

　オーストラリア原住民のアボリジニが、肉片を木の枝に吊るしてガスが出るまで発酵させるという話をしたが、世界各地でそれぞれの土地の風土に合った肉の熟成法が編み出されたのである。

　日本には昔からヒトのために役立ってきた動物を供養する碑や塚が各地にある。例えば、東京上野の不忍池のほとりには、フグの供養碑がある。京都の修学院離宮近くにある曼殊院には菌塚というめずらしい供養塚がある。国菌のニホンコウジカビをはじめとする無数の微生物がわれわれの生活を支えてくれていることに対する感謝の碑である。

図11-4　京都・曼殊院にある菌塚 とその裏に書かれた碑文

　（図11-4：「人類生存に大きく貢献し犠牲となれる無数億の菌の霊に對し至心に恭敬して茲に供養の悃を捧ぐるものなり　曼殊院門跡第四十世　大僧正圓道」と読める）

あとがき

　20 世紀の終わりにさしかかる頃の生物学者の多くには、およそ 31 億個の塩基の配列であるヒトのゲノムが解明されれば、生物としてのヒトは理解できるだろうという期待があった。ところが、21 世紀の初頭にヒトゲノムが解読されてみると、たんぱく質をコードしている遺伝子の数が多くの生物学者の予想よりもはるかに少ない 2 万個余りしかないことが明らかになった。その後、エピジェネティックスやそれまでジャンク DNA と呼ばれていたゲノム領域のもつ機能が次第に明らかになり、31 億個の塩基配列でヒトの生物としての働きを支え得るのではないかと考えられるようになってきた。ところが、この新たな潮流と並行して、微生物が果たしている役割が大きくクローズアップされてきた。

　われわれのからだには、われわれ自身の細胞よりも多い数の細菌が棲みついていて、それらの細菌のゲノムを合わせると、ヒトゲノムをはるかに超える遺伝子数になることが分かってきたのである。多細胞動物は形態的には実に多様な進化を遂げてきたが、代謝という面ではその能力はきわめて限られている。われわれは生きていく上で必要な代謝の多くを細菌のもつ能力に負っているのである。それらの細菌の多くは、われわれの腸内に生息していて、われわれの精神活動さえも含めてさまざまなことに関与していることが明らかになってきた。そのようなことから、われわれは自分の力だけで生きているのではなく、たくさんの微生物によって生かされているという新しい視点が生まれた。

　このようなことは、21 世紀に入ってから今日までのおよそ 20 年間で起こってきたことである。1920 年代に巨視的な世界で成り立っているニュートン力学に代わって、微視的な世界で成り立つ量子力学が生まれた。量子力学の誕生からおよそ 100 年後の現在、微視的な細菌の研究を基礎とした新しい生物学が生まれつつある息吹きが感じられる。

この分野の進歩は目覚ましく、本書執筆中も毎週のように重要な論文が出版され、本としてまとめて出版するタイミングを見定めるのに苦労した。現在でも新しい論文の洪水のような流れは相変わらずであるが、このあたりで出版することを決断した。数年後には、本書で紹介した研究のいくつかは間違っていたということになっているかもしれない。本書に書かれたものには、そのような可能性も含まれていることをご了承願いたい。

　本書脱稿間際になって中国武漢で新型コロナウイルス感染症 COVID-19 が発生し、その後世界中に拡がり、猛威を振るっている。2020 年 4 月中には、世界で確認された感染者数は 300 万人を超え、20 万人を超える命が奪われ、終息の気配もない。本書の第 7 章でもこのウイルスの起源に触れたが、もともと野生のコウモリに共生していたウイルスの中から、ヒトに対して病原性をもつものが進化してきたのである。同じようにヒトに対する病原性を獲得したコロナウイルスは、21 世紀に入ってから 2002 年に中国広東省から広まった SARS、2012 年サウジアラビアから広まった MERS などがあり、これらの病気を引き起こしたコロナウイルスもまた、もともと野生のコウモリを宿主としていたものであった。コウモリに感染している限り、これらのウイルスは宿主と平和的に共存しているが、遺伝子変異を通じてヒトに感染するようになり、新たな宿主に重篤な病気を引き起こすようになったのである。コウモリはさまざまなウイルスを自然宿主として抱えている動物であり、それらのウイルスの中からヒトに感染できるような変異が出現する危険性は以前から指摘されていた [407, 408, 409]。

　COVID-19 を引き起こすウイルスがもともとコウモリを宿主としていたものであることが報道されると、北京市や上海市の住民から市当局に対して、住宅近くのコウモリの越冬集団を駆除してくれるようにという要望が殺到したという [410]。はたしてコウモリの駆除で問題が解決するであろうか。

　さまざまなコウモリがそれぞれさまざまなコロナウイルスの宿主となっている。その中からどのコロナウイルスが次にヒトに感染するようになるかを予測できない状況で、世界中のコウモリを駆除することは不可能である。もしもそのようなことをやろうとすると、生態系が崩壊してしまう。ある種のコウモリは植物の受粉を助けており、別のコウモリは作物を食害する昆虫な

どを食べている。コウモリがいなければ生態系が成り立たなくなると同時に、農業も壊滅的な打撃を受けるであろう。

　これからも COVID-19 のような野生動物由来のヒトへの新しい感染症の出現が続くであろう。これらを完全に排除することは不可能である。われわれは今後、このような感染症の出現を予測して、現在よりもそれにうまく対処するための方法を少しずつ見出していくであろう[411, 412]。しかし、潜在的な病原体は多様であり、しかも進化し続けるので、彼らの脅威から完全に逃れることはできない。そのような脅威があることを認識して、彼らと折り合いをつけながら生きていかなければならないのだ。

　中世イタリアのジョヴァンニ・ボッカッチョの『デカメロン』で描かれた14世紀ヨーロッパのペスト大流行では、ヨーロッパの人口の 60% が死亡したといわれている。人口の急減から多くの農村が無人になり、その結果として年貢を納めていた農民が逆に賃金をもらって農耕することが一般的になり、ヨーロッパの中世社会が崩壊する原動力になったという説がある[311]。ペストだけが原因で社会体制の変革が起こったわけではないが、ペストが社会体制に大きなインパクトを与えたことは確かだろう。またそれに先立つ 6 世紀のヨーロッパにおけるペストの大流行は、ヨーロッパ社会を古代から中世の体制に変えるのに関与したともいわれている[413]。COVID-19 も今後さまざまなかたちでわれわれの社会を変えていくことであろう。

　本書では細菌などの微生物とわれわれの共生の歴史を進化学の視点から概観した。その際、細分化した研究領域の紹介にとどまることなく、なるべく広い領域を俯瞰できる視点から紹介するように努めた。本書の内容は、生物学だけでなく、医学、農学まで多岐にわたるが、共生を軸としてこれらの分野を統合した新しい進化生物学の誕生が望まれる。本書が若いひとにそのような研究を目指すきっかけを与えることになれば、著者として望外の幸せである。

　本書執筆中に多くの方々からさまざまなことを教えていただいた。本郷裕一さん、猪飼桂さん、瀬川高弘さん、米澤隆弘さん、橋本哲男さん、岩部直之さんに感謝します。また、現役の研究者を引退して久しい筆者にとって、執筆に必要な論文などを集めるのに苦労した。最近ではありがたいことに、

だれでも無料でアクセスできるオープンアクセスジャーナルも増えている
が、それでも高額の購読料を払っている研究機関のひと以外はアクセスでき
ないジャーナルもまだ多い。二階堂雅人さんにはそのような論文を集める際
にたびたび助けていただいたことを感謝します。また編集に携わって下さっ
た木幡赳士さんと辻信行さんからは終始温かい励ましを頂いたことを感謝致
します。

　2020 年 4 月吉日

引用文献

1 ロブ・デサール，スーザン・L・パーキンズ (2016)『マイクロバイオームの世界』斉藤隆央訳，紀伊國屋書店.

2 Willyard, C. (2018) Expanded human gene tally reignites debate. *Nature* 558, 354-355.

3 Herndl, G.J., Velimirov, B. (1986) Role of bacteria in the gastral cavity of anthozoa. *IFREMER, Actes de colloques* 3, 407 - 414.

4 ニコラス・マネー（2015）『生物界をつくった微生物』小川真訳，築地書館.

5 長谷川政美 (2019)『ウンチ学博士のうんちく』海鳴社.

6 Dobzhansky, T. (1973) Nothing in biology makes sense except in the light of evolution. *The American Biology Teacher* 35 (3), 125-129.

7 チャールズ・ダーウィン（1859）『種の起原』（八杉竜一訳，1963 年），岩波文庫.

8 ロバート・A・F・サーマン (2007)『現代人のためのチベット死者の書』鷲尾翠訳，朝日新聞社.

9 マーティン・J・ブレーザー（2015）『失われてゆく，我々の内なる細菌』山本太郎訳，みすず書房.

10 Bianconi, E. et al. (2013) An estimation of the number of cells in the human body. *Ann. Hum. Biol.* 40, 463-471.

11 Sender, R., Fuchs, S., Milo, R. (2016) Revised estimates for the number of human and bacteria cells in the body. *PLoS Biol.* 14(8), e1002533.

12 International Human Genome Sequencing Consortium (2004) Finishing the euchromatic sequence of the human genome. *Nature* 431, 931 - 945.

13 Li, J. et al. (2014) An integrated catalog of reference genes in the human gut microbiome. *Nature Biotech.* 32, 834 - 841.

14 Rosenberg, E., Zilber-Rosenberg, I. (2013) "The Hologenome Concept: Human, Animal and Plant Microbiota". Springer.

15 Miller Jr., W.B. (2013) "The Microcosm Within: Evolution and Extinction in the Hologenome". Universal Publ.

16 Bordenstein, S.R., Theis, K.R. (2015) Host biology in light of the microbiome: ten principles of holobionts and hologenomes. *PLoS Biol.* 13 (8), e1002226.

17 Cross,K.L. et al. (2019) Targeted isolation and cultivation of uncultivated bacteria by reverse genomics. *Nature Biotech.* DOI: 10.1038/s41587-019-0260-6.

18 Alfano, N. et al. (2015) Variation in koala microbiomes within and between individuals: effect of body region and captivity status. *Sci. Rep.* 5, 10189.

19 Budding, A.E. et al. (2014) Rectal swabs for analysis of the intestinal microbiota. *PLoS One* 9 (7), e101344.

20 Bassis, C.M. et al. (2017) Comparison of stool versus rectal swab samples and storage conditions on bacterial community profiles. *BMC Microbiol.* 17, 78.

21 Jones, R.B. et al. (2018) Inter-niche and inter-individual variation in gut microbial community assessment using stool, rectal swab, and mucosal samples. *Sci. Rep.* 8, 4139.

22 ネッサ・キャリー (2015)『エピジェネティクス革命』中山潤一訳, 丸善出版.

23 長谷川政美 (2020)『進化 38 億年の偶然』国書刊行会（近刊）.

24 Yatsunenko, T. et al. (2012) Human gut microbiome viewed across age and geography. *Nature* 486, 222 - 227.

25 Whitman, W.B. et al. (1998) Prokaryotes: The unseen majority. *Proc. Natl. Acad. Sci. USA* 95, 6578 - 6583.

26 Kallmeyer, J. et al. (2012) Global distribution of microbial abundance and biomass in subseafloor sediment. *Proc. Natl. Acad. Sci. USA* 109, 16213-16216.

27 Parkes, R.J. et al. (2014) A review of prokaryotic populations and processes in sub-seafloor sediments, including biosphere:geosphere interactions. *Marine Geol.* 352, 409 - 425.

28 Minot, S. et al. (2011) The human gut virome: Inter-individual variation and dynamic response to diet. *Genome Res.* 21, 1616 - 1625.

29 Sogin, M.L. et al. (2006) Microbial diversity in the deep sea and the underexplored "rare biosphere". *Proc. Natl. Acad. Sci. USA* 103, 12115 - 12120.

30 タリス・オンストット (2017)『知られざる地下微生物の世界』松浦俊輔訳, 青土社.

31 Hug, L.A. et al. (2016) A new view of the tree of life. *Nature Microbiol.* 1, 16048

32 Miyoshi, T., Iwatsuki, T., Naganuma, T. (2005) Phylogenetic characterization of 16S rRNA gene clones from deep-groundwater microorganisms that pass through 0.2-micrometer-pore-size filters. *Appl. Environ. Microbiol.* 71, 1084 - 1088.

33 中島林彦 (2018) 地下にいた始原生命体. 日経サイエンス, 3 月号, 40 - 49.

34 Stevens, T.O., McKinley, J.P. (1995) Lithoautotrophic microbial ecosystems in deep basalt aquifers. *Science* 270, 450 - 454.

35 Parkes, R.J. et al. (2019) Rock-crushing derived hydrogen directly supports a methanogenic community: significance for the deep biosphere. *Environ. Microbiol. Rep.* 11 (2), 165 - 172.

36 Takai, K. et al. (2006) Ultramafics-Hydrothermalism-Hydrogenesis-HyperSLiME (UltraH$_3$) linkage: A key insight into early microbial ecosystem in the Archean deep-sea hydrothermal systems. *Paleontol. Res.* 10, 269 - 282.

37 Hirose, T., Kawagucci, S., Suzuki, K. (2011) Mechanoradical H$_2$ generation during simulated faulting: Implications for an earthquake□driven subsurface biosphere. *Geophys. Res. Lett.* 38, L17303.

38 Inagaki, F. et al. (2006) Biogeographical distribution and diversity of microbes in methane hydrate-bearing deep marine sediments on the Pacific Ocean Margin. *Proc. Natl. Acad. Sci. USA* 103, 2815 - 2820.

39 坂田将（2018）天然ガス・石油の成因と微生物の寄与に関する有機地球化

学的研究. *Res. Org. Geochem.* 34, 1 - 13.

40　Puente-Sánchez, F. et al. (2018) Viable cyanobacteria in the deep continental subsurface. *Proc. Natl. Acad. Sci. USA* 115, 10702 - 10707.

41　Catalogue of Life (2019) Annual Checklist http://www.catalogueoflife.org/annual-checklist/2019/info/about

42　ポール・G・フォーコウスキー (2015)『微生物が地球をつくった —— 生命40億年史の主人公』松浦俊輔訳, 青土社.

43　ニック・レーン (2016)『生命, エネルギー, 進化』斉藤隆央訳, みすず書房.

44　Cech, T.R. (2012) The RNA Worlds in context. *Cold Spring Harbor Perspect. Biol.* 4 (7), a006742.

45　Becker, S. et al. (2019) Unified prebiotically plausible synthesis of pyrimidine and purine RNA ribonucleotides. *Science* 366, 76 - 82.

46　佐藤健 (2018)『進化には生体膜が必要だった——膜がもたらした生物進化の奇跡』裳華房.

47　市橋伯一 (2019)『協力と裏切りの生命進化史』光文社.

48　ニック・レーン (2006)『生と死の自然史 —— 進化を統べる酸素』西田睦・遠藤圭子訳, 東海大学出版会.

49　Woese, C.R., Fox, G.E. (1977) Phylogenetic structure of the prokaryotic domain: the primary kingdoms. *Proc. Natl. Acad. Sc. USA* 74, 5088 - 5090.

50　Iwabe, N. et al. (1989) Evolutionary relationship of archaebacteria, eubacteria, and eukaryotes inferred from phylogenetic trees of duplicated genes. *Proc. Natl. Acad. Sci. USA* 86, 9355 - 9359.

51　Zaremba-Niedzwiedzka, K. et al. (2017) Asgard archaea illuminate the origin of eukaryotic cellular complexity. *Nature* 541, 353 - 358.

52　Imachi, H. et al. (2020) Isolation of an archaeon at the prokaryote-eukaryote interface. *Nature* 577, 519 - 525.

53　Hori, H., Osawa, S. (1979) Evolutionary change in 5S RNA secondary structure and a phylogenetic tree of 54 5S rRNA species. *Proc. Natl. Acad. Sci. USA* 76, 381 - 385.

54　Zillig, W., Stetter, K.O., Janekovic, D. (1979) DNA-dependent RNA polymerase from the archaebacterium *Sulfolobus acidocaldarius. Eur. J. Biochem.* 96, 597 - 604.

55　Woese, C.R., Kandler, O., Wheelis, M.L. (1990) Towards a natural system of organisms: proposal for the domains Archaea, Bacteria, and Eucarya. *Proc. Natl. Acad. Sci. USA* 87, 4576 - 4579.

56　Eme, L. et al. (2017) Archaea and the origin of eukaryotes. *Nature Rev. Microbiol.* 15, 711 - 723.

57　リン・マルグリス (1985)『細胞の共生進化 —— 初期の地球上における生命とその環境』永井進訳, 学会出版センター.

58　Hashimoto, T. et al. (1998) Secondary absence of mitochondria in *Giardia lamblia* and *Trichomonas vaginalis* revealed by valyl-tRNA synthetase phylogeny. *Proc. Natl. Acad. Sci. USA* 95, 6860 - 6865.

59　Embley, T.M., Martin, W. (1998) A hydrogen-producing mitochondrion. *Nature*

396, 517 - 519.

60 Lindmark, D.G., Müller, M. (1973) Hydrogenosome, a cytoplasmic organelle of the anaerobic flagellate *Tritrichomonas foetus,* and its role in pyruvate metabolism. *J. Biol. Chem.* 248, 7724 - 7728.

61 Martin, W., Müller, M. (1998) The hydrogen hypothesis for the first eukaryote. *Nature* 392, 37 - 41.

62 林純一（2002）『ミトコンドリア・ミステリー』講談社.

63 Suyama, T. et al. (1998) Phylogenetic affiliation of soil bacteria that degrade aliphatic polyesters available commercially as biodegradable plastics. *Appl. Environ. Microbiol.* 64, 5008 - 5011.

64 Zettler, E.R. et al. (2013) Life in the "plastisphere": Microbial communities on plastic marine debris. *Environ. Sci. Tech.* 47, 7137 - 7146.

65 Sousa, F.L. et al. (2016) Lokiarchaeon is hydrogen dependent. *Nature Microbiol.* 1 (5), 16034.

66 Bryant, M.P., et al. (1967) *Methanobacillus omelianskii,* a symbiotic association of two species of bacteria. *Arch. Microbiol.* 59, 20 - 31.

67 Moreira, D., López-García, P. (1998) Symbiosis between methanogenic archaea and δ-proteobacteria as the origin of eukaryotes: the syntrophic hypothesis. *J. Mol. Evol.* 47, 517 - 530.

68 Martin, W., Koonin, E.V. (2006) Introns and the origin of nucleus-cytosol compartmentalization. *Nature* 440, 41 - 45.

69 Lake, J.A., Rivera, M.C. (1994) Was the nucleus the first endosymbiont? *Proc. Natl. Acad. Sci. USA* 91, 2880 - 2881.

70 Peretó, J., López-García, P., Moreira, D. (2004) Ancestral lipid biosynthesis and early membrane evolution. *Trends Biochem. Sci.* 29, 469 - 477.

71 長谷川政美 (2020)『遺伝学の百科事典』(小林武彦編), 付録・系統分類, 丸善出版（近刊）.

72 長谷川政美 (2014)『系統樹をさかのぼって見えてくる進化の歴史』ベレ出版.

73 Hasegawa, M. (2017) Phylogeny mandalas for illustrating the tree of life. *Mol. Phylogenet. Evol.* 117, 168 - 178.

74 Grosberg, R.K., Strathmann, R.R. (2007) The evolution of multicellularity: A minor major transition? *Annu. Rev. Ecol. Evol. Syst.* 38, 621 - 654.

75 黒岩常祥（2000）『ミトコンドリアはどこからきたか』日本放送出版協会.

76 Cunningham, J.A. et al. (2017) The Weng'an Biota (Doushantuo Formation): an Ediacaran window on soft-bodied and multicellular microorganisms. *J. Geol. Soc.* 174, 793 - 802.

77 Jeon, K.W. (1972) Development of cellular dependence on infective organisms: miscrugical studies in amoebas. *Science* 176, 1122 - 1123.

78 トム・ウェイクフォード (2012)『共生という生き方 —— 微生物がもたらす進化の潮流』遠藤圭子訳, 丸善出版.

79 Agari, S. (2014) Epigenetic modifications underlying symbiont-host interactions.

Adv. Genet. 86, 253 - 276.

80　Jeon, K.W. (1991) Amoeba and x-Bacteria: symbiont acquisition and possible species change. In "Symbiosis as a Source of Evolutionary Innovation" (eds. L. Margulis, R. Fester), pp.118-131, MIT Press.

81　原島圭二（1994）『光合成細菌の世界』共立出版.

82　リチャード・ドーキンス (2006)『祖先の物語』垂水雄二訳, 小学館.

83　Leadbeater, B.S.C. (2015)　"The Choanoflagellates:　Evolution, Biology and Ecology".　Cambridge Univ. Press

84　Wainright, P.O. et al. (1993) Monophyletic origins of the metazoa: an evolutionary link with fungi. *Science* 260, 340-342.

85　Kent, W.S.D. (1880) "A Manual of the Infusoria: 3". David Bogue, London.

86　Alegado, R.A., King, N. (2014) Bacterial influences on animal origins. *Cold Spring Harb. Perspect. Biol.* 6, a016162.

87　King, N. et al. (2008) The genome of the choanoflagellate *Monosiga brevicollis* and the origin of metazoans. *Nature* 451, 783 - 788.

88　Dayel, M.J. et al. (2011) Cell differentiation and morphogenesis in the colony-forming choanoflagellate *Salpingoeca rosetta*. *Dev. Biol.* 357 (1), 73 - 82.

89　Haeckel, E. (1904) "Kunstformen der Natur". Verlag des Bibliographischen Instituts, Leipzig.

90　Woznica, A. et al. (2016) Bacterial lipids activate, synergize, and inhibit a developmental switch in choanoflagellates. *Proc. Natl. Acad. Sci. USA* 113, 7894 - 7899.

91　Mazmanian, S.K. et al. (2005) An immunomodulatory molecule of symbiotic bacteria directs maturation of the host immune system. *Cell* 122, 107 - 118.

92　Woznica, A. et al. (2017) Mating in the closest living relatives of animals is induced by a bacterial chondroitinase. *Cell* 170, 1175 - 1183.

93　Maynard-Smith, J. (1988)　"Games, Sex and Evolution".　Harvester-Wheatsheaf.

94　清水裕・岡部正隆 (2007) 消化管の進化的起源. 蛋白質・核酸・酵素 52 (2), 112 - 118.

95　本川達雄（2008）『サンゴとサンゴ礁のはなし』中央公論社.

96　内田享（1961）『動物系統分類学 2 』中山書店.

97　Brusca, R.C., Brusca, G.J. (1990) "Invertebrates". Sinauer.

98　Agostini, S. et al. (2012) Biological and chemical characteristics of the coral gastric cavity. *Coral Reefs* 31, 147 - 156.

99　ネイサン・レンツ (2019)『人体, なんでそうなった？』久保美代子訳, 化学同人.

100　小澤祥司（2017）『うつも肥満も腸内細菌に訊け！』岩波書店.

101　Hentschel, U. et al. (2012) Genomic insights into the marine sponge microbiome. *Nature Rev. Microbiol.* doi:10.1038/nrmicro2839.

102　Hirata, Y., Uemura, D. (1986). Halichondrins - antitumor polyether macrolides from a marine sponge. *Pure Appl. Chem.* 58, 701 - 710.

103 Ledford, H. (2010) Complex synthesis yields breast-cancer therapy. *Nature* 468, 608 - 609.

104 Piel, J. et al. (2004) Antitumor polyketide biosynthesis by an uncultivated bacterial symbiont of the marine sponge *Theonella swinhoei*. *Proc. Natl. Acad. Sci. USA* 101, 16222 - 16227.

105 Schmitt, S. et al. (2008) Molecular microbial diversity survey of sponge reproductive stages and mechanistic insights into vertical transmission of microbial symbionts. *Appl. Environ. Microbiol.* 74, 7694 - 7708.

106 Hentschel, U. et al. (2002) Molecular evidence for a uniform microbial community in sponges from different oceans. *Appl. Environ. Microbiol.* 68, 4431 - 4440.

107 Vogel, G. (2008) The inner lives of sponges. Science 320, 1028 - 1030.

108 井上勲 (2006)『藻類 30 億年の自然史 —— 藻類からみる生物進化』東海大学出版会.

109 Rosenberg, E. et al. (2007) The role of microorganisms in coral health, disease and evolution. *Nature Rev. Microbiol.* 5, 355 - 362.

110 Ritchie, K.B. (2006) Regulation of microbial populations by coral surface mucus and mucus-associated bacteria. *Mar. Ecol. Prog. Ser.* 322, 1 - 14.

111 Gruber-Vodicksa, H.R. et al. (2011) *Paracatenula*, an ancient symbiosis between thiotrophic *Alphaproteobacteria* and catenulid flatworms. *Proc. Natl. Acad. Sci. USA* 108, 12078 - 12083.

112 エド・ヨン（2017）『世界は細菌にあふれ，人は細菌によって生かされる』安部恵子訳，柏書房.

113 Nishiguchi, M.K. et al. (1998) Competitive dominance among strains of luminous bacteria provides an unusual form of evidence for parallel evolution in sepiolid squid-vibrio symbioses. *Appl. Environ. Microbiol.* 64, 3209 - 3213.

114 McFall-Ngai, M.J., Ruby, E.G. (1991) Symbiont recognition and subsequent morphogenesis as early events in an animal-bacterial mutualism. *Science* 254, 1491 - 1494.

115 McFall-Ngai, M. (2014) Divining the essence of symbiosis: insights from the squid-vibrio model. *PLoS Biol.* 12 (2), e1001783.

116 Ruby, E.G. et al. (2005) Complete genome sequence of *Vibrio fischeri*: A symbiotic bacterium with pathogenic congeners. *Proc. Natl. Acad. Sci. USA* 102, 3004 - 3009.

117 Soler, J.J. et al. (2008) Symbiotic association between hoopoes and antibiotic-producing bacteria that live in their uropygial gland. *Func. Ecol.* 22, 864 - 871.

118 Zientz, E. et al. (2005) Insights into the microbial world associated with ants. *Arch. Microbiol.* 184, 199 - 206.

119 Shultz, T.R., Brady, S.G. (2009) Major evolutionary transitions in ant agriculture. *Proc. Natl. Acad. Sci. USA* 105, 5435 - 5440.

120 Currie, C.R. et al. (1999) Fungus-growing ants use antibiotic-producing bacteria to control garden parasites. *Nature* 398, 701 - 704.

121 Morelos-Juárez, C. et al. (2010) Ant farmers practice proactive personal hygiene

to protect their fungus crop. *Curr. Biol.* 20, R553 - R554.

122 Hinkle, G. et al. (1994) Phylogeny of the attine ant fungi based on analysis of small subunit ribosomal RNA gene sequences. *Science* 266, 1695 - 1697.

123 Leclaire, S., Nielsen, J.F., Drea, C.M. (2014) Bacterial communities in meerkat anal scent secretions vary with host sex, age, and group membership. *Behav. Ecol.* 25, 996 - 1004.

124 サンドラ・ヘンペル（2020）『ビジュアルパンデミック・マップ —— 伝染病の起源・拡大・根絶の歴史』関谷冬華訳，日経ナショナルジオグラフィック社.

125 Verhulst, N.O. et al. (2011) Composition of human skin microbiota affects attractiveness to malaria mosquitoes. *PLoS One* 6 (12), e28991.

126 成田聡子（2017）『したたかな寄生 —— 脳と体を乗っ取り巧みに操る生物たち』幻冬舎.

127 Delsuc, F. et al. (2014) Convergence of gut microbiomes in myrmecophagous mammals. *Mol. Ecol.* 23, 1301 - 1317.

128 Song, S.J. et al. (2019) Is there convergence of gut microbes in blood-feeding vertebrates? *Phil. Trans. R. Soc.* B374, 20180249.

129 Brucker, R.M., Bordenstein, S.R. (2011) The roles of host evolutionary relationships (Genus: *Nasonia*) and development in structuring microbial communities. *Evolution* 66, 349 - 362.

130 Lozupone, C., Knight, R. (2005) UniFrac: a new phylogenetic method for comparing microbial communities. *Appl. Environ. Microbiol.* 71, 8228 - 8235.

131 Brucker, R.M., Bordenstein, S.R. (2013) The hologenomic basis of speciation: Gut bacteria cause hybrid lethality in the genus *Nasonia. Scienc*e 341, 667 - 669.

132 Lim, S.J., Bordenstein, S.R. (2020) An introduction to phylosymbiosis. *Proc. R.Soc.* B 287, 20192900.

133 深津武馬 (2015) 共生により昆虫はどのように進化してきたのか？『進化の謎をゲノムで解く』（長谷部光泰監修，秀潤社）pp. 134-145.

134 Tsuchida, T. et al. (2010) Symbiotic bacteria modifies aphid body color. *Science* 330, 1102 - 1104.

135 Rosenberg, E., Zilber-Rosenberg, I. (2018) The hologenome concept of evolution after 10 years. *Microbiome* 6, 78.

136 Shapira, M. (2016) Gut microbiotas and host evolution: scaling up symbiosis. *Trends Ecol. Evol.* 31, 539 - 549.

137 デイビッド・L・カーチマン（2016）『微生物生態学 —— ゲノム解析からエコシステムまで』永田俊訳，京都大学学術出版会.

138 Fenchel, T., Finlay, B.J. (1991) Endosymbiotic methanogenic bacteria in anaerobic ciliates: significance for the growth efficiency of the host. *J. Protozool.* 38, 18 - 22.

139 Fenchel, T., Finlay, B.J. (2010) Free-living protozoa with endosymbiotic methanogens. In "(Endo)symbiotic Methanogenic Archaea" (ed. Hackstein, J.H.P.) Microbiology Monographs 19, pp.1-11, Springer-Verlag.

140 van Hoek, A.H.A.M. et al. (2000) Multiple acquisition of methanogenic archaeal

symbionts by anaerobic ciliates. *Mol. Biol. Evol.* 17, 251 - 258.

141　Danovaro, R. et al. (2010) The first metazoa living in permanently anoxic conditions. *BMC Biol.* 8, 30.

142　小野寺良次, 板橋久雄 (2004)『新ルーメンの世界 ── 微生物生態と代謝制御』農山漁村文化協会.

143　Ohkuma, M. (2008) Symbioses of flagellates and prokaryotes in the gut of lower termites. *Trends Microbiol.* 16, 345 - 352.

144　Hansen, E.E. et al. (2011) Pan-genome of the dominant human gut-associated archaeon, *Methanobrevibacter smithii,* studied in twins. *Proc. Natl. Acad. Sci. USA* 108 (suppl. 1), 4599 - 4606.

145　Hoffmann, C. et al. (2013) Archaea and fungi of the human gut microbiome: correlations with diet and bacterial residents. P*LoS One* 8 (6), e66019.

146　Lepp, P.W. et al. (2004) Methanogenic Archaea and human periodontal disease. *Proc. Natl. Acad. Sci. USA* 101, 6176 - 6181.

147　Ley, R.E. et al. (2008) Worlds within worlds: evolution of the vertebrate gut microbiota. *Nature Rev. Microbiol.* 6 (10), 776 - 788.

148　Moeller, A.H. et al. (2016) Cospeciation of gut microbiota with hominids. Science 353, 380 - 382.

149　Segre, J.A., Salafsky, N. (2016) Hominid superorganisms. *Science* 353, 350 - 351.

150　光岡知足 (2015)『腸を鍛える：腸内細菌と腸内フローラ』祥伝社.

151　長谷川政美 (2018)『マダガスカル島の自然史』海鳴社.

152　Hehemann, J.-H. et al. (2010) Transfer of carbohydrate-active enzymes from marine bacteria to Japanese gut microbiota. *Nature* 464, 908 - 912.

153　David, L.A. et al. (2014) Diet rapidly and reproducibly alters the human gut microbiome. *Nature* 505, 559 - 563.

154　Faith, J.J. et al. (2013) The long-term stability of the human gut microbiota. *Science* 341. DOI: 10.1126/science. 1237439.

155　Qin, J. et al. (2010) A human gut microbial gene catalogue established by metagenomic sequencing. *Nature* 464, 59 - 65.

156　Pasolli, E. et al. (2019) Extensive unexplored human microbiome diversity revealed by over 150,000 genomes from metagenomes spanning age, geography, and lifestyle. *Cell* 176, 649 - 662.

157　Lozupone, C.A. et al. (2012) Diversity, stability and resilience of the human gut microbiota. *Nature* 489, 220 - 230.

158　Le Chatelier, E. et al. (2013) Richness of human gut microbiome correlates with metabolic markers. *Nature* 500, 541 - 546.

159　Tierney, B.T. et al. (2020) The predictive power of the microbiome exceeds that of genome-wide association studies in the discrimination of complex human disease. *bioRxiv* http://dx.doi.org/10.1101/2019.12.31.891978.

160　Brial, F. et al. (2020) The natural metabolite 4-cresol improves glucose homeostasis and enhances β-cell function. *Cell Rep.* 30, 2306 - 2320.

161　ジャスティン・ソネンバーグ, エリカ・ソネンバーグ (2016)『腸科学 ─

健康な人生を支える細菌の育て方』鍛原多惠子訳，早川書房.

162 Luyken, R. et al. (1964) Nutrition studies in New Guinea. *Am. J. Clin. Nutr.* 14, 13-27.

163 Igai, K. et al. (2016) Nitrogen fixation and *nifH* diversity in human gut microbiota. *Sci. Rep.* 6, 31942; doi: 10.1038/srep31942.

164 辨野義己 (2012)『大便通 —— 知っているようで知らない大腸・便・腸内細菌』幻冬舎.

165 城谷昌彦（2019）『腸内細菌が喜ぶ生き方』海竜社.

166 安井広（1995）『ベルツの生涯 —— 近代医学導入の父』思文閣出版.

167 Obregon-Tito, A.J. et al. (2015) Subsistence strategies in traditional societies distinguish gut microbiomes. *Nature Comm.* 6, 6505, DOI: 10.1038.

168 Angelakis, E. et al. (2019) *Treponema* species enrich the gut microbiota of traditional rural populations but are absent from urban individuals. *New Microbe and New Infect.* 27, 14 - 21.

169 Tito, R.Y. et al. (2012) Insights from characterizing extinct human gut microbiomes. *PLoS One* 7, e51146.

170 Lokmer, A. et al. (2020) Response of the human gut and saliva microbiome to urbanization in Cameroon. *Sci. Rep.* 10, 2856.

171 Takayasu, L. et al. (2017) Circadian oscillations of microbial and functional composition in the human salivary microbiome. *DNA Res.* 24, 261 - 270.

172 Sommer, F. et al. (2016) The gut microbiota modulates energy metabolism in the hibernating brown bear *Ursus arctos. Cell Rep.* 14, 1655 - 1661.

173 デヴィッド・G・ハスケル(2013)『ミクロの森 —— 1m² の原生林が語る生命・進化・地球』三木直子訳，築地書館.

174 Blyton, M.D.J. et al. (2019) Faecal inoculations alter the gastrointestinal microbiome and allow dietary expansion in a wild specialist herbivore, the koala. *Anim. Microbiome* 1, 6.

175 岩波書店編集部 (1989)『岩波科学百科』岩波書店.

176 ジュリア・エンダース（2015）『おしゃべりな腸』岡本朋子・長谷川圭一訳，サンマーク出版.

177 エムラン・メイヤー (2018)『腸と脳』高橋洋訳，紀伊国屋書店.

178 Darwin, C. (1872) "The Expression of the Emotions in Man and Animals". John Murray.

179 Moeller, A.H. et al. (2018) Transmission modes of the mammalian gut microbiota. *Science* 362, 453 - 457.

180 de Goffau, M.C. et al. (2019) Human placenta has no microbiome but can contain potential pathogens. *Nature* 572, 329 - 334.

181 Dominguez-Bello, M.G. et al. (2010) Delivery mode shapes the acquisition and structure of the initial microbiota across multiple body habitats in newborns. *Proc. Natl. Acad. Sci. USA* 107, 11971 - 11975.

182 Falony, G. et al. (2016) Population-level analysis of gut microbiome variation. *Science* 352, 360 - 364.

183　Gehrig, J.L. et al. (2019) Effects of microbiota-directed foods in gnotobiotic animals and undernourished children. *Science* 365, eaau4732.

184　Raman, A.S. et al. (2019) A sparse covarying unit that describes healthy and impaired human gut microbiota development. *Science* 365, eaau4735.

185　Heijitz, R.D. et al. (2011) Normal gut microbiota modulates brain development and behavior. *Proc. Natl. Acad. Sci. USA* 108, 3047 - 3052.

186　Raleigh, M. J. et al. (1991) Serotonergic mechanisms promote dominance acquisition in adult male vervet monkeys. *Brain Res.* 559 (2), 181 - 190.

187　Yano, J.M. et al. (2015) Indigenous bacteria from the gut microbiota regulate host serotonin biosynthesis. *Cell* 161, 264 - 276.

188　Berger, M., Gray, J.A., Roth, B.L. (2009) The expanded biology of serotonin. *Annu. Rev. Med.* 60, 355 - 366.

189　Sherwin, E. et al. (2019) Microbiota and the social brain. *Science* 366 (6465), eaar2016.

190　ジョナサン・キプニス (2019) 免疫系が脳を動かす．日経サイエンス，1 月号，24-31.

191　Servick, K. (2018) Do gut bacteria make a second home in our brains? *Science* doi:10.1126/science.aaw0147.

192　Tecott, L.H. (2007) Serotonin and the orchestration of energy balance. *Cell Metabo.* 6 (5), 352 - 361.

193　Roth, J. et al. (1982) The evolutionary origins of hormones, neurotransmitters, and other extracellular chemical messengers. *New Eng. J. Med.* 306, 523 - 527.

194　Sudo, N. et al. (2011) Postnatal microbial coloization programs the hypothalamic-pituitary-adrenal system for stress response in mice. *J. Physiol.* 558, 263 - 275.

195　須藤信行 (2017) 脳機能と腸内細菌叢．腸内細菌学雑誌 31, 23 - 32.

196　アランナ・コリン (2016)『あなたの体は 9 割が細菌』矢野真千子訳，河出書房新社.

197　Bolte, E.R. (1998) Autism and *Clostridium tetani. Medical Hypotheses* 51, 133 - 144.

198　Ding, H.T., Taur, Y., Walker, J.T. (2016) Gut microbiota and autism: key concepts and findings. *J. Autism. Dev. Disord.* DOI 10.1007/s10803-016-2960-9.

199　Vuong, H.E., Elaine Y. Hsiao, E.Y. (2017) Emerging roles for the gut microbiome in autism spectrum disorder. *Biological Psychiatry* 81, 411 - 423.

200　Valles-Colomer, M. et al. (2019) The neuroactive potential of the human gut microbiota in quality of life and depression. *Nature Microbiol.* 4, 623 - 632.

201　Chu, C. et al. (2019) The microbiota regulate neuronal function and fear extinction learning. *Nature* 574, 543 - 548.

202　Cryan, J.F., Dinan, T.G. (2012) Mind-altering microorganisms: the impact of the gut microbiota on brain and behavior. *Nature Rev. Neurosci.* 13, 701 - 712.

203　小澤祥司 (2019)『メタボも老化も腸内細菌に訊け！』岩波書店.

204　Allen, J.M. et al. (2018) Exercise alters gut microbiota composition and function in lean and obese humans. *Med. Sci. Sports Exerc.* 50 (4), 747 - 757.

205　Ma, J. et al. (2014) mtDNA haplogroup and single nucleotide polymorphisms structure human microbiome communities. *BMC Genomics* 15, 257.

206　Yardeni, T. et al. (2019) Host mitochondria influence gut microbiome diversity: A role for ROS. *Sci. Signal.* 12, eaaw3159.

207　Goodrich, J.K. et al. (2014) Human genetics shape the gut microbiome. *Cell* 159, 789 - 799.

208　マイケル・W・フォックス (1983)『アースマインド ── 人類はどこへ行くのか』新妻昭夫・笹川平子訳, 講談社.

209　北岡本光 (2012) ヒトミルクオリゴ糖によるビフィズス菌増殖促進作用の分子機構. *Milk Science* 61 (2), 115 - 124.

210　モイセズ・ベラスケス＝マノフ (2015)『寄生虫なき病』赤根洋子訳, 文藝春秋.

211　Cotillard, A. et al. (2013) Dietary intervention impact on gut microbial gene richness. *Nature* 500, 585 - 588.

212　Sonnenburg, E.D. et al. (2016) Diet-induced extinction in the gut microbiota compounds over generations. *Nature* 529, 212 - 215.

213　Kimura, I. et al. (2020) Maternal gut microbiota in pregnancy influences offspring metabolic phenotype in mice. *Science* 367, eaaw8429.

214　Ferguson, J. (2020) Maternal microbial molecules affect offspring health. *Science* 367, 978 - 979.

215　木村郁夫（2015）. 腸内細菌と宿主の肥満をつなぐ受容体. 季刊・生命誌, 86 号.

216　Kimura, I. et al. (2011) Short-chain fatty acids and ketones directly regulate sympathetic nervous system via G protein-coupled receptor 41 (GPR41). *Proc. Natl. Acad. Sci. USA* 108, 8030 - 8035.

217　Quinn, R.A. et al. (2020) Global chemical effects of the microbiome include new bile-acid conjugations. *Nature* 579, 123 - 129.

218　Lee, Y.K. et al. (2011) Proinflammatory T-cell responses to gut microbiota promote experimental autoimmune encephalomyelitis. *Proc. Natl. Acad. Sci. USA* 108 (Suppl. 1), 4615 - 4622.

219　Strachan, D.P. (1989) Hay fever, hygiene, and household size. *Br. Med. J.* 299, 1259 - 1260.

220　Wlasiuk, G., Vercelli, D. (2012) The farm effect, or: when, what and how a farming environment protects from asthma and allergic disease. *Curr. Opin. Allergy Clin. Immunol.* 12 (5), 461 - 466.

221　Matricardi, P.M. et al. (2000) Exposure to foodborne and orofecal microbes versus airborne viruses in relation to atopy and allergic asthma: epidemiological study. *British J. Medicine* 320, 412 - 417.

222　Bloomfield, S.F. et al. (2016) Time to abandon the hygiene hypothesis: new perspectives on allergic disease, the human microbiome, infectious disease prevention and the role of targeted hygiene. *Perspectives in Public Health* 136 (4) 213 - 224.

223 Atherton, J.C., Blaser, M.J. (2009) Coadaptation of *Helicobacter pylori* and humans: ancient history, modern implications. *J. Clin. Invest.* 119, 2475 - 2487.

224 Jakobsson, H.E. et al. (2010) Short-term antibiotic treatment has differing long-term impacts on the human throat and gut microbiome. *PLoS One* 5 (3), e9836.

225 Willing, B.P., Russell, S.L., Finlay, B.B. (2011) Shifting the balance: antibiotic effects on host-microbiota mutualism. *Nature Rev. Microbiol.* 9, 233 - 243.

226 Blaser, M.J., Falkow, S. (2009) What are the consequences of the disappearing human microbiota? *Nature Rev. Microbiol.* 7, 887 - 894.

227 Martin, L.J. et al. (2015) Evolution of the indoor biome. *Trends Ecol. & Evol.* 30, 223-232.

228 Dunn, R. (2018) "Never Home Alone: From Microbe to Millipedes, Camel Crickets, and Honeybees, the Natural History of Where We Live". Basic Books.

229 山本太郎 (2017)『抗生物質と人間 ── マイクロバイオームの危機』岩波書店.

230 別府輝彦 (2015)『見えない巨人 ── 微生物』ベレ出版.

231 McKee, E.E. et al. (2006) Inhibition of mammalian mitochondrial protein synthesis by oxazolidinones. *Antimicrobial Agents & Chemotherapy* 50, 2042 - 2049.

232 Kalghatgi, S. et al. (2013) Bactericidal antibiotics induce mitochondrial dysfunction and oxidative damage in mammalian cells. *Sci. Transl. Med.* 5, 192ra85.

233 アン・マクズラック (2012)『細菌が世界を支配する ── バクテリアは敵か？味方か？』西田未緒子訳, 白揚社.

234 瀬川高弘, 牛田一成, 幸島司郎 (2014) 雪氷中のバクテリアが語るもの. 日本氷雪学会誌 76 (1), 59 - 67.

235 藤田紘一郎 (2009)『寄生虫のひみつ』SB クリエイティブ.

236 小畑弘己 (2018)『昆虫考古学』角川書店.

237 石川統 (1994)『昆虫を操るバクテリア』平凡社.

238 Bergh, Ø, et al. (1989) High abundance of viruses found in aquatic environments. *Nature* 340, 467 - 468.

239 Norman, J.M. et al. (2015) Disease-specific alterations in the enteric virome in inflammatory bowel disease. *Cell* 160, 447 - 460.

240 Sokol, H. et al. (2017) Fungal microbiota dysbiosis in IBD. *Gut* 66, 1039 - 1048.

241 Parfrey, L.W., Walters, W.A., Knight, R. (2011) Microbial eukaryotes in the human microbiome: ecology, evolution, and future directions. *Front. Microbiol.* 2, 298.

242 Parfrey, L.W. et al. (2014) Communities of microbial eukaryotes in the mammalian gut within the context of environmental eukaryotic diversity. *Front. Microbiol.* 5, 298.

243 Lukeš, J. et al. (2015) Are human intestinal eukaryotes beneficial or commensals? *PLoS Pathog.* 11 (8), e1005039.

244 Mann, A.E. et al. (2019) Biodiversity of protists and nematodes in the wild nonhuman primate gut. *ISME J.* doi:10.1038/s41396-019-0551-4.

245 エミリー・モノッソン (2018)『闘う微生物 ── 抗生物質と農薬の濫用か

ら人体を守る』小山重郎訳，築地書館.

246　Than, K. (2010) タイで害虫駆除に寄生バチ. ナショナルジオグラフィック： https://natgeo.nikkeibp.co.jp/nng/article/news/14/2908/

247　中沢新一 (1993)『三万年の死の教え —— チベット「死者の書」の世界』角川書店.

248　別府輝彦 (2016) 微生物と共生.『共生微生物』（大野博司編）pp. 2 - 11，化学同人.

249　西川禎一, 中臺枝里子, 小村智美 (2016) 線虫の腸内細菌.『共生微生物』（大野博司編）pp. 94 - 104, 化学同人.

250　Martijn, J. et al. (2018) Deep mitochondrial origin outside the sampled alphaproteobacteria. *Nature* 557, 101 - 105.

251　Gabaldón, T., Huynen, M.A. (2004) Shaping the mitochondrial proteome. *Biochim. Biophys. Acta* 1659, 212 - 220.

252　Friedman, J.R., Nunnari, J. (2014) Mitochondrial form and function. *Nature* 505, 335 - 343.

253　Roger, A.J., Muñoz-Gómez, S.A., Kamikawa, R. (2017) The origin and diversification of mitochondria. *Curr. Biol.* 27, R1177 - R1192.

245　Miyata, T. et al. (1982) Molecular clock of silent substitution: at least six-fold preponderance of silent changes in mitochondrial genes over those in nuclear genes. *J. Mol. Evol.* 19, 28 - 35.

255　Allio, R. et al. (2017) Large variation in the ratio of mitochondrial to nuclear mutation rate across animals. *Mol. Biol. Evol.* 34, 2762 - 2772.

256　Herrmann, J.M. (2003) Converting bacteria to organelles: evolution of mitochondrial protein sorting. *Trends Microbiol.* 11, 74 - 79.

257　Hasegawa, M., Yano, T., Miyata, T. (1984) Evolutionary implications of error amplification in the self-replicating and protein-synthesizing machinery. *J. Mol. Evol.* 20, 77 - 85.

258　Lang, B.F., Gray, M.W., Burger, G. (1999) Mitochondrial genome evolution and the origin of eukaryotes. *Annu. Rev. Genet.* 33, 351 - 397.

259　Rodríguez-Moreno, L. et al. (2011) Determination of the melon chloroplast and mitochondrial genome sequences reveals that the largest reported mitochondrial genome in plants contains a significant amount of DNA having a nuclear origin. *BMC Genomics* 12, 424.

260　Sloan, D.B. et al. (2018) Cytonuclear integration and co-evolution. *Nature Rev. Genet.* 19, 635 - 648.

261　Akhmanova, A. et al. (1998) A hydrogenosome with a genome. *Nature* 396, 527- 528.

262　Yahalomi, D. et al. (2020) A cnidarian parasite of salmon (Myxozoa: Henneguya) lacks a mitochondrial genome. *Proc. Natl. Acad. Sci. USA* 117, 5358 - 5363.

263　Allen, J.F. (1993) Control of gene expression by redox potential and the requirement for chloroplast and mitochondrial genomes. *J. theor. Biol.* 165, 609 - 631.

264 陰山大輔（2015）『消えるオス —— 昆虫の性をあやつる微生物の戦略』化学同人.

265 ニック・レーン（2007）『ミトコンドリアが進化を決めた』斎藤隆央訳, みすず書房.

266 Morris, J. et al. (2017) Subcellular genomics: pervasive within-mitochondrion SNV heteroplasmy revealed by single mitochondrion sequencing. *Cell Rep.* 21, 2706 - 2713.

267 Hardin, G. (1968) The tragedy of the commons. *Science* 162, 1243 - 1248.

268 Haig, D. (2016) Intracellular evolution of mitochondrial DNA (mtDNA) and the tragedy of the cytoplasmic commons. *BioEssays* 38, 549 - 555.

269 Havird, J.C. et al. (2019) Selfish mitonuclear conflict. *Curr. Biol.* 29, R496 - R511.

270 Radzvilavicius, A.L. et al. (2016) Selection for mitochondrial quality drives evolution of the germline. *PLoS Biol.* 14 (12), e2000410.

271 Galtier, N. (2011) The intriguing evolutionary dynamics of plant mitochondrial DNA. *BMC Biol.* 9, 61.

272 Pett, W. et al. (2011) Extreme mitochondrial evolution in the ctenophore *Mnemiopsis leidyi*: Insights from mtDNA and the nuclear genome. *Mitochondrial DNA* 22 (4), 130 - 142.

273 Reitzel, A.M., Pang, K., Martindale, M.Q. (2016) Developmental expression of "germline"- and "sex determination"-related genes in the ctenophore *Mnemiopsis leidyi*. *EvoDevo* 7, 17.

274 ダグラス・R・グリーン (2012)『結末への道筋 —— アポトーシスとさまざまな細胞死』長田重一ら訳, メディカル・サイエンス・インターナショナル.

275 Desagher, S., Martinou, J.-C. (2000) Mitochondria as the central control point of apoptosis. *Trends Cell Biol.* 10, 369 - 377.

276 木村資生 (1986)『分子進化の中立説』向井輝美・日下部真一訳, 紀伊國屋書店.

277 木村資生 (1988)『生物進化を考える』岩波書店.

278 Hasegawa, M., Cao, Y., Yang, Z. (1998) Preponderance of slightly deleterious polymorphism in mitochondrial DNA: Nonsynonymous/synonymous rate ratio is much higher within species than between species. *Mol. Biol. Evol.* 15, 1499 - 1505.

279 太田朋子（2009）『分子進化のほぼ中立説 —— 偶然と淘汰の進化モデル』講談社.

280 Osada, N., Akashi, H. (2012) Mitochondrial-nuclear interactions and accelerated compensatory evolution: evidence from the primate cytochrome c oxidase complex. *Mol. Biol. Evol.* 29, 337 - 346.

281 Havird, J.C., Hall, M.D., Dowling, D.K. (2015) The evolution of sex: A new hypothesis based on mitochondrial mutational erosion. *Bioessays* 37, 951 - 958.

282 Cooper, M.A. et al. (2007) Population genetics provides evidence for recombination in *Giardia*. *Curr. Biol.* 17, 1984 - 1988.

283 Taylor, M.J., Bandi, C., Hoerauf, A. (2005) *Wolbachia* bacterial endosymbionts of filarial nematodes. *Adv. Parasitol.* 60, 245 - 284.

284　Bandi, C. et al. (2001) Inherited microorganisms, sex-specific virulence and reproductive parasitism. *Trends in Parasitology* 17, 88 - 94.

285　Stouthamer, R., Breeuwer, J.A., Hurst, G.D. (1999) *Wolbachia pipientis:* microbial manipulator of arthropod reproduction. *Ann. Rev. Microbiol.* 53, 71 - 102.

286　Dedeine, F. et al. (2001) Removing symbiotic *Wolbachia* bacteria specifically inhibits oogenesis in a parasitic wasp. *Proc. Natl. Acad. Sci. USA* 98, 6247 - 6252.

287　Pannebakker, B.A. et al. (2007) Parasitic inhibition of cell death facilitates symbiosis. *Proc. Natl. Acad. Sci. USA* 104, 213 - 215.

288　Nikoh, N. et al. (2014) Evolutionary origin of insect–*Wolbachia* nutritional mutualism. *Proc. Natl. Acad. Sci. USA* 111, 10257 - 10262.

289　Narita, S. (2006). Genetic structure of sibling butterfly species affected by Wolbachia infection sweep: evolutionary and biogeographical implications. *Mol. Ecol.* 15, 1095 - 1108.

290　成田聡子（2011）『共生細菌の世界 —— したたかで巧みな宿主操作』東海大学出版会.

291　Akihito et al. (2016) Speciation of two gobioid species, *Pterogobius elapoides* and *Pterogobius zonoleucus* revealed by multi-locus nuclear and mitochondrial DNA analyses. *Gene* 576, 593 - 602.

292　Harumoto, T., Lemaitre, B. (2018) Male-killing toxin in a *Drosophila* bacterial symbiont. *Nature* 557, 252 - 255.

293　Hayashi, M., Nomura, M., Kageyama, D. (2018) Rapid comeback of males: evolution of male-killer suppression in a green lacewing population. *Proc. R. Soc.* B285, 20180369.

294　深津武馬（2012）細胞内共生.『進化学事典』（日本進化学会編），pp.51-55，共立出版.

295　Biron, D.G. et al. (2006) 'Suicide' of crickets harbouring hairworms: a proteomics investigation. *Insect Mol. Biol.* 15, 731-742.

296　Sato, T. et al. (2011) Nematomorph parasites drive energy flow through a riparian ecosystem. *Ecology* 92, 201 - 207.

297　Shaw, J.C. et al. (2009) Parasite manipulation of brain monoamines in California killifish (*Fundulus parvipinnis*) by the trematode *Euhaplorchis californiensis. Proc. Roy. Soc.* B276, 1137 - 1146.

298　Berdoy, M., Webster, J.P., Macdonald, D.W. (2000) Fatal attraction in rats infected with *Toxoplasma gondii. Proc. Roy. Soc.* B267, 1591 - 1594.

299　Vyas A (2015) Mechanisms of host behavioral change in *Toxoplasma gondii* rodent association. *PLoS Pathog.* 11 (7), e1004935.

300　Boillat, M. et al. (2020) Neuroinflammation-associated aspecific manipulation of mouse predator fear by *Toxoplasma gondii. Cell Rep.* 30, 320 - 334.

301　Di Genova, B.M. et al. (2019) Intestinal delta-6-desaturase activity determines host range for *Toxoplasma* sexual reproduction. *PLoS Biol.* 17 (8), e3000364.

302　キャスリン・マコーリフ（2017）『心を操る寄生生物』インターシフト.

303　Ross, B.D. et al. (2019) Human gut bacteria contain acquired interbacterial defence systems. *Nature* 575, 224 - 228.

304　D'Costa, V.M. et al. (2011) Antibiotic resistance is ancient. *Nature* 477, 457 - 461.

305　更科功（2019）『残酷な進化論』NHK 出版.

306　ジャレド・ダイアモンド（2000）『銃・病原菌・鉄』倉骨彰訳，草思社.

307　Morelli, G. et al. (2010) *Yersinia pestis* genome sequencing identifies patterns of global phylogenetic diversity. *Nature Genet.* 42, 1140 - 1143.

308　Kutyrev, V.V. et al. (2018) Phyloogeny and classification of *Yersinia pestis* through the lens of strains from the plague foci of commonwealth of independent states. *Front. Microbiol.* 9, 1106.

309　ウィリアム・H・マクニール（2007）『疫病と世界史』佐々木昭夫訳，中央公論新社.

310　加藤茂孝（2018）『続・人類と感染症の歴史』丸善出版.

311　石弘之（2018）『感染症の世界史』角川文庫.

312　Leroy, E.M. et al. (2005) Fruit bats as reservoirs of Ebola virus. *Nature* 575 - 576.

313　Coronaviridae Study Group of the International Committee on Taxonomy of Viruses (2020) The species *Severe acute respiratory syndrome-related coronavirus*: classifying 2019-nCoV and naming it SARS-CoV-2. *Nature Microbiol.* 5(4), 536-544.

314　Jiang, S. et al. (2020) A distinct name is needed for the new coronavirus. *Lancet* 395, 949.

315　Lu, R. et al. (2020) Genomic characterisation and epidemiology of 2019 novel coronavirus: implications for virus origins and receptor binding. *Lancet* 395, 565-574.

316　Guan, Y. et al. (2003) Isolation and characterization of viruses related to the SARS coronavirus from animals in southern China. *Science* 302, 276 - 278.

317　Alagaili, A.N. et al. (2014) Middle East respiratory syndrome coronavirus infection in dromedary camels in Saudi Arabia. *mBio* 5 (2), e00884-e00914.

318　Zhou, P. et al. (2020) A novel bat coronavirus reveals natural insertions at the S1/S2 cleavage site of the Spike protein and a possible recombinant origin of HCoV-19. *bioRxiv* https://doi.org/10.1101/2020.03.02.974139.

319　Zhou, P. et al. (2020) A pneumonia outbreak associated with a new coronavirus of probable bat origin. *Nature* 579, 270 - 273.

320　Anthony, S.J. et al. (2017) Global patterns in coronavirus diversity. *Virus Evol.* 3 (1), vex012.

321　Zhou, P. et al. (2018) Fatal swine acute diarrhoea syndrome caused by an HKU2-related coronavirus of bat origin. *Nature* 556, 255 - 258.

322　Wan, Y. et al. (2020) Receptor recognition by the novel coronavirus from Wuhan: an analysis based on decade-long structural studies of SARS coronavirus. *J. Virol.* 94, e00127-20.

323　Lam, T.T.-Y. et al. (2020) Identifying SARS-Cov-2 related coronaviruses in Malayan pangolins. *Nature* https://doi.org/10.1038/s41586-020-2169-0.

324　Xiao, K. et al. (2020) Isolation and characterization of 2019-nCoV-like coronavirus from Malayan pangolins. *bioRxiv* https://doi.org/10.1101/2020.02.17.951335.

325　Anderson, K.G. et al. (2020) The proximal origin of SARS-CoV-2. *Nature Medicine* https://doi.org/10.1038/s41591-020-0820-9.

326　Li, R. et al. (2020) Substantial undocumented infection facilitates the rapid dissemination of novel coronavirus (SARS-CoV2). *Science* 368, 489-493.

327　Cui, J., Li, F., Shi, Z.-L. (2019) Origin and evolution of pathogenic coronaviruses. *Nature Rev. Microbiol.* 17, 181 – 192.

328　ジョン・D・オルトリンガム (1998)『コウモリ ―― 進化・生態・行動』コウモリの会翻訳グループ訳，八坂書房.

329　Nelsen, M.P. et al. (2019) No support for the emergence of lichens prior to the evolution of vascular plants. *Geobiology* DOI: 10.1111/gbi.12369.

330　柏谷博之 (2009)『地衣類のふしぎ』ソフトバンククリエイティブ.

331　藤井一至 (2015)『大地の五億年 ―― せめぎあう土と生き物たち』山と渓谷社.

332　大村嘉人 (2008) 地衣類における菌類と藻類の進化的関係に関する考察一遺伝的多様性の解析から. *Bunrui* 8 (2), 123 - 128.

333　Cheng, S. et al. (2019) Genomes of subaerial Zygnematophyceae provide insights into land plant evolution. *Cell* 179, 1057 - 1067.

334　Humphreys, C.P. (2010) Mutualistic mycorrhiza-like symbiosis in the most ancient group of land plants. *Nature Comm.* 1, 103.

335　Rimington, (2018) Ancient plants with ancient fungi: liverworts associate with early-diverging arbuscular mycorrhizal fungi. *Proc. R. Soc.* B285, 20181600.

336　白水貴 (2016)『奇妙な菌類』NHK 出版.

337　横山和成 (2015)『土壌微生物のきほん』誠文堂新光社.

338　日本植物病理学会 (2019)『植物たちの戦争』講談社.

339　Brundrett, M.C. (2009) Mycorrhizal associations and other means of nutrition of vascular plants. *Plant Soil* 320, 37-77.

340　Webber, J.F., Gibbs, J.N. (1984) Colonization of elm bark by *Phomopsis oblonga*. *Trans. Br. Mycol. Soc.* 82, 348-352.

341　徳富蘆花 (1913)『みみずのたはこと』(岩波文庫，2008 年).

342　チャールズ・ダーウィン (1881)『ミミズの作用による肥沃土の形成およびミミズの習性の観察』(『ミミズと土』渡辺弘之訳，平凡社，1994 年).

343　西尾道徳 (1989)『土壌微生物の基礎知識』農山漁村文化協会.

344　エアハルト・ヘニッヒ (2002)『生きている土壌』(中村英司訳，日本有機農業研究会，2009 年).

345　D. モントゴメリー，A. ビクレー (2016)『土と内臓』片岡夏実訳，築地書館.

346　遠藤秀紀 (2019)『ウシの動物学（第 2 版）』東京大学出版会.

347　dos Reis, M. et al. (2012) Phylogenomic datasets provide both precision and accuracy in estimating the timescale of placental mammal phylogeny. *Proc. Roy. Soc.* B279, 3491-3500.

348　Chen, L. et al. (2019) Large-scale ruminant genome sequencing provides insights into their evolution and distinct traits. *Science* 364, eaav6202.

349　Nikaido, M. et al. (1999) Phylogenetic relationships among cetartiodactyls based on insertions of short and long interpersed elements: Hippopotamuses are the closest extant relatives of whales. *Proc. Natl. Acad. Sci. USA* 96, 10261 - 10266.

350 Wu, J., Yonezawa, T., Kishino, H. (2017) Rates of molecular evolution suggest natural history of life history traits and a post-K-Pg nocturnal bottleneck of placentals. *Curr. Biol.* 27, 3025 - 3033.

351 Figuet, E. et al. (2017) Reconstruction of body mass evolution in the Cetartiodactyla and mammals using phylogenomic data. *bioRxiv* 139147.

352 Hayakawa, T. et al. (2018) First report of foregut microbial community in proboscis monkeys: Are diverse forests a reservoir for diverse microbiomes? *Environ. Microbiol. Rep.* 10, 655 - 662.

353 Wright, A.-D.G., Northwood, K.S., Obispo, N.E. (2009) Rumen-like methanogens identified from the crop of the folivorous South American bird, the hoatzin (*Opisthocomus hoazin*). *ISME J.* 3, 1120 - 1126.

354 Shigenobu, S. et al. (2000) Genome sequence of the endocellular bacterial symbiont of aphids *Buchnera* sp. APS. *Nature* 407, 81 - 86.

355 細川貴弘 (2017)『カメムシの母が子に伝える共生細菌』共立出版.

356 Chen, X., Li, S., Aksoy, S. (1999) Concordant evolution of a symbiont with its host insect species: molecular phylogeny of genus *Glossina* and its bacteriome-associated endosymbiont, *Wigglesworthia glossinidia*. J. Mol. Evol. 48, 49 - 58.

357 Akman, L. et al. (2002) Genome sequence of the endocellular obligate symbiont of tsetse flies, *Wigglesworthia glossinidia. Nature Genet.* 32, 402 - 407.

358 本郷裕一 (2016) 昆虫における共生の総論.『共生微生物』（大野博司編）pp.60-74, 化学同人.

359 本郷裕一, 大熊盛也 (2008) シロアリ腸内共生微生物群の多様性とゲノム解析. *J. Environ. Biotech.* 8 (1), 29-34.

360 Hongoh, Y. (2005) Intra- and interspecific comparisons of bacterial diversity and community structure support coevolution of gut microbiota and termite host. *Appl. Environ. Microbiol.* 71, 6590 - 6599.

361 Bourguignon, T. et al. (2018) Rampant host switching shaped the termite gut microbiome. *Curr. Biol.* 28, 1 - 6.

362 Brune, A. (2014) Symbiotic digestion of lignocellulose in termite guts. *Nature Rev. Microbiol.* 12, 168 - 180.

363 Watanabe, H. et al. (1998) A cellulase gene of termite origin. *Nature* 394, 330 - 331.

364 大熊盛也 (2016) シロアリ共生微生物.『共生微生物』（大野博司編）pp.75 - 84, 化学同人.

365 Floudas, D. et al. (2012) The Paleozoic origin of enzymatic lignin decomposition reconstructed from 31 fungal genomes. *Science* 336, 1715 - 1719.

366 本郷裕一（2015）マトリョーシカ型共生が支えるシロアリの繁栄. 季刊・生命誌, 86号.

367 石田健一郎 (2016) 葉緑体と共生.『共生微生物』（大野博司編）pp.202 - 212, 化学同人.

368 Williams, L.E., Wernegreen, J.J. (2015) Genome evolution in an ancient bacteria-

ant symbiosis: parallel gene loss among *Blochmannia* spanning the origin of the ant tribe Camponotini. *PeerJ* 3, e881.

369 Russell, J.A. et al. (2009) Bacterial gut symbionts are tightly linked with the evolution of herbivory in ants. *Proc. Natl. Acad. Sci. USA* 106, 21236 - 21241.

370 Li, H. et al. (2017) Mitochondrial phylogenomics of Hemiptera reveals adaptive innovations driving the diversification of true bugs. *Proc. Roy. Soc.* B284, 20171223.

371 Fukatsu, T., Hosokawa, T. (2002) Capsule transmitted gut symbiotic bacterium of the Japanese common plataspid stinkbug, *Megacopta punctatissima. Appl. Envir. Microbiol.* 68 (1), 389 - 396.

372 Hosokawa, T. et al. (2007) Obligate symbiont involved in pest status of host insect. *Proc. Roy. Soc.* B274 (1621), 1979 - 1984.

373 Hosokawa, T. et al. (2016) Obligate bacterial mutualists evolving from environmental bacteria in natural insect populations. *Nature Microbiol.* 1 (1). doi:10.1038/nmicrobiol.2015.11.

374 深津武馬, 市野川容孝 (2013)『共生 ― 生命の教養学 ⑩』慶應義塾大学出版会.

375 サンダー・E・キャッツ (2016)『発酵の技法 ― 世界の発酵食品と発酵文化の探求』オライリー・ジャパン.

376 マリー゠クレール・フレデリック (2019)『発酵食の歴史』吉田春美訳, 原書房.

377   チャールズ・ダーウィン (1871)『人間の進化と性淘汰 I』(長谷川眞理子訳, 1999 年, 文一総合出版).

378 リチャード・ランガム (2010)『火の賜物 ― ヒトは料理で進化した』依田卓巳訳, NTT 出版.

379 Kiple, K.F., Ornelas, K.C. eds. (2000) "The Cambridge World History of Food". Vol. 1. Cambridge Univ. Press.

380 ギャビン・D・スミス (2014)『ビールの歴史』大間知知子訳, 原書房.

381 ジャン・ボテロ (2003)『最古の料理』松島英子訳, 法政大学出版局.

382 Zhang, J., Kuen, L.Y. (2005) The Magic Flutes. *Natural History* 114 (7), 42 - 47.

383 パトリック・E・マクガヴァン (2018)『酒の起源』藤原多伽夫訳, 白揚社.

384 湯浅浩史 (2015)『ヒョウタン文化誌 ―― 人類とともに一万年』岩波新書.

385 Gray, J.E. (1848) Description of a new genus of insectivorous mammals, or Talpidæ, from Borneo. *Proc. Zool. Soc. London* 1848, Mamm. pl. 2 & 23-24.

386 Wiens, F. et al. (2008) Chronic intake of fermented floral nectar by wild treeshrews. *Proc. Natl. Acad. Sci. USA* 105, 10426 - 10431.

387 Dudley, R. (2004) Ethanol, fruit ripening, and the historical origins of human alcoholism in primate frugivory. *Integr. Comp. Biol.* 44, 315 - 323.

388 大野乾 (1977)『遺伝子重複による進化』山岸秀夫, 梁永弘訳, 岩波書店.

389 Peter, J., Schacherer, J. (2016) Population genomics of yeasts: towards a comprehensive view across a broad evolutionary scale. *Yeast* 33, 73 - 81.

390 Peter, J. et al. (2018) Genome evolution across 1,011 *Saccharomyces cerevisiae* isolates. *Nature* 556, 339 - 344.

391 中島春紫（2018）『日本の伝統　発酵の科学』講談社.

392 小倉ヒラク (2017)『発酵文化人類学 —— 微生物から見た社会のカタチ』木楽舎.

393 小泉武夫（1989）『発酵 —— ミクロの巨人たちの神秘』中公新書.

394 呂毅，郭雯飛，駱少君，坂田完三 (2014)『改訂・微生物発酵茶 —— 中国黒茶のすべて』幸書房.

395 中尾佐助（1972）『料理の起源』NHK 出版.

396 原敏夫 (1990) 納豆のルーツを求めて. 化学と生物 28 (10), 676 - 681.

397 河村一 (1935-1936) 納豆菌ノ赤痢菌ニ對スル拮抗作用ニ就テ. 日本傳染病學會雜誌 10 (9), 948 - 955.

398 櫻田穆 (1936-1937)『チフス』の納豆菌療法の意義. 日本傳染病學會雜誌 11 (7), 755 - 761.

399 藤井建夫（2001）『増補　塩辛・くさや・かつお節』恒星社厚生閣.

400 Wu, Y. et al. (2020) SARS-CoV-2 is an appropriate name for the new coronavirus. *Lancet* 395, 949 - 950.

401 Brook, C.E. et al. (2020) Accelerated viral dynamics in bat cell lines, with implications for zoonotic emergence. *eLife* 9, e48401.

402 Wrapp, D. et al. (2020) Cryo-EM structure of the 2019-nCoV spike in the prefusion conformation. *Science* 367, 1260 - 1263.

403 Han, G.-Z. (2020) Pangolins harbor SARS-CoV-2-related coronavirus. *Trends Microbiol.* https://doi.org/10.1016/j.tim.2020.04.001.

404 Boni, M.F. et al. (2020) Evolutionary origins of the SARS-CoV-2 sarbecovirus lineage responsible for the COVID-19 pandemic. *bioRxiv* doi: https://doi.org/10.1101/2020.03.30.015008.

405 Kissler, S.M. et al. (2020) Projecting the transmission dynamics of SARS-CoV-2 through the postpandemic period. *Science* 10.1126/science.abb5793.

406 Cyranoski, D. (2020) Profile of a killer virus. *Nature* 581, 22 - 26.

407 Olival, K.J. et al. (2017) Host and viral traits predict zoonotic spillover from mammals. *Nature* 546, 646 - 650.

408 Hu, B. et al. (2017) Discovery of a rich gene pool of bat SARS-related coronaviruses provides new insights into the origin of SARS coronavirus. *PLoS Pathog.* 13 (11), e1006698.

409 Wang, L.-F., Anderson, D.E. (2019) Viruses in bats and potential spillover to animals and humans. *Curr. Opin. Virol.* 34, 79 - 89.

410 Zhao, H. (2020) COVID-19 drives new threat to bats in China. *Science* 367, 1436.

411 Daszak, P., Olival, K.J., Li, H. (2020) A strategy to prevent future epidemics similar to the 2019-nCoV outbreak. *Biosafety and Health* 2, 6 - 8.

412 Morens, D.M., Daszak, P., Taubenberger, J.K. (2020) Escaping Pandora's box —— another novel coronavirus. *N. Engl. J. Med.* 382, 1293 - 1294.

413 ヘンリー・E・シゲリスト (2020)『新訳 文明と病気 —— ペスト，コレラ インフルエンザ，マラリア … 人類はパンデミックとどう闘ってきたか』水上茂樹訳，兼文社.

索　引

索　引

著者：長谷川政美 (はせがわ　まさみ)

　　1944 年，新潟県生まれ．1966 年東北大学理学部物理学科卒業，70 年名古屋大学大学院理学研究科博士課程中退．同年，東京大学理学部助手．統計数理研究所研究員を経て同研究所助教授，教授，総合研究大学院大学教授（併任），東京大学大学院教授（併任）．その後，復旦大学（上海）教授を経て現在，統計数理研究所名誉教授，総合研究大学院大学名誉教授．理学博士（東京大学）．ライフワークとして進化生物学を研究してきた．

　　主な著書：『マダガスカル島の自然史』『ウンチ学博士のうんちく』『DNA からみた人類の起源と進化』（以上，海鳴社），『新 図説 動物の起源と進化』（八坂書房），『系統樹をさかのぼって見えてくる進化の歴史』（ベレ出版）など．

　　受賞：1993 年，日本科学読物賞．99 年，日本遺伝学会木原賞．2003 年，日本統計学会賞．05 年，日本進化学会賞・木村資生記念学術賞．

共生微生物からみた新しい進化学

2020 年 6 月 25 日　第 1 刷発行

発行所：㈱海 鳴 社　http://www.kaimeisha.com/
　　　　〒 101-0065　東京都千代田区西神田 2 - 4 - 6
　　　　E メール：info@kaimeisha.com
　　　　Tel：03-3262-1967　Fax：03-3234-3643

発 行 人：辻　信 行
編　　集：木幡赳士
印刷・製本：モリモト印刷

出版社コード：1097
ISBN 978-4-87525-350-1

地球を脅かす化学物質
──発達障害やアレルギー急増の原因
木村‐黒田純子／国産の野菜だから安心？　意外にも日本は農薬多用国。ミツバチの大量死で問題になった浸透性のネオニコチノイド系農薬は人間には大丈夫なのか？ 1500円

動物たちの日本史
中村禎里／日本人の動物観に影響を与えた史実や文学作品を広く渉猟。さらに河童伝説を訪ね九州へ、また狸と狐の関係を探りに佐渡へと足をのばす。好エッセイ集。　2400円

会津藩士の慟哭を超えて　　──未来を教育に託す
荒川　紘／己を厳しく律しつつも苦渋をなめざるを得なかった会津藩士。多くは教育に未来を託し、自立した人間の育成をめざす。 2800円

ひっくり返る地球　　　　──自転軸は公転軸を目指す
原憲之介／昔の赤道付近で氷河の跡が…何故だ！　ひょっとして地球はひっくり返っていたのでは？　その力学的根拠を明らかにする。 厳密な理論に基づく革新的新説。 2000円

DNAからみた人類の起原と進化
──分子人類学序説（増補版）
長谷川政美／ ミトコンドリアDNA分子時計に加え、新たに核ＤＮＡデータからヒトとアフリカ類人猿の分岐年代を考察。進展著しい分子人類学の成果。2500円

ウンチ学博士のうんちく
長谷川政美／江戸時代以降つい最近まで、日本は世界に誇る糞尿のリサイクルを成し遂げ、街を清潔に保っていた。世界のトイレ事情、糞尿の経済、腸内細菌と健康など民俗学から分子生物学まで、ウンチのうんちく満載。 2000円

マダガスカル島の自然史
──分子統計学が解き明かした巨鳥進化の謎
長谷川政美／著者が開拓してきた分子系統樹推定の手法で、巨鳥（象鳥＝エピオルニス科の鳥）の進化の道筋を明かす。ガラパゴス諸島とは異なるマダガスカルの自然史。2800円

（本体価格）